高职高专"十二五"规划教材

井 巷 工 程

刘念苏　主编

北 京

冶金工业出版社

2013

内 容 提 要

本书介绍井巷工程预备知识、平巷掘进与支护工程、井筒的掘进与支护工程、硐岔设计与硐室施工四部分内容。各章后面均附有复习思考题，以便读者加深理解或自学。

本书主要用于冶金高职院校金属矿开采技术专业教学，同时也可供隧道施工、城市基建、人防工程等部门的管理人员、工程设计技术人员参考。

图书在版编目(CIP)数据

井巷工程/刘念苏主编 . —北京：冶金工业出版社，
2011.9 （2013.8 重印）
高职高专"十二五"规划教材
ISBN 978-7-5024-5710-5

Ⅰ.①井… Ⅱ.①刘… Ⅲ.①井巷工程—高等职业
教育—教材 Ⅳ.①TD26

中国版本图书馆 CIP 数据核字（2011）第 182761 号

出 版 人 谭学余
地　　址 北京北河沿大街嵩祝院北巷 39 号，邮编 100009
电　　话 (010)64027926 电子信箱 yjcbs@cnmip.com.cn
责任编辑 杨秋奎 美术编辑 李 新 版式设计 葛新霞
责任校对 王贺兰 责任印制 李玉山
ISBN 978-7-5024-5710-5
冶金工业出版社出版发行；各地新华书店经销；三河市双峰印刷装订有限公司印刷
2011 年 9 月第 1 版，2013 年 8 月第 2 次印刷
787mm×1092mm 1/16；17.75 印张；428 千字；272 页
36.00 元
冶金工业出版社投稿电话：(010)64027932 投稿信箱：tougao@cnmip.com.cn
冶金工业出版社发行部 电话：(010)64044283 传真：(010)64027893
冶金书店 地址：北京东四西大街 46 号(100010) 电话：(010)65289081(兼传真)
（本书如有印装质量问题，本社发行部负责退换）

前　　言

　　井巷工程是人类从事地下生产活动的一门实用工程技术。它在矿产资源的地下勘探和开采、地铁修建、水利工程、城市基建以及国防施工等方面均被广泛应用。在金属矿山的地下生产和建设中，提高井巷掘进技术，加快掘进速度，对缩短矿山建设周期、保持采矿生产的持续稳定以及三级储（矿）量平衡，具有重要意义。

　　冶金高职院校金属矿床开采技术专业开设这门课程的主要任务是：让学生了解井巷工程的基本概念，了解岩石的物理力学性质及其工程分级知识，掌握井巷掘进的破岩机理和施工技术，培养井巷设计能力，提高井巷掘进、支护的施工技能，初步具备其施工现场的专业管理素质。

　　本教材共有四篇（11 章）。第一篇（井巷工程预备知识）主要介绍岩石的物理力学性质与工程分级、巷道掘进的破岩机理和常用掘进凿岩设备，第二篇阐述巷道断面的形状与尺寸的确定与计算方法、巷道掘进与支护工艺、掘进的机械化配套和施工组织管理等，第三篇阐述三种井筒的断面形状与设计、施工方法、主要工艺、掘井设备和成井技术，第四篇说明井下主要硐岔、硐室的功能、分类及其掘进与支护的施工方法、工艺。

　　井巷工程是一门实践性很强的课程。教学实践中应根据高职教育的特点适当把握学科知识的系统性和侧重点，力求做到点面结合、重点突出、举一反三，并注意把握课堂理论教学、校外现场实践、课堂设计三个环节的紧密配合，才能收到预期的教学效果。

　　本教材的编写注重了学科知识的系统性和针对矿山生产现场的适用性，除了主要供冶金高职院校金属矿开采技术专业的教学之外，同时也可供隧道施工、城市基建、人防工程等部门的管理人员、工程技术人员参考。

　　本教材由刘念苏主编。教材编写组成员有：安徽工业职业技术学院的季惠龙、江双全，冬瓜山铜矿的张晓铜，凤凰山矿业公司的刘杰勋，金口岭矿业公司的刘其升，铜陵有色金属控股公司技术中心的袁世伦等。我们对在教材编写过程中给予支持和帮助的学院领导、铜陵有色金属控股公司的矿山工程技术人员表示感谢！

　　由于作者水平所限，书中不足之处恳请广大读者批评指正。

编　者

2010 年 12 月

目　录

第一篇　井巷工程预备知识

第二篇　平巷掘进与支护工程

第三篇　井筒的掘进与支护工程

第四篇　硐岔设计与硐室施工

0 绪　　论

0.1　井巷工程的一般概念

在人类的地下生产实践活动中，常需要从地表向其深处开掘出多种多样的一系列地下通道，如地铁修建、水利工程、国防施工等。这种从地表向其深处开掘出来多种多样的地下通道，如果是竖直或倾斜的，泛称为"井"；如果是水平和近似于水平的，就通常称为"巷（hàng）"；两者合称为"井巷"。而为了开掘这些通道的工程，就称为"井巷工程"。

井巷工程的宽泛含义，实质上是属于"地下工程"的范围。本教材以金属矿床的地下开拓系统（图0-1）为例，说明其狭义的分类和命名。

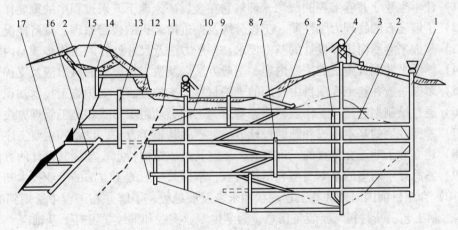

图0-1　金属矿床地下开拓巷道名称

1—通风井；2—矿体；3—选矿厂；4—箕斗井；5—主溜井；6—斜坡道；
7，14—溜井；8—充填井；9—阶段运输平巷；10—副井；11—大断层；12—主平硐；
13—盲竖井；15—露天采场；16—盲斜井；17—石门

"井"，有竖井、斜井、天井、充填井、溜井、通风井等。"巷"，有开拓巷道、采准巷道、切割拉底巷道、回采巷道、运输大巷、通风巷道等。如果在其中主要装有胶带运输机或供无轨运输设备通行的这种通道，称为斜巷或斜坡道，而当其轴向的尺寸较小而跨度尺寸较大的这种变形巷道，就称为硐室。巷道与巷道的相交或分岔部分，工程上通常称为硐岔（道）；"井"与"巷"的接触部分，常称为"马头门"或"井底车场"。

其实，各种井、巷多是按照其不同用途和空间分布来划分与命名的。而"井"与"巷"的分类与命名见表0-1。在金属矿床的地下开采中，主要是针对地下矿床勘探、开拓、中段采场的划分和采矿准备、矿块的切割拉底与回采工作等要求，来选择、设计与施工井巷工程。

表 0 - 1　井巷的分类与命名

类　别	按用途的划分	按空间分布 形式的命名	其他形式的命名	备　注
井	主井、副井、通风井、溜井、探矿井、充填井、泄水井等	竖井、斜井	盲井、天井	井筒竖直或倾斜的，倾角较大
斜 巷	其巷道内装有胶带运输机或者是无轨设备运行通道	斜坡道	斜巷道	巷道的倾角较小
巷	主平硐、阶段运输巷道、探矿巷道、采准巷道、切割拉底巷道等	沿脉巷道、穿脉巷道等	隧道、涵洞等	巷道的倾角很小或近似水平
硐室	机修硐室、碎矿硐室、装载硐室等	溜井硐室等	地下硐室	不规则的井巷结构

0.2　本课程的主要任务与教学安排

　　"井巷工程"是高职院校金属矿开采技术专业必修的职业技术课程，其主要任务是：

　　(1) 让学生建立井巷工程的概念，理解它在金属矿床地下开采过程中的重要作用；

　　(2) 了解岩石的物理力学性质、工程分级及掘进凿岩机的破岩原理、设备概况；

　　(3) 掌握平巷断面选择设计的基本要求、一般方法及尺寸计算的工作步骤与内容；

　　(4) 熟悉平巷掘进施工的主要内容、一般方法以及凿岩爆破、通风出渣及支护工序；

　　(5) 掌握一般井巷工程项目中常用的支护材料、支护方法、支护施工技术知识；

　　(6) 通过绘制掘进循环工作表，熟悉巷道施工的劳动组织形式和施工管理方法；

　　(7) 掌握井筒的基本组成和断面设计方法，熟悉其施工方法、设备和主要工序；

　　(8) 建立井下巷道交岔点的正确概念，了解其组成结构特点、掌握其设计的方法；

　　(9) 熟悉井下硐室的基本类型和结构特点，掌握其一般施工方法的专业技术知识；

　　(10) 介绍目前国内外井巷工程现状和未来发展趋势，了解井巷工程中所用到的一些新技术、新工艺、新材料与新装备信息，为学生专业实践和继续学习打下基础。

　　本课程的教学安排是按照金属矿开采技术专业计划和课程《教学大纲》拟定，原则上应该按以下安排实行（但对不同的培养对象或不同的教学班级可根据用人单位需要酌情处理）：绪论 2 学时；第一篇井巷工程预备知识共 7 学时，第 1 章岩石的性质及工程分级 4 学时，第 2 章掘进凿岩的方法与设备 3 学时；第二篇平巷掘进与支护工程共 24 学时，第 3 章平巷断面设计 8 学时，第 4 章巷道的掘进施工 4 学时，第 5 章巷道支护 6 学时，第 6 章快速掘进和特殊施工法 6 学时；第三篇井筒的掘进与支护工程共 27 学时，第 7 章天井掘进 6 学时，第 8 章斜井掘进 5 学时，第 9 章竖井的结构与掘砌施工 16 学时；第四篇硐岔设计与硐室施工共 14 学时。全部课堂理论教学的总学时数为 74 学时（不包括期末考试时间）。

　　本课程一学期上完，课程结束之后安排一周时间的课程设计。

0.3　我国现代井巷施工技术的发展概况

　　井巷工程是伴随人类地下生产实践活动的需要和地下采矿业的兴旺而逐渐发展起来

的。它的发展速度体现了一个国家或一个地区综合技术水平。新中国成立以来，随着国民经济的恢复和发展需要，我国在煤炭能源、钢铁工业与有色金属开采等方面投入了大量的人力和财力，恢复和改造了一些老矿井，并相继进行了开拓延深和扩建工程，井巷施工技术得到了迅速发展。

在立井施工方面，我国已在一些矿区装备了以大型凿井绞车、提升机、新Ⅳ型和新Ⅴ型大型凿井井架、伞形钻架、大型抓岩机为主要设备的机械化作业线；井筒防腐技术也有了提高，迄今为止全国新建的立井井筒装备大部分进行了防腐处理，使用寿命可延长一倍以上；用树脂锚杆固定井筒装备技术已在全国多个井筒推广应用，从而加快了井筒安装速度，保证了井壁质量。在特殊凿井方面，由于经常遇到比较复杂的工程地质和水文条件，不断采用新技术、新方法。

据统计，用冻结法施工井筒已有 420 余个，累计冻结总深度 70km，最大冻结深度435m；采用注浆法施工的井筒已有 150 多个，最大注浆深度达 1105m；采用钻井法施工的井筒已有 50 多个，成井累计深度约 10km，最大钻井直径 9.3m，最大钻井深度508.2m；而采用沉井法施工的井筒达 160 多个，创造了下沉 192.75m 的纪录，接近世界上最大下沉深度 200.3m 的水平；而用帷幕法施工的井筒约 30 个，井筒直径最大的达 8m，深度一般为 30~40m，最深 57m。

在平巷施工方面，平巷机械化作业已见成效：以钻装锚机为主体的作业线、以凿岩台车、侧卸装载机为主组成的作业线得到广泛采用，全断面掘进机正在积极推广之中，带调车盘的铲斗装载机作业已成为平巷快速施工的主要方式；光面爆破、锚喷支护都得到广泛推广和应用，锚喷支护已成为井巷支护的主要形式。另外，在煤巷掘进中，采用部分全断面掘进机也取得了较好效果。

在斜井施工方面，已形成以大箕斗、大耙斗、深孔光面爆破、锚喷支护、激光指向为主要内容的一套有中国特色的机械化施工的作业线，从而保证了我国斜井施工在世界上的领先地位。

我国在 20 世纪就在四川的自贡打出了 1000 多米深的盐井、在河北的邯郸西石门铁矿也创造出了独头掘进 1400.6m/月的世界纪录。

目前，我国在地铁建设和城市地下管网施工中，已经使用了世界上最先进的盾构施工技术。超过千米深度的地下采矿深井多处形成。井巷掘进的机械化装备程度不断提高。

现在世界上最大的天井钻机，是美国 Robbins 公司制造的 81R 型天井钻机，最大拉力544t，功率 233.71kW（150hp×2），重 44.5t，美国 Cayuga 盐矿用这种钻机在页岩和石灰岩中钻进 $\phi3.6m$ 的通风井，全长 701m，65 天内一次扩孔完毕。

总之，为了适应国民经济发展的要求，必须依靠科学技术进步，在冶金矿山的地下矿产资源开采中，贯彻执行"采掘并举，掘进先行"的技术方针，缩短成巷建井工期，快速、优质、高效、低耗和安全地完成井巷施工任务，并积极提高井巷施工的机械化程度，推广和使用新技术，使井巷工程技术发展到一个新水平。

第一篇

井巷工程预备知识

在冶金矿山中，井巷施工的对象是岩石或者岩体；而目前使用得最多、最经济的工程手段是用凿岩爆破的方法实现。这是因为其他工程手段没有凿岩爆破方法优越。因此，认识岩石的性质和工程分级、了解井巷掘进的破岩机理和凿岩破碎机械设备是必需的。所以本篇学习"岩石的性质及工程分级"、"掘进凿岩的方法与设备"这两章内容。

 岩石的性质及工程分级

【本章要点】：岩石的物理性质、力学性质、工程分级、普氏分级法、f系数。

井巷掘进施工的基本过程，就是把岩石从岩体上破碎下来，以形成设计所要求的井筒、巷道及硐室等空间结构，并对这些地下结构进行必要的维护，以防止围岩继续变形或垮落。为了有效、合理地进行凿岩爆破和井巷维护，必须对岩石和岩体的物理、力学性质有所了解，并在此基础上制定出科学的岩石工程分级方法，以便为设计、施工和成本计算提供依据。

1.1 岩石的物理力学性质

岩石的物理力学性质，与巷道掘进的关系密切。在这些物理力学性质中，对凿岩爆破效果有影响的主要因素是：岩石的孔隙率、密度与堆积密度、碎胀性、水理性质，以及岩石的强度、硬度、弹性、塑性、脆性、波阻抗、可钻性和可爆破性等变形破坏特征。

1.1.1 岩石的物理性质

1.1.1.1 岩石的孔隙率

孔隙率 η 是指岩石中各种裂隙、孔隙的总体积 V_0 与岩石总体积 V 之比，一般用百分比来表示。

$$\eta = \frac{V_0}{V} \times 100\%$$

$$(1-1)$$

岩石孔隙的存在，对岩石的其他性质有显著影响。随着岩石密度的减小，孔隙率会相应增大。而岩石的孔隙率增大，又会削弱岩石颗粒之间的连接力，降低岩石的强度。表1-1列出了部分岩石的孔隙率和密度。

表1-1　部分岩石的孔隙率和密度

岩石名称	岩石孔隙率/%	岩石的密度/g·cm⁻³	岩石名称	岩石孔隙率/%	岩石的密度/g·cm⁻³
花岗岩	0.04~0.92	2.6~3.0	砂 岩	1.60~2.83	2.1~2.9
玄武岩	0.35~3.00	2.7~2.9	页 岩	1.46~2.59	2.3~2.7
辉绿岩	0.40~6.38	2.5~3.0	片麻岩	0.70~4.20	2.5~2.8
石灰岩	0.53~2.00	2.3~2.8	大理岩	0.22~1.30	2.6~2.8
砾 岩	0.34~9.30	2.4~2.8	石英岩	0.50~0.80	2.63~2.9

1.1.1.2　岩石的密度和堆积密度

岩石的密度 ρ（g/cm³）是指构成岩石物质的质量 M 相对该物质所具有的体积 $V-V_0$ 之比，即：

$$\rho = \frac{M}{V-V_0} \tag{1-2}$$

岩石的堆积密度 γ（t/m³）是指岩石的质量 G 对包括孔隙在内的岩石体积 V 之比，即：

$$\gamma = \frac{G}{V} \tag{1-3}$$

由此可以看出，岩石的密度和堆积密度不同。岩石的密度是指单位体积的致密岩石（除去孔隙）的质量，而岩石的堆积密度是指单位体积岩石（包括孔隙）的质量。

岩石密度取决于岩石的矿物成分、孔隙度和含水量。当其他条件相同时，密度在一定程度上与埋藏深度有关，靠近地表的岩石密度往往较小，而深部的致密岩石一般具有较大的密度。

在实际工程中，岩石的堆积密度要比岩石密度小一些。所以在矿山生产中，经常用岩石的堆积密度作为计算指标。表1-2为几种常见岩石的密度和堆积密度。

表1-2　几种常见岩石的密度和堆积密度

岩石名称	密度/g·cm⁻³	堆积密度/t·m⁻³	岩石名称	密度/g·cm⁻³	堆积密度/t·m⁻³
花岗岩	2.6~3.0	2.56~2.67	石灰岩	2.3~2.8	2.26~2.68
砂 岩	2.1~2.9	2.0~2.14	石英岩	2.63~2.9	2.45~2.85

1.1.1.3　岩石的碎胀性

岩石破碎后其体积将比整体状态下增大这种性质，称为岩石的碎胀性。一般用碎胀性系数（或松散系数）K 表示。K 是指岩石破碎后的总体积 V_1 与破碎前的总体积 V 之比，即：

$$K = \frac{V_1}{V} \tag{1-4}$$

岩石的碎胀系数，在选用装载、提升、运输设备的容器和爆破所需的允许膨胀空间大小时，必须认真考虑。表1-3列出几种常见岩石的碎胀系数。

表1-3 几种常见岩石的碎胀系数

岩石名称	砂、砾石	砂质黏土	中硬岩石	坚硬岩石
碎胀系数 K	1.05~1.2	1.2~1.25	1.3~1.5	1.5~2.5

1.1.1.4 岩石的水理性质

岩石在水作用下表现出来的性质，叫岩石的水理性。它的表现是多方面的，但对矿山工程岩体稳定性有突出影响的是吸水率、透水性、溶蚀性、软化性等。

A 岩石的吸水率 W

岩石的吸水率是指，岩石试件在大气压力下吸入水的质量 g 与试件烘干质量 G 之比值。即：

$$W = \frac{g}{G} \times 100\% \qquad (1-5)$$

岩石吸水率的大小，取决于岩石所含孔隙、裂隙的数量和大小、开闭程度及其分布等情况。表1-4为某些岩石的密度、堆积密度、孔隙率和吸水率指标。

表1-4 某些岩石的密度、堆积密度、孔隙比和吸水率指标

	岩石名称	密度/g·cm⁻³	堆积密度/t·m⁻³	孔隙率/%	吸水率/%
岩浆岩	花岗岩	2.6~3.0	2.56~2.67	0.5~1.5	0.10~0.92
	玄武岩	2.7~2.86	2.65~2.8	0.1~0.2	0.31~2.69
	辉绿岩	2.85~3.05	2.8~2.9	0.6~1.2	0.22~5.00
沉积岩	石灰岩	2.3~2.8	2.26~2.68	0.53~2.0	0.10~4.45
	砂岩	2.1~2.9	2.0~2.14	1.60~2.8	0.20~12.19
	页岩	2.30~2.62	2.2~2.41	1.46~2.59	0.20~12.19
	砾岩	2.42~2.66	2.3~2.58	0.34~9.30	0.20~5.00
变质岩	片麻岩	2.5~2.8	2.4~2.65	0.70~4.20	0.10~3.15
	石英岩	2.63~2.9	2.45~2.85	0.50~0.80	0.10~1.45
	大理岩	2.6~2.8	±2.5	0.22~1.30	0.10~0.80

B 岩石的透水性

地下水存在于岩石的孔隙和裂隙中，大多数都是互相贯通的，这种能被透过的性能称岩石的透水性。衡量岩石透水性的指标为渗透系数，其单位与速度相同。由达西公式 $Q = kAI$ 可知，单位时间内的渗水量 Q 与渗透面积 A 和水力坡度 I 成正比关系，其中 k 称为渗透系数。

在钻孔中，一般通过抽水或压水试验进行测定。不同岩石的透水性差别极大。对于某些岩石，即使是同种类型的，其透水性也可以在很大范围内变化，表1-5为几种岩石的渗透系数指标。

表 1 – 5　几种岩石的渗透系数

岩石类型	渗透系数/cm · s⁻¹	测 定 方 法
泥岩	10^{-4}	现场测定
粉砂岩	$10^{-8} \sim 10^{-9}$	实验室测定
细砂岩	2×10^{-7}	实验室测定
坚硬砂岩	$4.4 \times 10^{-5} \sim 3.9 \times 10^{-4}$	
砂岩或多裂隙页岩	$> 10^{-3}$	
致密的石灰岩	$< 10^{-10}$	
有裂隙的石灰岩	$2 \sim 4$	

C　岩石的溶蚀性

由于水的化学作用而把岩石中某些组成物质带走的现象，称为岩石的溶蚀。如把试件浸在 80℃ 的纯水中，经过 24h，从水中离子的变化就可以看出水的溶蚀作用。溶蚀作用可使岩石致密程度降低、孔隙度增大，导致岩石强度降低。这种溶蚀现象在某些围岩为石灰岩的矿井中常见。

D　岩石的软化性

岩石浸水后其强度明显降低，通常用软化系数来表示水分对岩石强度的影响程度。所谓软化系数是指水饱和岩石试件的单向抗压强度与干燥岩石试件单向抗压强度之比，可表示为：

$$\eta_c = \frac{R_c}{R_{cw}} \leqslant 1 \qquad\qquad (1-6)$$

式中　η_c——岩石的软化系数；

　　　R_c——干燥岩石试件的单向抗压强度，MPa；

　　　R_{cw}——水饱和岩石试件的单向抗压强度，MPa。

岩石浸水时间愈长其强度降低愈大，部分岩石的软化系数见表 1 – 6。

表 1 – 6　部分常见岩石的软化系数

岩石名称	干试件抗压强度 R_c/MPa	水饱和试件抗压强度 R_{cw}/MPa	软化系数 η_c
黏土岩	$20.3 \sim 57.8$	$2.35 \sim 31.2$	$0.08 \sim 0.87$
页岩	$55.8 \sim 133.3$	$13.4 \sim 73.6$	$0.24 \sim 0.55$
砂岩	$17.1 \sim 245.8$	$5.6 \sim 240.6$	$0.44 \sim 0.97$
石灰岩	$13.1 \sim 202.6$	$7.6 \sim 185.4$	$0.58 \sim 0.94$

1.1.2　岩石的力学性质

1.1.2.1　岩石的强度

岩石的强度是指岩石完整性开始破坏时的极限应力值。它表示了岩石抵抗外来荷载破坏的能力。在静荷载作用下的强度和在动荷载作用下的强度不同。

静荷载下岩石的强度测定方法，是将岩石做成规定形状和尺寸的试件，在材料试验机或三轴压力试验机上进行拉、压、剪、弯等强度试验。其主要性质如下：

（1）在大多数情况下，岩石表现为脆性破坏。

（2）同一种岩石的强度并非常数。影响岩石强度的因素很多，如岩石的组成成分、颗粒大小、胶结情况、层理构造、孔隙度、温度、湿度和风化程度等。

（3）在不同受力状态下，岩石的极限强度相差悬殊。实验表明，岩石在不同应力状态下的强度值一般符合：三向等压抗压强度＞三向不等压抗压强度＞双向抗压强度＞单向抗压强度＞单向抗剪强度＞单向抗弯强度＞单向抗拉强度的规律。单向的抗压强度 R_c、单向抗拉强度 R_t，和抗剪强度 τ 之间存在以下数量关系：

$$\frac{R_t}{R_c} = \frac{1}{38} \sim \frac{1}{5}, \quad \frac{\tau}{R_c} = \frac{1}{15} \sim \frac{1}{2}, \quad \tau = \sqrt{\frac{R_t R_c}{3}}$$

利用以上关系，可以通过岩石的抗压强度大体估算其抗拉强度和抗剪强度。

岩石承受静荷载达到强度极限前，外荷载卸除后岩石可立即恢复到原来静止状态。而在动荷载作用下，虽然外荷载已解除，但岩石的质点由运动恢复到静止状态还需要有一个持续过程。所以岩石的动荷载强度不同于静荷载强度。岩石在动载作用下，其强度的增加与加载速度有关。无论是抗压强度还是抗拉强度都比静荷载作用下要大。表1-7是几种岩石的动、静荷载下强度值。

表1-7　几种岩石的动、静荷载下的强度

岩石名称	抗压强度/MPa		抗拉强度/MPa		加载速度 /MPa·s^{-1}	荷载持续时间 /ms
	静态	动态	静态	动态		
大理岩	90 ~110	120 ~200	5 ~9	20 ~40	107 ~108	10 ~30
泉边砂岩	100 ~140	120 ~200	8 ~9	50 ~70	107 ~108	20 ~30
湖成砂岩	15 ~25	20 ~50	2 ~3	10 ~20	106 ~107	50 ~100
石英闪长岩	240 ~330	300 ~400	11 ~19	20 ~30	107 ~108	30 ~60

岩石的任一点的应力状态都可分解为压缩应力、拉伸应力和剪切应力。而岩石的破坏也是由这些基本应力引起的。所以把岩石的强度分为：抗压强度、抗拉强度和抗剪强度。

岩石的抗压强度值，通常在 20 ~30MPa 至 200 ~300MPa 之间。而它的抗拉强度值只有抗压强度的1/50 ~1/10。岩石的抗剪强度，介于抗压与抗拉强度之间，只有抗压强度的1/12 ~1/8。所以根据这一点，可以将岩石的强度特征归结为"岩石怕拉不怕压"。

欲使岩石易于破碎，应尽可能使岩石处于拉伸或剪切状态。表1-8为几种金属矿山常见岩石的抗压与抗拉强度。表1-9为三种典型岩石的相对强度。

表1-8　几种金属矿山岩石抗压与抗拉的强度　　　　　　　（MPa）

岩石名称	抗压强度	抗拉强度	岩石名称	抗压强度	抗拉强度
花岗岩	100 ~250	7 ~25	白云岩	80 ~250	15 ~25
闪长岩	180 ~300	15 ~30	石英岩	150 ~300	10 ~30
玄武岩	150 ~300	10 ~30	片麻岩	50 ~200	5 ~20
砂　岩	20 ~170	4 ~25	大理岩	100 ~250	7 ~20
石灰岩	80 ~250	5 ~25	板　岩	100 ~200	7 ~20

表 1－9　三种岩石的相对强度 （％）

岩石名称	相对强度		
	抗压强度	抗剪强度	抗拉强度
花岗岩	100	9	2～4
砂　岩	100	10～12	2～5
石灰岩	100	15	4～10

1.1.2.2　岩石的硬度

岩石的硬度一般理解为岩石抵抗其他较为硬物体侵入的能力。硬度与抗压强度既有联系又有区别。对于凿岩而言，岩石的硬度比岩石的单向抗压强度更加具有实际意义，因为钻具对孔底岩石破碎方式多数情况下是局部压碎。所以硬度指标更接近于反映钻凿岩的实质和难易程度。

岩石硬度因试验方式不同，有静压入硬度和冲击回弹硬度两类。

静压入硬度是采用底面积为 1～5mm² 的圆柱平底压模压入岩石试件，以岩石产生脆性破坏（对脆性岩石）或屈服时（对塑性岩石）的强度作为岩石硬度指标。其值一般比岩石的单向抗压强度高几十倍。岩石试件一般都要采用尺寸不得小于 50mm × 50mm × 50mm 的立方体，也可采用尺寸为 φ50mm、高 50mm 的圆柱体。试件上、下两端面用金刚砂磨平，不平行度小于 0.1mm。压模高度一般为 16mm。

回弹硬度以重物落于岩石表面后回弹高度来表示。岩石越硬，回弹高度越大。回弹硬度常用肖氏硬度计和施米特锤来测定。C－2 型肖氏硬度计是利用直径为 5.94mm、长度为 20.7～21.3mm、质量为 2.3 ±0.5g 的冲头（其前端嵌有端面直径为 0.1～0.4mm 的金刚石）在玻璃管中从 251.2 ±0.23mm 的高度自由下落到试件表面的回弹高度（0～140 的标度）来测定。

实际上凡是用刀具切削或挤压的方法凿岩，都必须将工具压入岩石才能够达到钻进的目的。硬度越大的岩石凿岩越困难，钻头或钎子头的磨损也就越快。

1.1.2.3　岩石的受力破坏

岩石在外力作用下会产生变形，其变形性质可用应力－应变曲线表示（图 1－1）。

根据变形性质的不同，可分为弹性变形和塑性变形。弹性变形有可逆性，即载荷消除后变形跟着消失。这种变形又分为线性变形和非线性变形两种。应力值在比例极限内时，应力与应变呈线性关系，并遵守虎克定律，即 $\sigma = E\varepsilon$；当应力值超过比例极限时，则进入非线性弹性变形阶段，其应力应变关系不遵守虎克定律；当应力值超过极限抗压强度（峰值）时，脆性材料则立即发生破坏，而塑性材料则进入具有永久变形特性的塑性变形区。塑性变形不可逆，载荷消除后，部分变形会保留下来。但是岩石与其他材料不同，在弹性区内，应力消除后，应变并不能立即消失，而需要经过一定时间才能恢复，这种现象称为岩石的弹性后效。

在弹性后效没有消除之前，若重新加载，岩石就会出现如图 1－2 所示的应力应变曲线，其中加载与卸载围成的环形，称为岩石的弹性滞环。岩石破坏前，不产生明显残余变

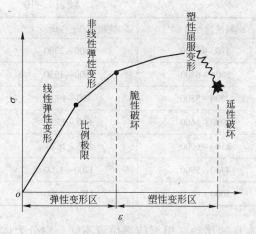

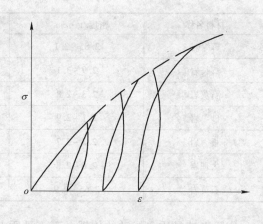

图 1 – 1　岩石的应力 – 应变曲线　　　　　图 1 – 2　反复加载与卸载的应力 – 应变曲线

形者称为脆性岩石。冶金、有色金属矿山的矿岩大多属于脆性岩石。

岩石的变形性质除了与本身的组成和结构有关以外，还与岩石的受力条件有一定关系。

在三向受压和高温的条件下，岩石的塑性会显著增加；在常态下，具有脆性的岩石也能变成塑性体；在冲击载荷作用下，岩石的脆性又会显著增大。但大多数岩石，在冲击凿岩或爆轰传播等冲击载荷作用下是呈脆性破坏。

1.1.2.4　岩石的波阻抗

岩石密度 ρ 与纵波在该岩石中传播速度 c_P 的乘积称为岩石的波阻抗。波阻抗的大小反映了岩体对于波的传播阻力大小，它与炸药爆炸后传给岩石的总能量和传递效率有关。

实验证明，凡是波阻抗大的炸药，或是炸药的波阻抗与岩石的波阻抗越接近，则炸药爆炸时传给岩石的能量就越多，引起岩石的应力变化值也就越大。这就说明，在对岩石进行爆破时，要想取得良好的爆破效果，必须正确选择炸药品种，使炸药和岩石两者的波阻抗相匹配。实验还证明，空气的波阻抗比岩石和炸药的波阻抗要小得多，约为后两者的万分之一。这就说明，装药结构不同对能量传递影响较大，一般要求装药时采用密实的装药结构，即药包与孔壁之间不留有空隙，这样爆炸能量传给岩石的效率就高；如果药包与孔壁之间有空隙存在，则炸药爆炸能量从炸药传给空气后，再由空气传给岩石，其能量损失极为严重。

表 1 – 10 为几种材料和岩石的密度、纵波波速和波阻抗值。

表 1 – 10　几种材料的密度、纵波波速和波阻抗

材料名称	密度/g·cm^{-3}	纵波波速/m·s^{-1}	波阻抗/kg·cm^2·s^{-1}
钢	7.8	5130	4000
铝	2.5~2.9	5090	1370
花岗岩	2.6~3.0	4000~6800	800~1900
玄武岩	2.7~2.86	4500~7000	1400~2000

材料名称	密度/g·cm⁻³	纵波波速/m·s⁻¹	波阻抗/kg·cm²·s⁻¹
辉绿岩	2.85 ~ 3.1	4700 ~ 7500	1800 ~ 2300
辉长岩	2.9 ~ 3.1	5600 ~ 6300	1600 ~ 1950
石灰岩	2.3 ~ 2.8	3200 ~ 5500	700 ~ 1900
砂 岩	2.1 ~ 2.9	3000 ~ 4600	600 ~ 1300
板 岩	2.3 ~ 2.7	2500 ~ 6000	575 ~ 1620
大理岩	2.6 ~ 2.8	4400 ~ 5900	1200 ~ 1700
石英岩	2.65 ~ 2.9	5000 ~ 6500	1100 ~ 1900

实际上波是质点扰动的传播，而不是质点本身的移动。根据传播位置不同，它分为体积波和表面波。在介质内部传播的波称为体积波，只沿介质体的边界面传播的波称为表面波。体积波又可分为纵波和横波两种。纵波可以引起介质体积的压缩或膨胀（拉伸）变形，故又称为压缩波或拉伸波。与介质质点振动方向同波的传播方向垂直的称为横波，它可引起介质体形状改变的纯剪切变形，故又称为剪切波。纵波和横波都称为应力波或应变波，但通常所讲的应力波是指纵波。

在应力波的传播过程中，应力 σ、波速 c_P 和质点振动速度 v_P 之间的关系，可通过动量守恒条件导出。即应力波在 Δt 时间内经过某区段 $c_P\Delta t$ 时，它所接受的冲量和表现出的动量相等，即

$$P\Delta t = Mv_P$$

式中，M 为某区段 $c_P\Delta t$ 的质量，$M = \rho\omega c_P\Delta t$。

则：

$$P = \rho\omega c_P v_P$$

$$\sigma = P/\omega = \rho c_P v_P \tag{1-7}$$

式中　ρ——介质的密度；

　　　ω——某区段的截面积；

　　　ρc_P——波阻抗，即介质密度和纵波波速的乘积，它表征介质对应于应力波传播的阻碍作用。

1.1.3　影响岩石物理力学性质的因素

岩石的物理力学性质主要与下述因素有关：

（1）组成岩石的矿物成分、结构构造。例如，由重矿物组成的岩石密度大；由硬度高、晶粒小而均匀矿物组成的岩石坚硬；结构致密的岩石比结构疏松的岩石孔隙率小；成层结构的岩石具有各向异性等。

（2）岩石的生成环境。生成环境是指形成岩石过程的环境和后来环境的演变。如，岩浆岩体，深成岩常成伟晶体结构，浅成岩及喷出岩则常为细晶结构；又如，沉积岩体，海相与陆相沉积相比，其性质有很大差别。成岩后是否受构造运动的影响等，都会引起物理力学性质的变化。

（3）受力状况。实践证明，同一种岩石，其静、动力学性质有明显的差别。同样载

荷下，单向受力和三向受力表现的力学性质也有所不同。

1.2 岩石的工程分级

岩石按其成因的不同，可分为岩浆岩、沉积岩、变质岩三大类。但采掘工程要求对岩石进行定量区分，以便能正确进行工程设计，合理选用施工方法、施工设备、机具和器材，准确地制定生产定额和材料消耗定额等。岩石的工程分级，由此产生。

岩石工程分级的方法很多。下面简要介绍几种有代表性的岩石分级方法。

1.2.1 按岩石坚固性分级

这种分级方法是苏联学者 M. M. 普洛托奇雅可诺夫，于 1926 年提出来的。他经过长期研究，建立了一种岩石的坚固性抽象概念，并用坚固性这一概念作为岩石工程分级的依据。

普氏认为，岩石的坚固性在各方面的表现大体上是一致的：难以破碎的岩石，用各种方法都难以崩落、破碎；而容易破碎的岩石，用各种方法都易于破碎。

普氏用岩石强度、凿岩速度、凿岩破碎单位体积岩石所消耗的功和单位炸药消耗量等多项指标来综合表征岩石的坚固性，并按岩石的坚固性系数 f 的大小值将岩石分为十等级。岩石按坚固性分级见表 1-11。Ⅰ级最坚固岩石的 $f = 20$。f 值越大，岩石越坚固。

表 1-11 岩石按坚固性分级

级 别	坚固性程度	岩石（或岩土）的种类	坚固性系数 f
Ⅰ	最坚固的岩石	最坚固、最致密的石英岩和玄武岩，其他最坚固的岩石	20
Ⅱ	很坚固的岩石	很坚固花岗岩类、石英斑岩，很坚固花岗岩、硅质片岩，坚固程度较Ⅰ级岩石稍差石英岩；最坚固的砂岩和石灰岩	15
Ⅲ	坚固的岩石	致密的花岗岩和花岗岩类岩石，很坚固的砂岩和石灰岩，石英质矿脉，坚固的砾岩，很坚固的铁矿石	10
Ⅲa	坚固的岩石	坚固石灰岩，不坚固花岗岩，坚固砂岩，坚固大理岩，白云岩，黄铁矿	8
Ⅳ	颇坚固的岩石	一般的砂岩，铁矿石	6
Ⅳa	颇坚固的岩石	砂质页岩，泥质砂岩	5
Ⅴ	中等坚固岩石	坚固的页岩，不坚固的砂岩及石灰岩，软的砾岩	4
Ⅴa	中等坚固岩石	各种不坚固的页岩，致密的泥灰岩	3
Ⅵ	相当软的岩石	软页岩，很软石灰岩，白垩纪岩盐，石膏，冻土，无烟煤，普通泥灰岩，破碎砂岩，胶结卵石和粗砂砾，多石块土	2
Ⅵa	颇软的岩石	碎石土，破碎页岩，结块卵石和碎石，坚固煤，硬化黏土	1.5
Ⅶ	软 岩	致密的黏土，软的烟煤，坚固的表土层	1.0
Ⅶa	软 岩	微砂质黏土，黄土，细砾石	0.8

级　别	坚固性程度	岩石（或岩土）的种类	坚固性系数 f
Ⅷ	土质岩石	腐殖土，泥煤，微砂质黏土，湿沙	0.6
Ⅸ	松散岩石	沙，细砾，松土，采下的煤	0.5
Ⅹ	流沙岩石	流沙，沼泽土壤，饱含水的黄土及饱含水的土壤	0.3

　　测定岩石坚固性系数的方法很多，最简单的是用单轴压缩试验法。它是用一块 $5cm \times 5cm \times 5cm$ 的岩石试样，放在材料试验机上单方向加压，当压力增大到一定程度时试样开始破裂，记下此时压力值是多少兆帕，然后用下式算出岩石的极限抗压强度（R）值。

$$R = \frac{P}{5 \times 5} = \frac{P}{25} \qquad (1-8)$$

式中　R——岩石的极限抗压强度，MPa；

　　　　P——施加在岩块上的压力，MPa。

　　再将求得的岩石极限抗压强度 R 值以 10（与极限抗压强度为 10MPa 的岩石进行比较）除之，就得出岩石的 f 系数值。

$$f = \frac{R}{10} \qquad (1-9)$$

式中　f——普氏坚固性系数（无量纲）；

　　　　R——岩石的单轴抗压极限强度，MPa。

　　但实际上有的岩石的单轴抗压强度大于 300MPa，为了保持原来的普氏系数最大值 $f=20$。1955 年苏联学者巴隆（П. Н. Барон）将式（1-9）修正为：

$$f = \frac{R}{10} + \sqrt{\frac{R}{3}} \qquad (1-10)$$

　　其相应 f 系数值的范围在 0.3 ~ 20 之间。f 值大于 2 以后，只取整数值，以简化使用。

　　普氏分级方法，抓住了岩石抵抗各种破坏方法能力趋于一致的这个性质，并从数量上用一个简单的 f 值来表示这种共性，所以在采矿工程中被广泛采用。

　　由于岩石坚固性这个概念过于概括，因此只能作笼统的分级，不能在实际应用时对不同的特定条件具体考虑；而且在测定岩石坚固性的方面，也并未能完全反映出岩石在破碎过程中的物理实质，所以这种分级方法并不是很完善。

1.2.2　"碎比功"的岩石分级法

　　东北工学院（现东北大学）提出利用"碎比功"来对岩石进行分级。它以破碎单位体积的岩石所消耗的功来表示，称为比功 α（J/cm^3）。比功值 α 是通过一种专门的比功岩石凿碎器，对所要测定的岩石进行冲凿确定的。用下式计算：

$$\alpha = \frac{NA}{V} = \frac{4A}{\pi D^2} \cdot \frac{N}{H} \qquad (1-11)$$

式中　N——冲凿次数；

　　　　A——冲凿时每次落锤所做的功，40J；

　　　　V——钻孔体积，cm^3；

　　　　D——直径，cm；

　　　　H——孔深，cm。

按 α 值将岩石分为 10 级（表 1 – 12）。

表 1 – 12 按"碎比功"划分的岩石分级

等 级	I	II	III	IV	V	VI	VII	VIII	IX	X
平均 α 值/J·cm^{-3}	6	7.6	9.8	12.6	16.3	21	27	35	45	58
变化范围	<6.5	6.5~9	9~11	11~15	15~18	18~24	24~31	31~40	40~52	>52

1.2.3 按岩芯质量指标进行分类

美国人用岩芯质量指标（RQD）进行分类，即钻探时将钻孔中直接获取的岩芯的总长度，扣除破碎岩芯和软弱夹泥的长度，再与钻孔总进尺相比。在具体计算岩芯长度时，只计算大于 10cm 的坚硬和完整的岩芯，即：

$$RQD = \frac{10cm\ 以上岩芯累计长度}{钻孔长度} \times 100\% \qquad (1-12)$$

岩芯质量指标见表 1 – 13。

表 1 – 13 岩芯质量指标

分 类	优质的	良好的	好的	差的	很差
RQD/%	90~100	75~90	50~75	25~50	0~25

1.2.4 其他岩石分级方法

其他岩石分级方法（供自学参考）主要有：

（1）我国铁路隧道工程岩体（围岩）分级法。

（2）我国煤炭部门根据锚喷支护设计和施工需要的围岩分级法。

（3）美国利文斯顿（C. W. Livingston）爆破漏斗岩石分级方法（以能量消耗为准则的利文斯顿爆破漏斗分级法）。

复习思考题

1 – 1 岩石的物理力学性质主要有哪些，各自的含义是怎么表述的？

1 – 2 研究岩石的物理力学性质对井巷施工有什么意义？

1 – 3 影响岩石物理力学性质的主要因素有哪些？

1 – 4 何为岩石的水理性，其分项内容有哪些？

1 – 5 岩石的工程分级对掘进施工究竟有什么意义？

1 – 6 岩石的工程分级方法有哪些，我国多用哪几种？

1 – 7 普氏分级法的分类依据是什么，其具体分类有哪些？

1 – 8 根据岩石质量指标（RQD）进行分级的方法有哪些优点？

1 – 9 岩石块体受力变形特征是怎样的，为什么多呈脆性破坏？

掘进凿岩的方法与设备

✦✦✦✦✦✦✦✦✦✦✦✦✦✦✦✦✦✦✦✦✦✦✦✦✦✦✦✦✦✦✦✦✦✦✦✦✦

【本章要点】：掘进凿岩的钻孔破岩原理、主要机型、设备使用条件与特点。

✦✦✦✦✦✦✦✦✦✦✦✦✦✦✦✦✦✦✦✦✦✦✦✦✦✦✦✦✦✦✦✦✦✦✦✦✦

2.1　掘进凿岩机的破岩机理

研究凿岩过程中的岩石破碎机理是为确定凿岩设备和工具的结构参数提供依据，并以此采用合理的破碎岩石方法和提高凿岩生产效率。

由于岩石的不均匀性质要比其他材料大，因此在载荷作用下应力分布比较复杂。目前所进行的研究工作还不能完全满足实际生产的要求，必须对凿岩时的岩石破碎特有现象进行认真分析才能找出其内在联系。

2.1.1　风钻冲击凿岩的工作原理

风钻冲击凿岩是由于风钻开动后，风钻的活塞给钻杆一个冲击力，钻头便在冲击力作用下，钻凿到岩石表面上：钻头刃角进入岩石面上一个深度 h，因刃角下方和旁侧的岩石破坏，而形成一个槽沟 I—I，如图 2-1 所示。

当风钻的活塞回程时，回转机构带动钎子转动一个角度（图中的 β 角），转角后的钎子就在活塞二次冲击时，岩石面上又形成一个新的槽沟 II—II，其中心部分岩石被钻头凿碎，两次冲击沟槽之间留下来的扇形岩石（图中阴影部分），被钎刃上的剪力作用而剪碎或振碎；这样钎头不断地冲击和旋转，就使得岩石层层破碎，从而形成一个圆形钻孔。

破碎后的岩粉，会及时排出孔外；否则，会影响钎头有效地工作。目前，矿山广泛使用水冲洗岩粉的方法来把岩粉排出孔外，即高压水通过风钻的水针及钎杆中心孔压入孔中把岩粉排出孔外。

2.1.2　岩石在钎子作用下的破碎过程

钎头在静压力作用下岩石的破碎过程分三个阶段：

（1）弹性变形阶段。如图 2-2（a）所示，钎头与岩石相接触开始承受载荷时发生的弹性变形，这时岩石尚未发现显著破坏。

（2）压碎或压裂阶段。如图 2-2（b）所示，随着载荷和压入深度增加，在钎头下

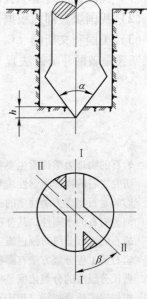

图 2-1　冲击钻孔原理

面的岩石产生裂隙，直至相互交叉使岩石完全压碎，并把钎头所受载荷传给周围岩石。

（3）剪切阶段。如图2-2（c）所示，载荷继续作用下压入力 P 足够大时，钎头旁侧圆锥体被剪切而分离。

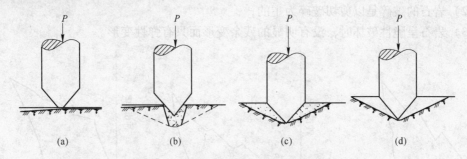

图2-2　岩石在静力压入下的破碎过程

（a）弹性变形阶段；（b）压碎或压裂阶段；（c）剪切阶段；（d）钎头与新岩石面接触

以上为第一个破碎循环过程。若钎子的冲击力足够大会产生破碎过程相同的第二个、第三个……循环过程。图2-2（d）表示一个破碎循环完成后，第二循环开始钎头与新岩石面接触的情况。

图2-3表示岩石破碎后形成凿沟的断面形状。从图2-3中可以看出凿沟断面的面积要比钎刃压入岩石的断面大。图2-3中 β 表示自然破碎角。岩石越坚硬、越脆，自然破碎角度 β 也就越大。

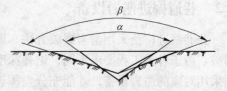

图2-3　凿沟的断面形状

α—钎头的刃角；β—岩石自然破碎角

从脆性岩石在静力压入试验中得出的典型 $P-h$ 曲线（图2-4）可知，载荷（P）随压入深度（h）线性上升，直到主岩屑破碎后，失去负荷，压入力才线性下降至零。而钎头压入岩石时是呈跳跃式破碎变化过程，曲线顶峰是岩石突然破碎发生跳跃时的情况，$P-h$ 曲线中的 o—a、b—c、d—e、f—g 是岩石在静力压入中出现的剪切过程。

当岩石在冲击力作用下进行测定，也可得出凿入力（P）与凿入深度（h）的 $P-h$ 曲线，从图2-5中可知，岩石破碎过程和静力压入测得的 $P-h$ 曲线相似，也反映了压碎和剪切两个过程。

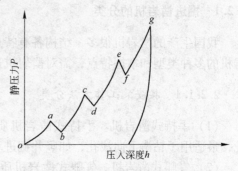

图2-4　静压入时的 $P-h$ 曲线

在实际凿岩时，钎子在外力作用下，把它所承受的冲击能量以应力波的形式传给岩石，岩石处于各向应力状态，在岩石中形成正应力。由于各方向分布的正应力不同，因此形成了以钎头与岩石的接触面为截面的剪切应力带；又因为岩石的抗剪强度低，所以使岩石产生剪切破坏；岩石产生破碎是以剪切为主。从图2-5可知 o—a、b—c、d—e、f—g 为上升段，它表示岩石的弹性变形和压碎过程；a—b、c—d、e—f 为下降段，它表示岩石剪切破碎过程。

综上所述，岩石的破碎过程为：

（1）岩石在外力作用下的破碎过程为压碎和剪切两个破碎过程；

（2）岩石的破碎是以剪切破碎为主的；

（3）岩石呈脆性破坏时，没有明显的残余变形而只有弹性变形。

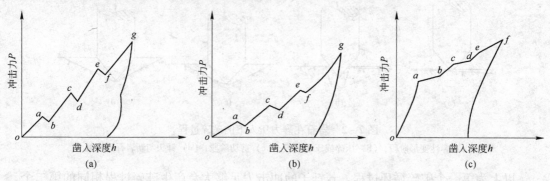

图 2 - 5　冲击载荷与凿进深度的 $P - h$ 曲线

2.2　巷道掘进凿岩设备

井巷掘进广泛采用凿岩爆破方法，即是用凿岩机在矿岩中钻凿炮孔，然后在其中装药爆破。由于各类工程要求不同，炮孔深度不一，有浅孔、中深孔和深孔。所以凿岩工作必须采用对应的凿岩设备，才能充分发挥设备特长，提高凿岩效率。为了正确、合理使用凿岩机，必须了解不同凿岩机的类型，掌握它们的特点、主要机构的动作原理和性能参数，才能熟悉其操作方法。

2.2.1　掘进凿岩机的分类

我国生产的凿岩机很多，结构各有特点，尤其是气腿凿岩机发展速度很快。为了解凿岩机的多种类型和掌握特点，需对凿岩机进行分类。

2.2.1.1　按安装工作方法分类

（1）手持式凿岩机。手持式凿岩机质量在 20 ~ 25kg 以下，它可钻凿任何方向的浅孔，最适用于钻凿下向浅孔，如竖井掘进和破碎大块等。矿山常用的有 01 - 30 型凿岩机。

（2）气腿式凿岩机。气腿式凿岩机质量为 23 ~ 30kg，一般带有起支撑和推动作用的风动气腿，因此称气腿式凿岩机。工作时用手握持作业，可用于钻凿水平或倾斜方向的钻孔，钻孔深度 2 ~ 4m，这是我国矿山目前使用得最广泛的一种凿岩机。这类凿岩机主要有7655、YT24、YT25、红旗 - 25、湘江 - 100 等。

（3）向上式凿岩机。向上式凿岩机质量为 40kg 左右，这种凿岩机尾部有一个可伸缩的气筒，作为工作时的支架和推进装置，因此又称为伸缩式凿岩机，主要用来钻凿与水平面相交 60° ~ 90° 的上向孔。主要机型是 YSP - 45 型、01 - 45 型凿岩机等。

（4）导轨式凿岩机。导轨式凿岩机质量为 35 ~ 100kg，凿岩机安装在配有专门推进装置的滑动轨道上，滑动轨道安设在凿岩机台车或柱架上。工作时，推进装置推动凿岩机沿着导轨前进或后退。可钻凿各种方向钻孔，也可用于打 15m 以下的钻孔。矿山常用的有 YG-40、YG-80、YGZ-90 型等。

2.2.1.2　按凿岩机的冲击频率分类

（1）低频凿岩机。低频凿岩机冲击次数为 2000 次/min 以下；
（2）中频凿岩机。中频凿岩机冲击次数为 2000~2500 次/min；
（3）高频凿岩机。高频凿岩机冲击次数为 2500~4000 次/min；
（4）超高频凿岩机。超高频凿岩机冲击次数为 4000 次/min 以上。

2.2.1.3　按凿岩机的动力分类

（1）风动凿岩机。风动凿岩机以压缩空气为动力，并用其配气装置将压缩空气的动能转变为活塞往复的冲击功。它的优点是结构简单、使用寿命长、维修方便、价格低廉。各种风动凿岩机的技术性能见表 2-1。

表 2-1　几种风动凿岩机的技术性能

名　称	气腿式凿岩机						上向式		导轨式	
	7655	YT-24	YT-25	YT-30	红旗-25	湘江-100	YSP-45	01-45	YG-80	YGZ-90
主机质量/kg	24	24	25	27	26	26	45	45	80	90
汽缸直径/mm	76	70	70	70	100	100	95	76	120	125
活塞行程/mm	60	70	55	70	40	40	47	74	70	63
冲击功/J	59	59	56	59	59	59	>69	>70	176	196
冲击频率/次·min⁻¹	2100	1800	1800	1800	3300	3000	2700	1750	1800	2000
扭力矩/N·m	>14.7	>12.7	9.8	>12.7	>15	19.6	>17.6	27.4	98	117
使用水压/MPa	0.5	0.5	0.5	0.5	0.5	0.5	0.5	0.5	0.5	0.5~0.7
耗风量/m³·min⁻¹	3.2	2.8	2.6	2.9	3.5	3.5	<5	3.5	8.5	11
使用水压/MPa	0.2~0.3	0.2~0.3	0.2~0.3	0.2~0.3	0.3~0.5	0.3~0.5	0.2~0.3	0.2~0.3	0.3~0.5	0.4~0.6
风管内径/mm	25	19	19	19	25	25	25	25	38	38
水管内径/mm	13	13	13	13	12	12	13	13	19	19
钻孔直径/mm	34~38	34~42	34~38	34~38	38~45	38~45	35~42	35~42	50~70	50~87
钻孔深度/m	5	5	5	5	8	8	6	6	30	30
配气方式	活阀式	控制阀	活阀式	控制阀	无阀式	无阀式	无阀式	活阀式	控制阀	无阀式
钎尾规格/mm×mm	22.2×108	22.2×108	22.2×108	22.2×108	22.2×108	22.2×108	22.2×108	25×108	38×97	38×97

（2）电动凿岩机或内燃式凿岩机。电动凿岩机或内燃式凿岩机的基本动作原理是利用曲柄连杆机构或凸轮弹簧等机构的作用，使电动机的旋转运动转变为活塞（或凸轮）往复的冲击运动。此类凿岩机具有不需空气压缩设备、动力单一、能量消耗小等优点，但

结构上还存在问题，需要进一步改进。

（3）液压凿岩机。液压凿岩机在技术上和经济效果上都比风动凿岩机优越，它是利用高压的液体来代替压缩空气作动力。此类凿岩机的优点是动力消耗少、能量利用率高、凿岩速度快、并能根据凿岩性质调节冲击功、冲击频率、转速和推进力，还有设备简单、轻便灵活的优点。使用该机可以改善工作面的工作和卫生条件。这类凿岩机目前已经在大型先进矿山得到广泛应用。

2.2.1.4　按凿岩机配气装置的特点分类

（1）活阀式凿岩机。活阀式凿岩机配气阀的换向，依靠被活塞压缩了的空气；
（2）控制阀式凿岩机。控制阀式凿岩机配气阀的换向，依靠进入凿岩机的压缩空气；
（3）无阀式凿岩机。无阀式凿岩机没有单独配气装置，是通过活塞往复自行配气。

2.2.2　各类凿岩机的特点及使用条件

2.2.2.1　01-30型手持式凿岩机

这种凿岩机长期用于我国的竖井掘进、平巷掘进、浅孔采矿及狭窄的工作面钻孔，可钻凿任何方向的钻孔。工作时可手持凿岩，也可安装在气腿上进行凿岩，实际上被列为气腿式凿岩机之一。它结构简单、容易操作、方便修理。但因它的冲击功和扭矩较小，凿岩较慢，正被逐渐替代。

2.2.2.2　YT-30型气腿式凿岩机

该机的特点是采用控制配气阀、耗风量小、凿岩速度快、风水联动集中控制、气腿能快速伸缩、推力大小可调10个位置，可以保证在凿岩时获得最优轴推力。YT-30型凿岩机配有FT-140型气腿和FT-200型自动注油器。这种凿岩机主要用于采矿及井巷掘进等工程的浅孔钻凿。

2.2.2.3　7655型气腿式凿岩机

7655型凿岩机的特点是结构新颖、构造简单、稳定轻便，采用环状活阀配气、控制系统集中、气腿快速自动伸缩、风水联动、操作方便、扭矩大、凿岩速度快效率高。配有消声装置可减少噪声，还配有FY200A型自动注油器和能自动伸缩的FT-160型气腿。这种凿岩机可用于平巷掘进和浅孔采矿的水平和倾斜钻孔。

2.2.2.4　红旗-25型和湘江-100型高频气腿式凿岩机

这两种凿岩机都是大直径活塞，短冲程、采用无阀配气。具有构造简单、稳定、风水联动、操作方便、活塞每分钟的冲击次数一般在3000～3300次之间，凿岩速度快，耗风量小等优点。但这两种凿岩机质量大，振动大、噪声大、耗油量大、油质要求高，且风压低时不能正常工作。该机可在各种硬度的岩石上打水平或倾斜方向的钻孔。最好装在凿岩台车上用来掘进大断面巷道。

这两种凿岩机合并改进后的新机型是YTP-26型凿岩机，该凿岩机也属高频凿岩机，采用无阀配气，并配用 FT – 170 型气腿和 FY – 700 型注油器。

2.2.2.5 01 – 45 型和 YSP – 45 型向上式凿岩机

01 – 45 型凿岩机是老牌产品，效率低，结构上也有很多缺点，现已停止生产。YSP – 45 型凿岩机的特点是：凿岩速度快，冲击频率高，质量比较轻，风水联动，气腿推力可调节。凿岩机配有消声装置。机尾装有一个可以伸缩的气筒，并与凿岩机装在一条直线上。气筒结构与气腿相似，用它来支撑和推进凿岩机。YSP – 45 型凿岩机常用来掘进天井和钻凿与地面成 60°～90°的向上钻孔。

从以上各种凿岩机的概略介绍中可以看出，国产浅孔凿岩机的型号很多，各有自己的优点，但也存在一些需改进的地方。为了适应和满足矿山生产的需要，还必须提高这些凿岩机的质量，实现系列化、标准化、规格化，进一步简化品种。

2.2.2.6 凿岩台车

凿岩台车是提高凿岩效率、减轻工人劳动强度和实现凿岩机械化的一种设备。国产的凿岩台车按工作机构的动力分为电动、风动、液压三种；而按行走机构的形式不同又可分为胶轮式、履带式、轨道式的三种；按其用途可分为采场凿岩台车和巷道掘进凿岩台车；按安装的凿岩机数量可分为单机台车、双机台车和多机台车。目前凿岩台车已在矿山广泛使用，一般地下巷道掘进时常采用双机或者多机轨道式或胶轮式凿岩台车，而在露天矿则采用胶轮和履带的单机凿岩台车。国产巷道掘进凿岩台车主要有 CGJ – 2 型、CGJ – 3 型、CG – 4 型等。

凿岩台车应用很广，发展很快。但在掘进生产机械化作业线中，目前还未能完全发挥其应有的效率；究其原因，除台车本身结构不足和有待改进外，主要是其配置的凿岩机效率不高，无法补偿因使用台车而附加的辅助作业时间等。

复习思考题

2 – 1 冲击式钻孔基本工作原理是怎样的，岩石的破碎过程又有哪些特征？

2 – 2 凿岩机按冲击频率的不同有哪些分类，频率越高凿岩速度越快吗？

2 – 3 井巷掘进的主要凿岩设备有哪些，各自的特点及使用条件是怎样的？

2 – 4 目前国内大型金属矿山平巷掘进中，所使用的先进凿岩台车有哪些？

2 – 5 结合生产单位实际情况，你能谈谈自己的采掘钻孔经验或体会吗？

第二篇

平巷掘进与支护工程

金属矿床的地下开采，平巷掘进与支护占到了整个地下井巷工程总量的 60% 以上。所以，优质、快速、高效、低耗和安全地完成掘进施工任务，意义重大。本篇学习"平巷断面设计"、"巷道的掘进施工"、"巷道支护"、"快速掘进和特殊施工法"这四章内容。

3 平巷断面设计

【本章要点】：巷道断面的形状选择、参数选择、尺寸计算、图表绘制。

巷道断面设计的内容和步骤是：首先要按照巷道的用途、服务年限、地质条件等因素来选择巷道断面形状；然后确定巷道净断面尺寸，并进行风速验算；再根据支架参数和道床参数计算出巷道的设计掘进断面尺寸，并布置水沟和管缆；最后绘制巷道断面施工图，编制每米巷道工程量、材料消耗量，编写设计计算说明书。

3.1 平巷断面形状的选择

3.1.1 金属矿山常用的巷道断面形状

金属矿山的巷道断面形状有梯形、多角形、拱形、圆形、马蹄形、椭圆形等，如图 3-1 所示。

比较常用的断面形状是：梯形和直墙拱形（如半圆拱形、圆弧拱形、三心拱形等，简称拱形）。在特殊条件下，也采用多角形、马蹄形、椭圆形与圆形。

3.1.2 选择断面形状应考虑的主要因素

选择断面形状应考虑的主要因素有：
(1) 巷道所穿过岩层的性质，即作用在巷道上的地压大小和方向；
(2) 巷道的用途及服务年限；
(3) 选用的支架材料和支护方式；

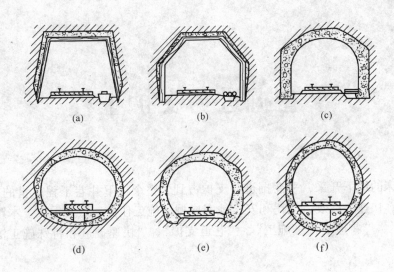

图 3 - 1　巷道断面形状

（a）梯形；（b）多角形；（c）拱形；（d）圆形；（e）马蹄形；（f）椭圆形

（4）巷道掘进的施工方法和掘进设备等。

这四个方面的因素密切相关，应该综合考虑。但前两个因素往往起主要作用，由它们来决定支护形式和断面形状。而在一般情况下，作用在巷道上的地压大小和方向，又在选择巷道断面形状时起着更为主导的作用。

3.1.3　选择断面形状的基本原则

选择断面形状的基本原则如下：

（1）当顶压和侧压均不大时，可选用梯形断面；当顶压较大、侧压较小时，应选用直墙拱形断面（半圆拱、圆弧拱或三心拱）；当顶压、侧压都很大而底鼓严重时，就必须选用马蹄形、椭圆形或圆形等封闭式断面。

（2）从巷道的用途和服务年限考虑：服务年限长达几十年的开拓巷道，多采用混凝土和锚喷支护的拱形断面较为有利；服务年限 10 年左右的采准巷道多用锚喷支护，服务年限短的回采巷道，因受动压影响须采用具有可缩金属支架梯形断面。

（3）从支架材料和支护习惯使用的方式考虑：木支架和钢筋混凝土棚子，多适用于梯形断面；混凝土和喷射混凝土支护方式，更适用于拱形断面；而金属支架和锚杆可用于任何形状的断面。

（4）从掘进方法和掘进设备对于断面形状选择的考虑来讲：为了简化设计和有利于施工，巷道断面多采用半圆拱和圆弧拱；而在使用全断面掘进机组的岩石巷道掘进时，选用圆形断面无疑是更合适的。

（5）在需要通风量很大的巷道中，选择通风阻力小的断面形状和支护方式，既安全，又经济；这就要把支架材料和支护方式的问题折中考虑。

其实，条件要求不同，影响因素的主次位置也会发生变化。所以，既要综合分析，抓住主导因素；又要兼顾次要因素，才能选用较合理的巷道断面形状。

3.2 平巷断面尺寸的确定

不同用途的巷道，断面尺寸的设计方法不同。大多数巷道，依据通过巷道中运输设备的类型和数量，按照《冶金矿山安全规程》（以下简称《安全规程》）规定的人行道宽度和各种安全间隙，并考虑管路、电缆及水沟的合理布置等来设计净断面尺寸；然后用通过该巷道的允许风速来校核；合格后再设计支护结构及尺寸；最后绘制巷道断面施工图、编制每米巷道工程量以及材料消耗表。

专为通风或行人用的巷道断面尺寸，只要满足通风或行人的要求即可。为了减少平巷断面规格的类型和数量，往往按净断面的要求，选择标准断面即可。若需设计，一般按下述顺序进行。

3.2.1 巷道净宽度的确定

拱形巷道净宽度 B_0 是指直墙内侧的水平距离（图 3-2），按式（3-1）计算：

$$B_0 = 2b + b_1 + b_2 + m \quad \text{或} \quad B_0 = A + F + C \qquad (3-1)$$

式中　b——运输设备最大宽度，mm，按表 3-1 选取；

　　　b_1——设备到支架间隙，不得小于 300mm；

　　　b_2——人行道宽度，mm；按表 3-2 选取，并要求双轨线路之间及溜矿口一侧不得设置人行道；人行道尽量不穿越线路；若敷设管路时，还要相应增加人行道宽度；

　　　A——非人行道一侧线路中心线到支架的距离；

　　　C——人行道一侧线路中心线到支架的距离；

　　　F——双轨运输线路中心距，mm；在任何情况下，应满足对开列车最突出部分间隙（图 3-2 中 m）不小于 300mm，还要考虑设置渡线道岔的可能性；一般按表 3-1 选 F，然后按通过运输设备最大宽度验算 F 是否符合要求。

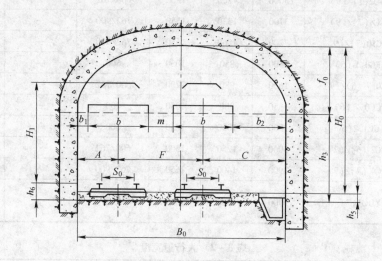

图 3-2　巷道净断面尺寸计算图

表 3 - 1　金属矿井下运输设备类型及规格尺寸　　　　　　　（mm）

运输设备类型		设备外形尺寸			轨距 S_0	架线高度 H_1	线路中心距 F
		长	宽 b	高 h			
电机车	架线式	ZK1.5/100	2100	920	1550	600	1600 ~ 2000	1200
				1040		762		1300
		ZK3/250	2700	1250	1550	600/762	1700 ~ 2100	1500
		ZK7/250	4500	1060	1550	600	1800 ~ 2200	1300
				1360		762		1600
		ZK7/550	4500	1060	1550	600	1800 ~ 2200	1300
				1360		762		1600
		ZK10/250	4500	1060	1550	600	1800 ~ 2200	1300
				1360		762		1600
		ZK10/550	4500	1060	1550	600	1800 ~ 2200	1300
				1360		762		1600
		ZK14/250	4900	1360	1600	762/900	1800 ~ 2200	1600
		ZK14/550	4900	1355	1550	762/900	1800 ~ 2200	1600
		ZK20/550	7390	1700	1800	762/900	2230 ~ 3400	2000
	蓄电池式	XK2.5/48	2100	950	1650	600	—	1200
		XK2.5/48A	2100	950	1650	762	—	1200
				1050			—	1300
		XK6/100	4430	1063	1550	900	—	1300
		9/132A		1360				1600
矿车	固定式车厢	YGC0.5 (6)	1200	850	1000	600		1100
		YGC0.7 (6)	1500	850	1050	600		1100
		YGC1.2(6)/(7)	1900	1050	1200	600/762		1300
		YGC2(7)/(9)	3000	1200	1200	600/762	—	1500
		YGC4(7)/(9)	3700	1330	1550	762/900	—	1900
		YGC10(7)/(9)	7200	1500	1650	762/900	—	2100
	翻转式	YFC0.5 (6)	1500	850	1050	600	—	1200
		YFC0.7 (6)/(7)	1650	980	1200	600/762	—	1300
	曲轨侧卸式	YCC0.7 (6)	1650	980	1050	600	—	1300
		YCC1.2(6)	1900	1050	1250	600	—	1300
		YCC2 (6)/(7)	3000	1250	1300	600/762	—	1500
		YCC4 (7)/(9)	3900	1400	1650	762/900	—	1700
	底卸式	YDC4(7)	3900	1600	1650	762	—	1900

表 3 - 2　人行道宽度　　　　　　　（mm）

人推车	电机车	人车停车处的巷道两侧	矿车摘挂钩处的巷道两侧
≥700	≥800	≥1000	≥1000

设计曲线巷道时，要考虑矿车在弯道运行时，由于车体中心线和线路中心线不相吻合，产生矿车外侧车厢边角外伸和矿车内侧帮内移现象。所以按式（3－1）计算出的巷道净宽度（B_0），还要适当加宽。其加宽值，按表3－3选取。

表3－3　曲线巷道加宽值　　　　　　　　　　　（mm）

运输方式	内侧加宽	外侧加宽	线路中心距加宽
电机车	100	200	200
人推车	50	100	100

3.2.2　巷道净高度的确定

巷道净高度 H_0 是指从道渣面至拱顶内缘的垂直距离。从图3－2可知，拱形断面巷道的净高度为：

$$H_0 = f_0 + h_3 - h_5 \tag{3-2}$$

式中　f_0——拱形巷道拱高，mm；

　　　h_3——拱形巷道墙高，mm；

　　　h_5——道渣厚度，mm。

3.2.2.1　拱的形式与拱高的确定

拱的高度常用"高跨比"的形式来表示，即拱高与净宽度之比。选用较高的拱时，有利于巷道围岩的稳定和支架受力；相反，则不利于巷道围岩的稳定和支架受力。但前者断面不好利用，后者断面利用较好。根据理论推导，结合矿山实际，通常认为拱高 $f_0 = (0.35 \sim 0.40)B_0$ 是合理的拱高范围。目前矿山常用的拱高及拱形的几何参数如下：

（1）半圆拱。半圆拱是以巷道净宽为直径作圆，取其一半作巷道拱部形状。其拱高及拱半径均为巷道净宽之半，即 $f_0 = B_0/2$，$R = B_0/2$。半圆拱形的拱高较大，能承受较大的顶压，但断面利用率低，金属矿山平巷中较少采用。

（2）圆弧拱。圆弧拱是取圆周的一部分构成巷道拱部形状，其承压性能比半圆拱差，但又比三心拱好；断面利用率比半圆拱高；与三心拱相比，拱部成形比较容易，施工也比较方便。它是目前平巷断面采用较多的一种拱形。拱高多取 $f_0 = B_0/3$，巷道围岩较好时，取 $f_0 = B_0/4$，有关参数见表3－4。

表3－4　圆弧拱有关参数系数

几何形状	参数 f_0/B_0	$f_0(B_0)$	$R(B_0)$	α	拱弧长 $P_{弧}(B_0)$
	1/3	0.3333	0.5411	67°23′	1.2740
	1/4	0.2500	0.6250	53°8′	1.1591
	1/5	0.2000	0.7250	43°36′	1.1033

（3）三心拱。三心拱是取一段大圆弧和两段小圆弧组合而成的新拱形，由于这个拱有三个圆心，故称三心拱。三心拱是常见的一种形式，它的承压性能比圆弧拱差，碹胎加工制作也比圆弧拱复杂，但断面利用率较高。常用三心拱拱高为 $f_0 = B_0/3$；金属矿山一般围岩较稳定，可降低拱高，取 $B_0/4$，甚至取 $B_0/5$，其有关几何参数见表 3 – 5。

表 3 – 5　三心拱有关参数系数

几何形状	参数　　　f_0/B_0	$f_0(B_0)$	$R(B_0)$	β	α	拱弧长 $P_弧(B_0)$	拱面积 $S_拱(B_0^2)$
	1/3	0.3333	0.5411	56°19′	33°41′	1.3287	0.2620
	1/4	0.2500	0.6250	63°26′	26°34′	1.2111	0.2000
	1/5	0.2000	0.7250	68°12′	21°48′	1.651	0.1600

根据所选择的拱的类型和巷道净宽，就可得出拱高尺寸。按几何作图方法可绘出拱形。

其中半圆拱、圆弧拱的绘制简单，三心拱的手工作图法（图 3 – 3）如下。

先作矩形 $AFEG$，令 $AF = B_0$，$AD = DF = B_0/2$，CD 垂直 AF，$CD = f_0$，连接 AC、CF，过 C 点作 $\angle ECF$ 与 $\angle ACG$ 的平分线，同时过 F、A 作 $\angle EFC$ 与 $\angle GAC$ 的平分线交于 K、M 点。由 K 作 CF 垂线，由 M 作 AC 垂线，均与 CD 延长线交于 O 点，与 AF 线分

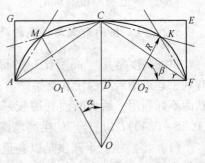

图 3 – 3　作图法绘三心拱

别交于 O_1、O_2 点，则得 $OK = OM = R$，$O_1A = O_2F = r$，O_1、O_2 为圆心，以 r 为半径作弧 $\overset{\frown}{AM}$、$\overset{\frown}{KF}$；再以 O 为圆心，以 R 为半径作圆弧 $\overset{\frown}{MCK}$，即最后得出三心拱弧形为 $\overset{\frown}{AMCKF}$。

为简化巷道断面设计，按表 3 – 5 的三心拱的几何参数，可直接绘出三心拱形。

3.2.2.2　拱形巷道的墙高确定

拱形巷道的墙高 h_3 是指巷道底板至拱基线的距离（图 3 – 2）。墙高通常根据电机车的架线要求计算，再按行人及管道架设要求验算比较，最后选其中最大值。

A　按架线式机车导电弓子顶端两切线的交点与巷道拱壁之间最小安全距离（250mm）计算

（1）圆弧拱和半圆拱巷道墙高（图 3 – 4（a））。

$$h_{3圆弧} = H_1 + h_6 - \sqrt{(R - 250)^2 - (K + Z)^2} + \sqrt{R^2 - (B_0/2)^2} \qquad (3 - 3)$$

$$h_{3半圆} = H_1 + h_6 - \sqrt{R^2 - (R - 250)^2 - (K + Z)^2} \qquad (3 - 4)$$

（2）三心拱巷道墙高。当导电弓子进入小圆弧断面内（图 3 – 4（b）），即：$\cos\beta =$

$$\frac{r-A+K}{r-250} \geqslant 0.554 \text{ 时：}$$

$$h_{3三心} = H_1 + h_6 - \sqrt{(r-250)^2 - (r-A+K)^2} \qquad (3-5)$$

当导电弓子进入大圆弧断面内（图 3-4（c）），即：$\cos\beta < 0.554$ 时：

$$h_{3三心} = H_1 + h_6 - \sqrt{(R-250)^2 - (K+Z)^2} + R - f \qquad (3-6)$$

式中　H_1——巷道轨面至导电弓子的高度；安全规程规定：（1）主要运输巷道电源电压小于 500V 时，$H_1 > 1800\text{mm}$，电源电压为 500V 或 500V 以上时，$H_1 \geqslant 2000\text{mm}$；（2）井下调车场、架线式电机车道与人行道交岔点，电源电压小于 500V，不低于 2000mm，电源电压为 500V 或 500V 以上时，不低于 2200mm；井底车场（至运送人员车站），不低于 2200mm；

　　　h_6——巷道底板至轨面高度，按表 3-8 选取，mm；

　　　K——电机车导电弓子宽度之半，一般取 400mm；

　　　Z——轨道中心线至巷道中心间距，mm。

当 $\cos\beta > 0.554$ 时，表明导电弓子在小圆弧断面内；当 $\cos\beta < 0.554$ 时，表明导电弓子只在大圆弧断面内。如此可区分式（3-5）、式（3-6）的使用条件。

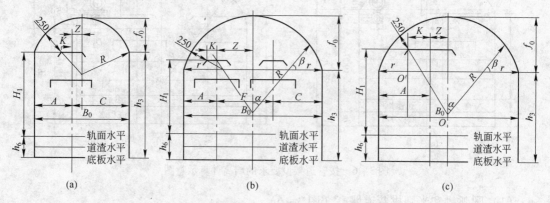

图 3-4　按架线式电机车的墙高计算示意图

B　按行人要求确定巷道墙高

当用蓄电池电机车或矿车运输时，因车高低于成人身高，此时巷道墙高按保证行人避车靠墙站立距墙 100mm 处的巷道有效净高不小于 1900mm（图 3-5）。

（1）圆弧拱和半圆拱巷道墙高（图 3-5（a））。

$$h_{3圆弧} = 1900 + h_5 + R - \sqrt{R^2 - (B_0/2 - 100)^2} - f_0 \qquad (3-7)$$

$$h_{3半圆} = 1900 + h_5 - \sqrt{R^2 - (R-100)^2} = 1900 + h_5 - 14.1\sqrt{R-50} \qquad (3-8)$$

（2）三心拱巷道的墙壁高（图 3-5（b））。

$$h_{3三心} = 1900 + h_5 - \sqrt{r^2 - (r-100)^2} = 1900 + h_5 - 14.1\sqrt{r-50} \qquad (3-9)$$

C　按架设管道要求确定巷道墙高

当用蓄电池电机车运输时，管道最下边应满足 1900mm 的行人高度；当用架线式电机车运输时，则要求导电弓子与管道距离不小于 300mm（图 3-6）。

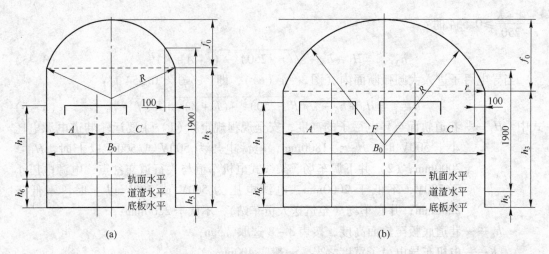

图 3 - 5　按行人要求的墙高计算示意图

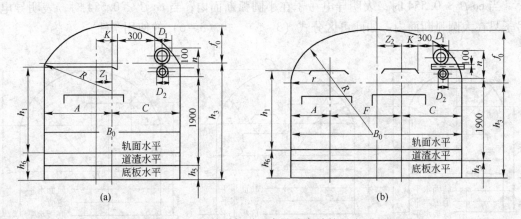

图 3 - 6　按管道架设要求的墙高计算示意图

（1）圆弧拱和半圆拱巷道墙高（图 3 - 6）。

单线巷道：$h_{3圆弧} = 1900 + h_5 + n + \left[R - \sqrt{R^2 - (K + 300 + D_1 - Z_1)^2} \right] - f_0$　　　（3 - 10）

$h_{3半圆} = 1900 + h_5 + n - \sqrt{R^2 - (K + 300 + D_1 - Z_1)^2}$　　　（3 - 11）

双线巷道：$h_{3圆弧} = 1900 + h_5 + n + \left[R - \sqrt{R^2 - (K + 300 + D_1 + Z_2)^2} \right] - f_0$　　　（3 - 12）

$h_{3半圆} = 1900 + h_5 + n - \sqrt{R^2 - (K + 300 + D_1 + Z_2)^2}$　　　（3 - 13）

（2）三心拱巷道墙高（图 3 - 6）。

单线巷道：$h_{3三心} = 1900 + h_5 + n - \sqrt{r^2 - \left[r - \left(\dfrac{B_0}{2} + Z_1 - K - 300 - D_1 \right) \right]^2}$　　　（3 - 14）

双线巷道：$h_{3三心} = 1900 + h_5 + n - \sqrt{r^2 - \left[r - \left(\dfrac{B_0}{2} - Z_2 - K - 300 - D_1 \right) \right]^2}$　　　（3 - 15）

图 3 - 6 中管道所占高度 n，等于管子直径（D_1、D_2）与托管横梁高度之和。

$$n = D_1 + 100 + D_2$$

从上述三方面计算出的墙高中，最后选出最大值定为设计的墙高。

3.2.3　风速验算

几乎井下所有巷道都起通风作用。当通过该巷道的风量确定后，断面越小，风速越大；风速过大会扬起粉尘，影响工作效率和工人健康。为此《安全规程》规定了各种用途的巷道所允许的最高风速（表3-6）。所以，设计出来的巷道净断面还必须进行风速验算。若风速超过允许的最高风速，则要重新修改净断面尺寸，一直到满足通风要求。风速验算，通常按式（3-16）进行：

$$v = \frac{Q}{S_{\text{通}}} \leqslant v_{\text{允}} \tag{3-16}$$

式中　Q——根据设计要求通过该巷道的风量，m^3/s；

　　　$S_{\text{通}}$——巷道通风断面积，m^2（参见表3-11所列公式计算）；

　　　$v_{\text{允}}$——允许通过的最大风速，m/s，按表3-6确定。

表3-6　井巷最高允许风速值

井 巷 名 称	最高风速/$m \cdot s^{-1}$
专用风井、风硐	15
专用物料提升井	12
风 桥	10
提人和物的井、主进风道、回风道	8
运输巷道、采区进风道	6
采矿场、采准巷道	4

注：1. 设梯子间的井筒风速，不得超过8m/s。

　　2. 修理井筒，风速不得超过8m/s。

3.2.4　道床参数及水沟

3.2.4.1　道床参数

道床参数包括轨道、轨枕和道渣，其结构如图3-7所示。

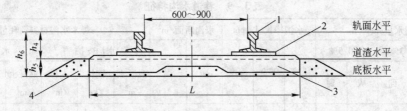

图3-7　矿用道床断面结构示意图

1—钢轨；2—垫板；3—轨枕；4—道渣

轨道型号根据通过该巷道的运输量、运输设备而定，按表3-7选取。

轨枕和道渣应与轨道类型相适应，可按表3-8确定轨道结构尺寸。

表 3 – 7　生产能力与机车质量、矿车容积、轨距、轨型的一般关系

运输量/kt	机车质量/t	矿车容积/m³	轨距/mm	轨道型号/kg·m⁻¹
< 80	人推车	0.5 ~ 0.6	600	8
80 ~ 150	1.5 ~ 3	0.6 ~ 1.2	600	8 ~ 11
150 ~ 300	3 ~ 7	0.7 ~ 1.2	600	11 ~ 15
300 ~ 600	1 ~ 10	1.2 ~ 2.0	600	15 ~ 18
600 ~ 1000	10 ~ 14	2.0 ~ 4.0	600、762	18 ~ 24
1000 ~ 2000	14 ~ 20	4.0 ~ 6.0	762、900	24 ~ 33
> 2000	20	> 6.0	900	33

表 3 – 8　轨道结构尺寸参考

轨道型号 /kg·m⁻¹	钢筋混凝土轨枕		木 轨 枕	
	h_6	h_5	h_6	h_5
8	320（260）	160（100）	300（250）	140（100）
11	320（270）	160（100）	320（260）	140（100）
15	350	200	320	160
18	350	200	320	160
24	400	250	350	200
33	420	250	360	220

3.2.4.2　水沟

水沟设置（图 3 – 8）应满足以下要求：

（1）除车场外，一般设在人行道一侧，其坡度 i 与巷道相同，常为 0.3% ~ 0.5%；

（2）水沟应加盖板，常用有钢筋混凝土预制盖板，并与道渣面铺盖齐平；

（3）水沟断面形状，通常采用矩形、对称梯形或不对称梯形，应该现浇；

（4）水沟中的最小流速不应小于 0.5m/s；

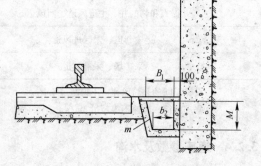

图 3 – 8　水沟示意图

（5）为简化设计，各项参数可根据涌水量、支护材料、坡度等按表 3 – 9 选取。

表 3 – 9　巷道水沟特征

水沟支护材料	涌水量/m³·h⁻¹				水沟净尺寸/mm			水沟断面/m²		每米水沟材料消耗量					
	i=0.3%		i=0.5%		上宽	下宽	深度	净	掘	水沟支护			水沟盖板		
	从	到	从	到						混凝土/m³	钢材/kg	木材/m³	混凝土/m³	钢材/kg	木材/m³
混凝土	0	100	0	120	310	280	200	0.059	0.132	0.073	—	—	0.029	1.21	—
	101	150	121	180	330	280	250	0.078	0.161	0.083	—	—	0.029	1.21	—
	151	200	181	260	350	310	300	0.099	0.19	0.093	—	—	0.029	1.21	—
	201	300	261	340	400	360	350	0.133	0.238	0.105	—	—	0.029	1.21	—

续表 3 - 9

水沟支护材料	涌水量/m³·h⁻¹				水沟净尺寸/mm			水沟断面/m²		每米水沟材料消耗量					
	$i=0.3\%$		$i=0.5\%$							水沟支护			水沟盖板		
	从	到	从	到	上宽	下宽	深度	净	掘进	混凝土 /m³	钢材 /kg	木材 /m³	混凝土 /m³	钢材 /kg	木材 /m³
钢筋混凝土	0	100	0	160	360	840	200	0.070	0.101	0.031	1.14	—	0.029	1.21	—
	101	150	161	230	360	340	250	0.088	0.122	0.034	1.41	—	0.029	1.21	—
	151	200	231	270	360	340	300	0.105	0.143	0.038	1.48	—	0.029	1.21	—
	201	300	271	400	400	380	350	0.137	0.181	0.044	1.65	—	0.029	1.21	—
不支护	0	100	0	120	380	230	280	0.085	0.085	—	—	—	—	—	—

例：当涌水量为 140m³/h，水沟如采用混凝土支护时，上宽 $B_1=330$mm，下宽 $b_2=280$mm，深度 $m=250$mm；水沟净断面积为 0.078m²，掘进断面积为 0.161m²。水沟如果采用钢筋混凝土支护时，上宽 $B_1=360$mm，下宽 $b_2=340$mm，深度 $m=200\sim250$mm；水沟净断面 $0.070\sim0.088$m²，掘进断面为 $0.101\sim0.122$m²。

3.2.5　管线布置

按生产要求，巷道内要设置管道和电缆，如压风管、排水管、供水管、动力、照明、通信电缆等的布置要考虑安全和架设与检修方便，通常应满足下述要求：

(1) 管道常设于人行道一侧，也可设在对侧。架设可用管墩、托架或锚杆吊挂的方式，设在人行道侧时，应不影响行人；设在水沟上时，应不妨碍清理水沟；

(2) 巷道有电机车架线，管道不应沿底板铺设（应使用管墩），以防电流腐蚀管道；

(3) 动力和通信电缆，不应设在同一侧。如在同侧，则通信电缆应位于动力电缆上方，并保证有 0.3m 以上的距离，以减少电磁场对通信的干扰；

(4) 电缆与管道设在同一侧时，电缆应在管子上部，距离不应小于 0.3m；

(5) 电缆悬挂高度应保证当矿车脱轨时不致撞击电缆，电缆坠落时又不会掉在轨道运输机上；电缆悬吊点的间距应不大于 3m。

3.2.6　平巷支护参数的选择

支护参数是指石材、混凝土支护、喷射混凝土的支护厚度、木棚子、坑木直径、钢筋混凝土棚子或型钢支架断面等。选定支护形式后，应按围岩性质、地压大小、巷道跨度来确定支护厚度或尺寸。支护参数是计算掘进断面和工程量不可缺少的数据。支护参数的选择见第 5 章平巷支护部分。巷道混凝土、混凝土块及料石支护厚度见表 3 - 10。

3.2.7　绘制巷道断面图、编制工程量及材料消耗量表

巷道设计的最终成果，是按比例（1:50）绘制巷道断面图，并附有工程量及材料消耗量表。巷道的施工图发至施工单位作为指导施工的依据。

最后将三心拱断面尺寸计算公式（表 3 - 11）和三心拱设计断面图例（图 3 - 9）和一个矿山某中段运输大巷断面施工实例图（图 3 - 10）附后，以供参考。

表 3 - 10　巷道混凝土、混凝土块及石料支护厚度　　　　　　　　（mm）

巷道净跨度	岩石坚固性系数								
	$f = 8 \sim 10$			$f = 4 \sim 6$			$f = 3$		
	混凝土	混凝土块	石料	混凝土	混凝土块	石料	混凝土	混凝土块	石料
1800 ~ 2050mm	170	200	200	170	200	200	200	250	250
2051 ~ 2550mm	200	200	200	200	200	200	250	250	250
2551 ~ 2750mm	200	200	250	200	250	250	250	250	300
2751 ~ 3650mm	250	300	300	250	300	300	300	300	350
3651 ~ 4250mm	300	300	300	300	300	300	300	350	350
4251 ~ 4950mm	300	350	350	300	350	350	350	350	350
4951 ~ 5290mm	300	350	350	300	350	350	350	350	
5291 ~ 5700mm	300	350	350	300	350	350	400		

注：1. 采用砖、料石、混凝土块时，应考虑壁后充填，厚度为 50mm，充填料采用 50 ~ 100 号混凝土。

2. 采用砖支护时，其厚度应为砖长的 1.5、2.0、2.5、3.0 倍；砖的标号不小于 75 号。

3. 两料石之间的砌缝为 15mm，砖的砌缝为 10mm。

表 3 - 11　三心拱巷道断面及工程量计算公式

序号	名　称	符号和计算公式	
		$f_0 = B_0/3$	$f_0 = B_0/4$
1	从轨面起机车或矿车高/mm	h	h
2	从轨面起墙高/mm	h_1	h_1
3	道渣厚度/mm	h_5	h_5
4	道渣面到轨道面/mm	h_4	h_4
5	底板到轨面高度/mm	$h_6 = h_4 + h_5$	$h_6 = h_4 + h_5$
6	从道渣面起墙高/mm	$h_2 = h_1 + h_4$	$h_2 = h_1 + h_4$
7	从底板起墙高/mm	$h_3 = h_2 + h_5$	$h_3 = h_2 + h_5$
8	架线高度/mm	H_1	H_1
9	拱厚/mm	d_0	d_0
10	巷道掘进高度/mm	$H = h_3 + f_0 + d_0$	$H = h_3 + f_0 + d_0$
11	运输设备宽度/mm	b	b
12	运输设备到支架的间隙/mm	b_1	b_1
13	两运输设备之间的间隙/mm	m	m
14	人行道宽度/mm	b_2	b_2
15	单轨巷道净宽/mm	$B_0 = b_1 + b + b_2$	$B_0 = b_1 + b + b_2$
16	双轨巷道净宽/mm	$B_0 = b_1 + 2b + m + b_2$	$B_0 = b_1 + 2b + m + b_2$
17	墙厚/mm	T	T
18	巷道掘进宽度/mm	$B = B_0 + 2T$	$B = B_0 + 2T$
19	巷道净周长/mm	$P = 2h_2 + 2.33B_0$	$P = 2h_2 + 2.24B_0$
20	通风断面/m²	$S_{通} = B_0(h_2 + 0.262B_0)$	$S_{通} = B_0(h_2 + 0.196B_0)$
21	净断面/m²	$S_{净} = B_0(h_3 + 0.262B_0)$	$S_{净} = B_0(h_3 + 0.196B_0)$
22	掘进断面/m²	$S_{掘} = Bh_3 + 0.262B_0^2$ $+ (1.33B_0 + 1.55d_0)d_0$	$S_{掘} = Bh_3 + 0.196B_0^2$ $+ (1.22B_0 + 1.58d_0)d_0$

序号	名　　称	符号和计算公式	
		$f_0 = B_0/3$	$f_0 = B_0/4$
23	每米巷道掘进体积/m³	$V = S_{掘} \times 1$	$V = S_{掘} \times 1$
24	每米巷道砌拱所需材料/m³	$V_拱 = (1.33B_0 + 1.55d_0)d_0$	$V_拱 = (1.22B_0 + 1.58d_0)d_0$
25	每米巷道砌墙所需材料/m³	$V_墙 = 2h_3 T$	$V_墙 = 2h_3 T$
26	每米巷道基础所需材料/m³	$V_基 = (m_1 + m_2)T + m_1 e$	$V_基 = (m_1 + m_2)T + m_1 e$

注:1. 超挖部分在预算中计入,此处不予考虑;

　　2. 有水沟一侧的基础深 m_1 一般为 500mm,无水沟一侧 $m_2 = 250$mm;

　　3. 水沟的支护厚度值 e,随着砌筑水沟的方法不同而定,一般 $e = 100$mm;

　　4. 通风断面指道渣以上面积,净断面是指底板以上面积,而表中所列的掘进断面并未包括基础和水沟的掘进面积。

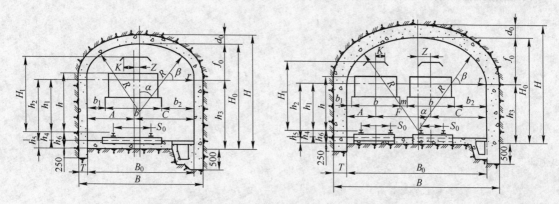

图 3 - 9　三心拱巷断面尺寸

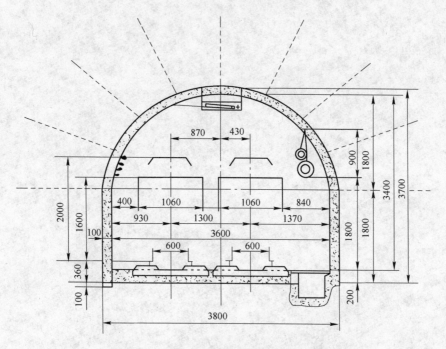

图 3 - 10　某矿中段运输大巷断面施工实例

复习思考题

3 - 1　巷道断面形状的选择设计,应该考虑哪些因素?

3 - 2　选择巷道断面形状的基本原则是什么,如何应用?

3 - 3　巷道断面尺寸确定的参数有哪些,B_0 是怎么确定的?

3 - 4　按运输设备的要求计算出净断面面积后,就可以进一步作水沟和管道布置设计了吗,如果不行要做哪些补充工作?

3 - 5　巷道掘进面积 $S_掘$ 的各部分尺寸确定后,还要绘制哪些图表?

3 - 6　编制巷道断面设计(计算)的说明书,究竟有哪些要求与规定?

3 - 7　如何完成某矿某中段某巷道设计题目(课程设计时给出的大作业)。

4 巷道的掘进施工

【本章要点】：巷道掘进的凿岩、爆破、通风、装岩与转载运输工作。

平巷设计必须通过掘进施工才能成为实际工程。金属矿山采用凿岩爆破的方法来掘进巷道的主要循环工序有：凿岩、爆破、装岩和支护；而辅助工序则有：撬浮石、通风、铺轨、钉道和接长管线等。本章的重点是掘进循环施工的主要工序。

4.1 巷道掘进的凿岩爆破

凿岩爆破是巷道掘进施工的第一道主要工序。它对掘进速度、规格质量、支护效果以及施工成本等有较大的影响。其良好的工作效果应达到如下要求：

（1）爆破后所形成的巷道断面规格、巷道的方向与坡度均应符合设计要求和《井巷工程施工及验收规范》的标准。光面爆破的巷道，周边线超挖不得大于 150mm。

（2）爆破对巷道围岩的振动和破坏要小，不崩倒棚子和有利于巷道的维护。

（3）钻孔工作量要小，炮孔利用率要达到 85% 以上，爆破材料的消耗要低。

（4）爆破的岩石块度应有利于提高装岩生产率（一般不大于 300mm），并要求岩石的爆堆集中，便于装运或装岩工作与其他工作平行作业。

4.1.1 凿岩工作

4.1.1.1 凿岩机具的配置

巷道掘进多用气腿式凿岩机和凿岩台车。由于气腿式凿岩机具有便于组织、易于实现凿岩与装岩的平行作业、机动性强、辅助时间短、可以组织快速施工等优点，所以在施工现场广为使用。

凿岩台车可以配用高效率凿岩机，能够保证钻孔质量，提高凿岩效率，减轻劳动强度，实现凿岩工作机械化，适合钻凿较深的炮孔，故在金属矿山已经广泛使用；但它也有不如气腿凿岩机灵活、方便和准备与辅助作业时间较长的特点。

巷道掘进中凿岩工作占用的时间较长。为了缩短凿岩时间，采用多台凿岩机同时作业是行之有效的措施，特别是在坚硬岩层中掘进时，效果尤为显著。

工作面同时作业的凿岩机台数，主要取决于岩石性质、巷道断面大小、施工速度、工人技术水平以及压风供应能力和整个掘进循环中劳动力平衡等因素。

当用气腿式凿岩机组织快速施工时，一般用多台凿岩机同时作业。凿岩机台数可按巷道宽度确定，一般每 0.5 ~ 0.7m 宽配备一台；也可按巷道断面确定凿岩机台数：在坚硬岩层中通常按 1.0 ~ 1.5m² 配备一台，在中硬岩层中可按 1.5 ~ 2.0m² 配备一台。

用多台凿岩机作业时，为了避免风管、水管相互纠缠，可用两路风水管供风供水，如图4-1所示。凿岩机的风、水管及其接头均应编号，以便及时开关；当凿岩机工作结束后，可将小风水皮管从分风器和分水器上卸下，与凿岩机一起带出工作面，下次凿岩时能很快接通风水管路。

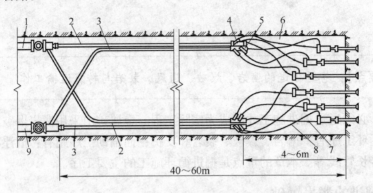

图4-1　工作面风水管路布置

1—供水干管（φ25~50mm）；2—胶皮集中水管（φ25mm）；3—胶皮集中风管（φ38~50mm）；
4—分水器（φ100mm）；5—分风器（φ150mm）；6—胶皮小水管（φ12mm）；
7—水管接头；8—胶皮小风管（φ18~25mm）；9—压风干管（φ100~150mm）

多台凿岩机作业必须避免相互拥挤和忙乱，应该采用定人、定机、定位、定孔数、定时间的凿岩工岗位责任制。任务确定后，每个循环基本不变，这样既有利于工人熟悉炮孔的设计位置、深度、角度，同时也利于凿岩机的使用和维护保养。

4.1.1.2　凿岩注意事项

（1）凿岩工作必须严格按照爆破图表的要求，掌握好孔位、孔深及角度，以保证钻孔质量。光面爆破的周边孔应划线并标定孔位；

（2）钻孔必须使钎头落在实位，如孔位处有浮石要处理后再开孔；

（3）开孔时，风阀门不要突然开大，待钻进一段后，再开大风门；

（4）为避免断钎伤人，推进机台不要用力过猛，更不要横向用力；钻孔时，凿岩工要站好位置和集中精力，随时提防突然断钎；

（5）一定要注意把胶皮风管与钻机接牢，以防胶皮风管脱落伤人；

（6）不准在残孔内继续钻孔；缺水或停水时，应该立即停止钻孔；

（7）钻完炮孔以后，要把凿岩机具清理好，并撤至安全的存放地点。

4.1.1.3　凿岩巷道的定位测量工作

在巷道掘进中，一般用中线指示巷道的掘进方向，用腰线控制巷道的坡度。工作面的炮孔布置就是应以巷道的中线和腰线为基准来定位（图4-2）。

腰线通常设在巷道无水沟一侧的墙上，距巷

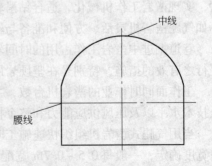

图4-2　巷道中线腰线示意图

道底板高出 1.0m。腰线可用倾斜仪挂在腰线上来延长（图 4-3）。

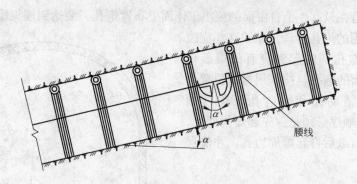

图 4-3　巷道腰线的测定

　　中线测量普遍使用激光指向仪。它操作简单，定向准确，节省时间，允许有 ±0.2%
波动范围。

　　巷道掘进中，激光指向仪可固定在距工作面 100m 外的巷道顶板中心线位置。根据巷
道断面的形状和大小的不同，安装方式也有区别（图 4-4）。经过调整对正后，激光束投
射到工作面上，即可得到中线位置。根据它可以确定炮孔位置和巷道掘进方向。随着巷道
前进，应定期向前移动指向仪，并重新安装和校正。

　　目前激光指向仪相距工作面的最大距离可以达到 500m。

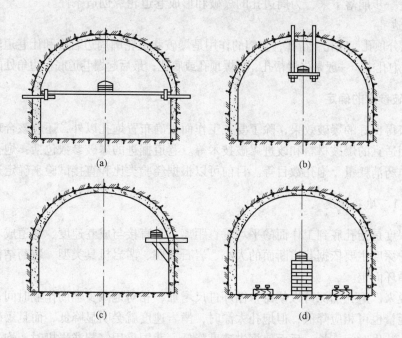

图 4-4　平巷激光指向仪的四种安装位置
（a）跨度中线安装；（b）中线悬吊安装；（c）侧帮安装；（d）底板架台中央安装

4.1.1.4　巷道掘进的炮孔布置

巷道掘进是在只有一个自由面的狭小工作面上布置炮孔，要达到理想爆破效果，必须将各种不同作用的炮孔合理地布置在相应位置上，使每个炮孔都能起到应有的爆破作用。掘进工作面的炮孔，按其用途和位置可分为掏槽孔、辅助孔和周边孔三类（图4-5）。其爆破顺序必须是：先起爆掏槽孔，再起爆辅助孔，最后再起爆周边孔，才能保证爆破效果。

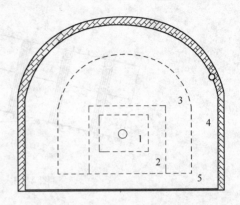

图4-5　各种用途的炮孔名称示意图
○—空孔；1—掏槽孔；2—辅助孔；
3—崩落孔；4—周边（帮）孔；5—底孔

A　掏槽孔

掏槽孔的作用是首先在工作面上将一部分岩石破碎并抛出，在一个自由面的基础上崩出第二个轴向自由面来，为其他炮孔的爆破创造条件。掏槽效果的好坏对循环进尺起着决定性的作用。

掏槽孔一般布置在巷道断面中央和底板以上一定距离处，这样便于掌握方向，并有利于其他类型炮孔爆破的岩石借助自重崩落。至于掏槽方式主要有楔形、桶形两种。

B　辅助孔

辅助孔在生产现场有时又称为"大接"和"小接"孔，其作用是将第二个自由面周边的围岩进一步崩落下来，为周边孔的爆破和形成巷道轮廓创造条件。

C　周边孔

周边孔分顶孔、底孔、帮孔，它们的作用是爆破巷道轮廓周边岩石和让巷道轮廓达到要求。这三种炮孔中，一般是先爆帮孔，再爆顶孔或底孔；最后起爆巷道底板边角处的周边孔。

4.1.2　爆破参数的确定

为了获得良好的爆破效果，除了要在工作面正确布置炮孔以外，还应该合理确定爆破参数，选用适宜的爆破材料和改进爆破技术等。巷道掘进的爆破参数包括：炮孔深度、炮孔直径、炸药消耗量、炮孔数目等。目前可以根据经验类比和直接试验来确定这些参数。

4.1.2.1　炮孔深度

炮孔深度是指孔底到工作面的平均垂直距离。它直接与成巷速度、巷道成本等指标有关。炮孔的深度主要依据巷道断面的大小、岩石性质、凿岩机具类型、装药结构、劳动组织及作业循环而定。

一般说来，炮孔加深可以使每个循环进尺增加，相对地减少辅助作业时间，爆破材料的单位消耗量也可相应降低；但炮孔太深时，凿岩速度就会明显降低，而且爆破后岩石块度不均匀，装岩时间拖长，反而使掘进速度降低。我国采用气腿凿岩机时，炮孔深度一般为 1.8~2.0m；采用凿岩台车时，一般为 2.2~3.0m。此外，也可根据月进度计划和预定循环时间进行估算。

4.1.2.2 炮孔直径

炮孔直径应和药卷直径相适应：当炮孔直径较小时，装药困难；当炮孔直径过大时，又使药卷在炮孔内的空隙过大，影响爆破效果。目前我国普遍采用的药卷直径为 $\phi32mm$ 和 $\phi35mm$ 两种，而钎头直径一般为 38~42mm。

4.1.2.3 炸药消耗量

由于岩层多变，单位炸药消耗量（q）目前不用理论公式精确计算，一般是按《矿山井巷工程预算定额》和实际经验选取。

巷道断面确定后，可根据岩石坚固性系数查表 4-1 找出单位炸药消耗量 q（表 4-1 中所列数据都是指 2 号硝铵岩石炸药；若采用其他炸药，则需根据其爆力大小加以适当修正），则一茬炮的总消耗量 Q 可按式（4-1）计算：

$$Q = qSl\eta \qquad (4-1)$$

式中　Q——一茬炮的总消耗量，kg；

　　　q——单位炸药消耗量，kg/m^3；

　　　S——巷道掘进断面积，m^2；

　　　l——炮孔平均深度，m；

　　　η——炮孔利用率，%。

表 4-1　平巷掘进炸药消耗量定额　　　　　　　（kg/m^3）

岩石的坚固性系数 f		4~6	8~10	12~14	15~20
掘进断面	≤4m^2	2.74	2.94	4.04	4.85
	≤6m^2	2.24	2.51	3.23	3.89
	≤8m^2	2.02	2.24	2.98	3.54
	≤10m^2	1.90	2.02	2.91	3.33
	≤12m^2	1.68	1.86	2.63	3.13
	≤15m^2	1.48	1.63	2.31	2.71
	≤20m^2	1.35	1.45	2.09	2.46

式（4-1）中 q 和 Q 值是平均值，至于各个不同炮孔的具体装药量，应根据各炮孔所起的作用和条件不同而加以分配。掏槽孔最重要，而且爆破条件最差，应分配较多的炸药，辅助孔次之，周边孔药量分配最小。周边孔中，底孔分配药量最多，帮孔次之，顶孔最小。光面爆破的周边孔数会增加，但每个孔药量应减少。

4.1.2.4 炮孔数目

炮孔数目直接决定每个循环的凿岩时间，又在一定程度上影响爆破效果。实践证明，在 Q 值一定条件下，炮孔过多，每个孔的装药会减少，崩落的岩石不均匀和给装岩工作造成困难；炮孔过少，炮孔利用率会降低，崩落岩石少，爆破出来的巷道轮廓不规整。

　　一般根据岩石性质、巷道断面积、掏槽方式、爆破材料种类等因素绘出炮孔布置图，经过实践后确定合适的炮孔数目；也可根据将一个循环所需的总炸药量平均装入所有炮孔内的原则进行估算。如一次爆破所需的总药量确定后，令 N 为炮孔数目，a 为装药系数（一般为 $0.5 \sim 0.7$），m 为每个药卷的长度，p 为每个药卷的质量，则一次爆破所需总装药量为

$$Q = \frac{Nlap}{m} \qquad\qquad\qquad (4-2)$$

　　由式（4-1）和式（4-2）相等，则

$$N = \frac{qS\eta m}{ap} \qquad\qquad\qquad (4-3)$$

　　式（4-3）只是一种估算方法，更切合实际的合理炮孔数目，应经过实践不断调整完善。

4.1.3　爆破图表（爆破说明书）的编制

　　爆破图表是平巷施工设计组成部分，也是指导、检查和总结凿岩爆破工作的技术文件，其内有包括三部分：第一部分是爆破原始条件；第二部分是炮孔布置图，并附有说明；第三部分是预期爆破效果。编制爆破图表首先应在实际中调查研究，确定一个初步的爆破图表，经过若干次试验后，不断调整和完善。详细内容见表4-2~表4-4和图4-6。

表 4-2　爆破原始条件

序　号	名　　称	数　量
1	掘进断面/m²	
2	岩石硬度系数 f	
3	工作面涌水量/m³·h⁻¹	
4	……	

表 4-3　炮孔排列及装药量

孔号	炮孔名称	炮孔深度 /m	炮孔长度 /m	装药量		倾　角		爆破顺序	连线方式
				卷	小计	水平	垂直		
	掏槽孔								
	辅助孔								
	帮　孔								
	顶　孔								
	底　孔								
	水沟孔								
合　计									

表 4-4　预期爆破效果

名　　称	数　量	名　　称	数　量
炮孔利用率/%		每米巷道炸药消耗量/kg·m⁻¹	
每循环工作面进尺/m		每循环的炮孔总长度/m	
每循环爆破的实体/m³		1m³ 岩石雷管消耗量/发	
炸药消耗量/kg·m⁻³		1m 巷道雷管消耗量/发	

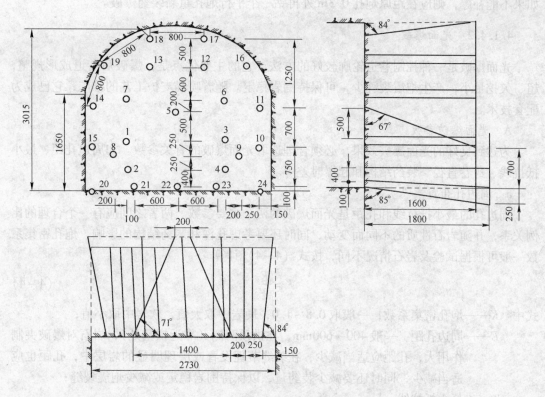

图 4 - 6　炮孔排列示意图

4.1.4　爆破工作

掘进爆破作业，是取得良好爆破效果的关键一环。装药、连线、爆破工作都必须严格遵守《爆破安全规程》的要求，确保爆破质量和安全。起爆可用电雷管、导爆管或导爆索起爆。但由于导爆管起爆系统具有操作简单、使用安全、能抗杂散电流和静电的优点。因此，非电导爆系统一次起爆方法使用最多。

4.1.4.1　爆破作业的安全注意事项

爆破作业的安全注意事项如下：

（1）装药前应检查顶板情况，撤出机具设备，并切断除照明以外一切电源；照明灯也应该撤离工作面一定距离。并在规定的安全地点装配起爆药。

（2）装药要心细地将药卷送入，防止擦破药卷、装错雷管段号、拉断脚线。

（3）对有水的炮孔，必须使用防水药卷或给药卷加防水套，以免受潮拒爆。

（4）装药、连线后应由爆破员与班组长进行技术检查，做好爆破安全布置。

（5）爆破母线要妥善地挂在巷道侧帮上；若用电力起爆母线应和金属物体、电缆、电线离开一定距离；装药前要测试爆破母线是否导通。

（6）爆破前，要在一切进入爆破通路上设置标志，并发出明显的爆破信号。

（7）爆破通风散烟后，爆破员先进入工作面检查安全后方能进行其他工作。

（8）发现盲炮应及时处理。如盲炮是由连线不良或连错线造成，则可新连线补爆；

如果不能补爆，则应在距原炮孔 0.3m 外再钻一个平行炮孔重新装药爆破。

4.1.4.2　光面爆破

光面爆破是一种控制巷道轮廓较好的方法，它的主要优点是，爆破后巷道成形规整、超、欠挖量小，产生炮震裂缝少，可保持围岩稳定。随着喷锚支护工艺的推广，它已成为配套技术。

A　光面爆破参数

为达到良好的光面爆破效果，必须合理选取光面爆破的有关参数。如周边孔距、最小抵抗线、药卷直径、装药结构和起爆时差等。

a　周边孔布置

周边孔的最小抵抗线和孔距是光面爆破的两个主要参数。两者之间应有一个合理的比例关系，并随岩石性质的不同而变动，同时还要考虑孔深和装药结构的影响。炮孔密集系数一般可根据试验及岩石情况不同，按式（4-4）计算

$$K = \frac{E}{W} \tag{4-4}$$

式中　K——炮孔密集系数，一般取 0.8~1.0，硬岩中取大值，软岩中取小值；

　　　　E——周边孔距，一般 400~600mm，在拱顶两侧（靠近拱基处），岩石对爆破夹制作用大，孔距应适当减少，在裂缝节理发育或层理明显的岩层中，孔距也应适当减少，同时还要减少装药量，以保持围岩稳定或减少炮震裂缝；

　　　　W——最小抵抗线，mm。

b　药卷直径

根据国内外经验，药卷直径与炮孔直径之比在缓冲爆破作用方面，有着密切的关系。小直径药卷不但会降低爆炸性能，而且由于它与炮孔间有较大的空隙，缓冲了爆轰波对岩石的冲击作用，减轻了对围岩的破坏程度。

不耦合系数炮孔直径 d 与药卷直径 d_0 之比，即 $D = d/d_0$。D 值越大，说明药卷直径与炮孔直径的相差值越大，空隙越多，其意义正好与炮孔装药密度的含义相反。

对于不耦合系数，欧美国家一般取值为 2，日本取值为 1.19~1.57 之间，我国目前采用的炮孔直径约为 40mm，小药卷直径一般为 25mm，因此不耦合系数为 1.6。

随着炸药性能的改进，药卷直径还可以变小（但不能小于该炸药的临界直径），以便进一步提高光面爆破效果（ϕ32 的每个药卷长 300mm，质量 0.15kg）。

c　周边孔装药结构的确定

周边孔装药结构是光面爆破的必要条件。由于岩石性质各异，每米炮孔的装药量，一般都按经验数据选取：在软岩中为 100~150g，中硬岩层中为 150~200g，坚硬岩层中为 200~300g。

从理论上来讲，光面爆破要求炸药应该是：猛度低而爆力大，密度低、感度高、爆轰稳定。但这些矛盾的要求，国产的一般炸药不能满足，因为爆力大感度高爆轰稳定的炸药，一般猛度和密度也大。现在，我国已试制成功了专用的光面爆破炸药。

目前我国所用光爆炸药，一般以 ϕ25mm 药卷代替。这种炸药在钻孔中爆炸时，有较大的缓冲间隙，能减弱炸药对围岩的破坏作用。一般在炮孔内无水时，采用 1 号、2 号岩

石硝铵炸药；在炮孔内有水条件下，可用2号、4号抗水岩石硝铵炸药。

根据我国经验，在无水的小药卷爆破情况下，当孔深小于2m时，一般可采用直径方向威力低的安全炸药代替，同样可以取得较好的光面爆破效果。

光面爆破周边孔的装药结构见表4-5，合理的装药结构应使药卷能均匀地分布在炮孔中，并能有效地起到缓冲作用。

表 4-5 光面爆破周边孔的装药结构

装药结构	示 意 图	说 明
小直径药卷连续反向装药	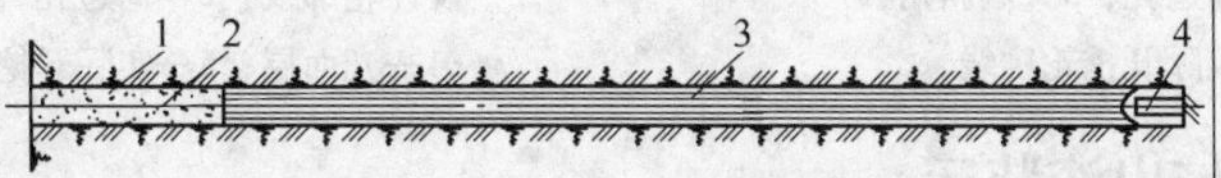	(1)炮孔深1.8m以下； (2)ϕ25mm 直径药卷，炮孔直径40mm
单段空气柱式装药		(1)孔深1.7~2m为宜； (2)用普通直径药卷，用毫秒管起爆
单段空气柱式装药		(1)孔深1.7~2m为宜； (2)用普通直径药卷，用毫秒管起爆，但也可用秒延期雷管起爆
空气间隔分节装药		(1)炮孔深度不限； (2)用ϕ25mm 药卷； (3)在有瓦斯巷道用安全导爆索起爆

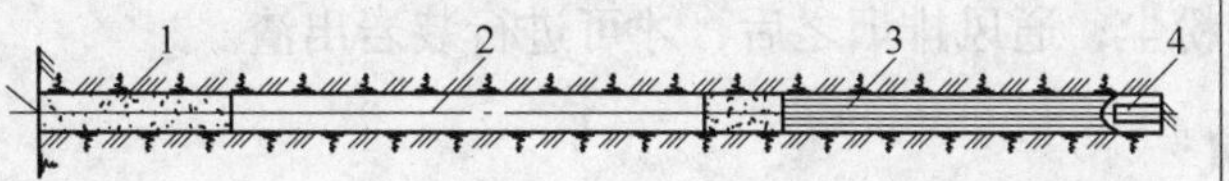

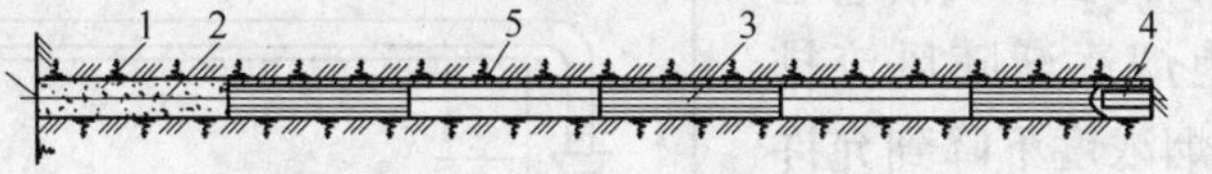

注：1—炮泥；2—脚线；3—药卷；4—雷管；5—导爆索。

d 各周边孔的起爆时差

光面爆破应采用毫秒雷管，同时起爆。尽管各个雷管起爆时差仍然有误差，但基本上可以保证周边孔趋近于同时起爆。试验证明，周边各炮孔起爆时差超过0.1s时，就类似于逐个炮孔爆破，难以达到预期的光爆效果。

B 光面爆破施工方法

为保证光面爆破取得良好效果，除了根据岩石性质、工程要求等条件正确选用光面爆破参数外，精确凿岩也极为重要。实践表明，离开精确凿岩，达不到预期的光面爆破效果。凿岩时，边孔要开在设计轮廓线上，凿岩过程中边孔应稍微向外或向上偏斜3°~5°，孔底落在设计轮廓线外±100mm处，为下一茬炮孔开孔创造条件。此外，炮孔间要互相平行，孔底要落在同一平面上。

爆破后的实际轮廓线成缓接的阶梯状（图4-7、图4-8）。用光面爆破掘进巷道时，掏槽孔和辅助孔的参数按普通爆破设计，周边孔才按光面爆破来设计。

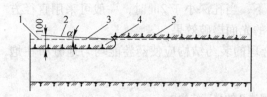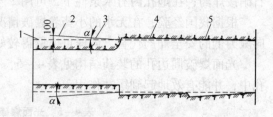

图 4 - 7　拱部顶孔　　　　　　　　　　图 4 - 8　两帮孔外挑角度及其轮廓连接
1—设计轮廓线；2—周边孔；3—偏斜角；　　　1—设计轮廓线；2—周边孔；3—偏斜角；
　4—光面层；5—实际开挖轮廓线　　　　　　　4—光面层；5—实际开挖轮廓线

4.2　巷道掘进通风与出渣装运

在巷道掘进爆破之后，为了保护工人健康和生产安全，必须进行机械式通风，以稀释和排出各种有害气体和粉尘；通风排烟之后，才可进行装岩出渣。

4.2.1　巷道掘进的通风

4.2.1.1　巷道掘进的通风方式

巷道掘进通风采用局扇，通风方式有压入式、抽出式、混合式三种，混合式通风效果最佳。

A　压入式通风

如图 4 - 9 所示，局部扇风机把新鲜空气经风筒压入工作面，污浊空气沿巷道流出。在通风过程中炮烟逐渐随风流排出，当巷道出口处的炮烟浓度下降到允许浓度时（此时巷道内的炮烟浓度都已降到允许浓度以下），即认为排烟过程结束。

为了保证通风效果，局扇应安设在有新鲜风流的巷道内，并距掘进巷道口不得小于 10m，以免产生循环风流。风筒口离工作面的距离一般也不大于 10m。

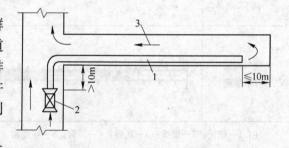

图 4 - 9　压入式通风
1—风筒；2—压入式局扇；3—污浊空气

这种通风方式可采用胶质或塑料柔性风筒。它的优点是有效射程大，冲淡和排出炮烟作用比较强；工作面回风不经过扇风机，在有害气体涌出的工作面采用比较安全。它的缺点是长距离巷道掘进排出的炮烟需要风量大，排出的炮烟在巷道中扩散，人进入工作面要穿过污浊气流。

B　抽出式通风

如图 4 - 10 所示，局扇把工作面的污浊空气经风筒抽出，新鲜风流沿巷道流入。但是风筒的排风口必须设在主要巷道风流方向的下方，距掘进巷道口的距离不得小于 10m。在通风过程中，当炮烟抛掷区内的炮烟浓度达到允许浓度时，排烟过程结束。

抽出式通风的回风流要经过扇风机，如果因叶轮与外壳碰撞或其他原因产生火花，有引起煤尘、瓦斯爆炸的危险，因此在有瓦斯涌出的工作面不能采用。

抽出式通风的有效吸程很短，只有当风筒口离工作面很近时才能获得满意的效果，故此目前在平巷掘进中很少采用，在深竖井掘进中则用得较多。

抽出式通风的优点是：在有效吸程内排尘的效果好，排除炮烟所需风量较小；回风流不污染巷道。抽出式通风只能用刚性风筒或有刚性骨架的柔性风筒。

C 混合式通风

这种通风方式是压入式和抽出式的联合运用。掘进巷道时，单独使用压入式或抽出式通风都有一定的缺点。为了达到快速通风的目的，可用一台辅助局扇压入式通风，使新鲜风流压入工作面，冲洗工作面有害气体和粉尘，另一台主要局扇进行抽出式通风，这就构成了混合式通风。

局扇和风筒布置如图4-11所示。压入式局扇1的吸风口与抽出风筒的抽入口距离不得小于15m，以防止循环风流。吸出风筒口到工作面的距离要等于炮烟抛掷长度，压入新鲜空气的风筒口到工作面的距离要小于或等于压入风流有效作用长度，才能取得预期效果。

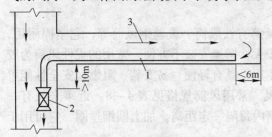

图4-10 抽出式通风

1—风筒；2—抽出式局扇；3—新鲜风流

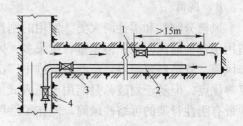

图4-11 混合式通风

1—压入式局扇；2—风筒；3—抽出式局扇；
4—局部通风机

4.2.1.2 掘进通风设施

掘进常用的主要通风设施有：局部通风机、风筒及引射器等。

A 局部通风机

局部通风机是掘进通风的主要设备。要求其体积小，效率高，风量、风压可调等。JBT（BKJ）系列轴流式风机主要技术特征见表4-6。国产BKJ66-1子午加速型系列局部通风机效率更高，噪声较低。该系列有多种规格，BKJ66-1型No.4.5局部通风机性能数据见表4-7。

表4-6 JBT系列通风机的型号及主要技术特征

型 号	JBT-41	JBT-42	JBT-51	JBT-52	JBT-61	JBT-62
外径/mm	400	400	500.8	600	600	600
转速/r·min^{-1}	2900	2900	2900	2900	2900	2900
全风压/Pa	147.2~735.6	294.3~1471.5	245.3~1177.2	490.5~2354.4	343.4~1569	686.7~3139.2
（mmH$_2$O）	(15~75)	(30~150)	(25~120)	(50~240)	(35~160)	(70~320)
风量/m^3·min^{-1}	75~112	75~112	145~225	145~225	250~390	250~390
电机功率/kW	2	4	5.5	11	14	28
级 数	1	2	1	2	1	2
质量/kg	120	150	175	235	315	410

表 4 – 7　BKJ66 – 1 型 No. 4. 5 局部通风机的性能特征

转速/r·min⁻¹	性能点	全风压/Pa（mmH₂O）	风量/m³·s⁻¹	全压效率/%	配套电动机功率/kW
2950	1	1901（94）	3	84	8
	2	1784（82）	3. 15	92	
	3	1666（70）	4	91	
	4	1323（35）	4. 5	82	
	5	931（95）	5	70	
1475	1	470（48）	1. 5	84	11
	2	441（45）	1. 87	92	
	3	412（42）	2	91	
	4	323（33）	2. 25	82	
	5	235（24）	2. 5	70	

B　风筒

风筒分刚性和柔性两大类。常用的刚性风筒有铁风筒、玻璃钢风筒等，它坚固耐用，适用于各种通风方式；但笨重，接头多，体积大，搬运安装不方便。常用的柔性风筒为胶布风筒、软塑料风筒等，在巷道掘进中广泛使用，具有轻便、易安装、阻燃、安全性能可靠等优点，但易于划破，只能用于压入式通风。常用风筒规格见表 4 – 8。近年来又有一种带有刚性骨架的可缩性风筒，即在柔性风筒内每隔一定距离，加上圆钢丝圈，它可用于抽出式通风，又有可收缩性。

表 4 – 8　风筒规格

风筒名称	直径/mm	每节长度/m	壁厚/mm	质量/kg·m⁻¹
铁皮风筒	400	2. 0、2. 5	2. 0	23. 4
	500	2. 5、3. 0	2. 0	28. 3
	600	2. 5、3. 0	2. 0	34. 8
	700	2. 5、3. 0	2. 5	46. 1
	800 ~ 1000	3. 0	2. 5	54. 5 ~ 68. 0
胶布风筒（含胶30%）	300	10	1. 2	1. 3
	400	10	1. 2	1. 6
	500	10	1. 2	1. 9
	600	10	1. 2	2. 3
塑料风筒	300	50	0. 3	1
	400	50	0. 4	1. 28
玻璃钢风筒	700	3. 0	2. 2	12
	800	3. 0	2. 5	14

C　引射器

引射器有水力引射器和压气引射器两种。水力引射器无电气部件，能降温、除尘、消烟，适用于煤矿掘进；压气引射器是利用压气为动力的通风设备，多个引射器串联使用的最大供风距离可达700m，工作面有效风量也能达到70m³/min。

巷道掘进中其他与通风防尘有关内容在"矿井通风防尘"课程中详细介绍。

4.2.2 巷道掘进的装载与转运

在巷道掘进中，岩石的装载与转运工作是最繁重、最费时的工序。一般情况下约占掘进循环时间的35% ~50%。因此不断研究和改进装岩与转运工作，对于提高劳动生产率、加快掘进速度、改善劳动条件以及获得较好的经济效益有重要意义。

目前，国内已经生产了多种类型、适应于不同条件的装岩和转运设备，并且还在逐步完善、配套，可以组成各种类型的装岩、转运机械化作业线。

4.2.2.1 装岩设备及选择

装岩机的类型很多，其中常用的有铲斗后卸式装岩机和蟹爪式装岩机等。

A 铲斗后卸式装岩机

铲斗后卸式装岩机是我国当前应用最广泛的一种装岩机。装岩时，通过操纵按钮驱驶装岩机，沿轨道将铲斗插入岩堆，装满后退，并同时提起铲斗把矸石往后翻卸到矿车或通过带式转载机再转入矿车，即完成一次装岩动作。随着装岩工作向前推进，必须延伸轨道。延伸的方法采用短道和爬道。

爬道的构造，如图4－12（a）所示。它由槽钢和扁钢连接板焊接而成。当装岩机接近工作面时，便可以在短道前端扣上爬道，爬道后端用枕木垫起，使爬道尖端稍微向下扎，以便顶入岩堆，然后用装岩机的碰头冲顶爬道（图4－12（b））。爬道被顶入一段长度后，即可以抽出所垫枕木，装岩机便可以行驶在爬道上进行装岩。若再露出爬道尖端，还可再次顶入，以便继续装岩。

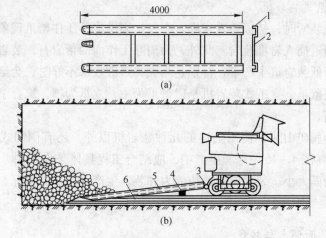

图4－12 爬道结构及其使用情况示意图

(a) 爬道；(b) 装岩机装岩

1—槽钢；2—扁钢连接板；3—装岩机碰头；4—垫木；5—爬道；6—临时短道

这类装岩机（Z－20B型），使用灵活，行走方便，结构紧凑，体积小，有利于与其他通用运输机械配套使用。但它是用抛掷方式卸载，扬起粉尘大，生产能力比较小；而且在轨道上行走，因此装载宽度受到限制。

铲斗后卸式装岩机目前在我国仍然使用较多，并积累了丰富的使用经验。我们冶金矿山在发展其他类型装岩机的同时，应进一步改造和用好这类装岩机。

　　B　蟹爪式装岩机

蟹爪式装岩机，一般为电力驱动，液压控制，履带行走。它的主要特点是装岩工作连续进行。与矿车等设备配合使用情况如图4-13所示。

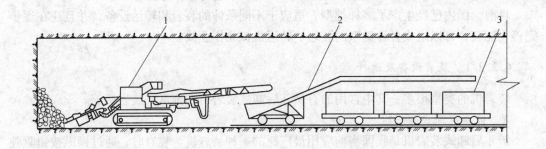

图4-13　蟹爪式装岩机与悬臂式转载机转载示意图
1—蟹爪式装岩机；2—悬臂式转载机；3—矿车

装岩时，整个装岩机低速前进，使装岩台（铲板）插入岩堆，在两个蟹爪连续交替耙动下，将岩石耙到转载运输机上，由它转运到后部卸入运输设备中。

这种装岩机生产能力大，作业连续，产生粉尘少，装岩宽度不受限制，辅助工程小，易于组织机械化作业线。我国著名的马万水掘进队（1977年）就是使用这种蟹爪式装岩机的作业线创造了独头巷道月掘进进尺超1000m的好成绩。

　　C　立爪、蟹爪式装岩机

蟹爪式装岩机装岩时，铲板插入岩堆，会发生岩堆崩落压住蟹爪现象。此时必须将装岩机退出，再次前进插入岩堆装岩。此外，为消除工作面两帮岩石，装岩机要多次移动机身位置，因而会降低装岩机生产率，特别是当底孔爆破效果不好时，会给蟹爪式装岩机的推进带来困难。而蟹爪、立爪式装岩机是以蟹爪为主，立爪为辅，综合了两种装岩机的优点，生产能力较高。

目前，国内金属矿山除了使用上述的几种装岩机以外。还有侧卸式装岩机（图4-14）、耙斗装岩机（图4-15）等。生产中，应结合工程具体条件选用。合理选择装岩机主要应考虑巷道断面大小、装岩机的适应能力和装岩生产率、货源情况、造价以及设备配套能力等。

4.2.2.2　工作面调车与转载

在巷道掘进的装岩过程中，一个矿车装满后，必须退出；调换一个空车继续装岩，这就需要调车。提高装岩效率，除选用高效能装岩机和改善爆破效果以外，还应合理选择工作面各种调车和转载设施，以减少装载间歇时间，提高实际装岩生产率；同时要加强装岩调车组织和运输工作，及时供应空车，运出重车。

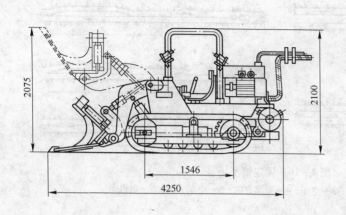 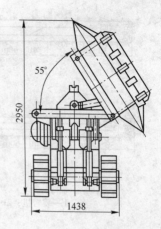

图 4-14   ZLC-60 型铲斗侧卸式装岩机

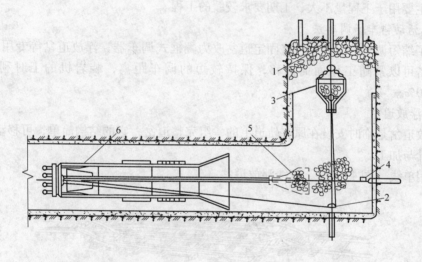

图 4-15   电耙和耙斗装岩机现场示意图

1—固定楔；2，4—滑轮；3—耙斗；5—耙矿斗；6—料槽

根据我国部分矿山统计：不同的调车和转载方式，装岩工时利用率差别很大。用固定错车场时，装岩机工时利用率为 20% ~ 30%；用浮放道岔时，装岩机工时利用为 30% ~ 40%；用长转载输送机时，工时利用率为 60% ~ 70%；用梭式矿车或仓式列车时，工时利用率为 80% 以上。

A   固定错车场调车法

固定错车场调车法如图 4-16 所示，在单轨巷道中，调车较为困难，一般每隔一段距离要加宽一部分巷道，以安设错车的道岔，构成环形错车道或单向错车道。在双轨巷道中，可在巷道中轴线铺设临时单轨合股道岔，或利用临时斜交道岔调车。

单独使用固定错车场调车法，一般需要增加道岔的铺设和加宽巷道工作量，并且不能经常保持较短的调车距离；所以调车效率不高，不能适应快速掘进要求，所以需要和其他调车方法配合使用，才能收到较好的效果。

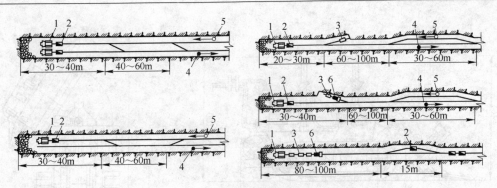

图 4 – 16　固定错车场

1—装岩机；2—重车；3—空车；4—重车方向；5—空车方向；6—电机车

这种调车方法简单易行，一般可以用电机车调车或辅以人力推车。但错车场不能经常紧跟工作面，不能经常保持较短的调车距离，因此装岩机的工时利用率只有 20% ~ 30%；所以，主要用于工程量不大、工期要求较缓的工程。

B　活动错车场调车法

为了缩短调车的时间，可将固定道岔改为翻框式调车器、浮放道岔等专用调车设备。这些设备可以紧随工作面而前移，保持较短的调车距离，装岩机的工时利用率可达 30% ~ 40%。

a　浮放道岔

浮放道岔是临时安设在原有轨道上的一组完整道岔，它的结构简单，可移动，现场可自行设计与加工。

常用单线（图 4 – 17）、双线浮放道岔。

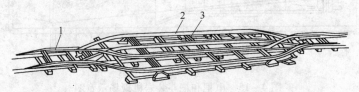

图 4 – 17　单线浮放道岔

1—道岔；2—浮放道岔；3—支撑装置

图 4 – 18 所示为一台装岩机装岩采用对称式浮放道岔调车的示意图。

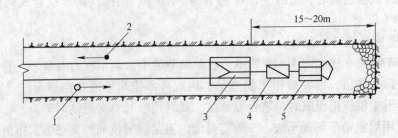

图 4 – 18　对称式浮放道岔调车

1—空车方向；2—重车方向；3—道岔；4—矿车；5—装岩机

双向菱形浮放道岔如图4-19所示，它是用于双轨巷道的浮放道岔。

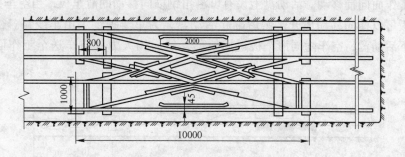

图4-19 双向菱形浮放道岔

这种浮放道岔在两台装岩机同时工作时候使用方便。图4-20所示为两台装岩机装岩利用菱形浮放道岔的调车示意图。

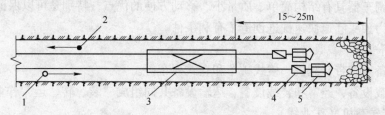

图4-20 菱形浮放道岔
1—空车方向；2—重车方向；3—菱形浮放道岔；4—矿车；5—装岩机

若用一台铲斗后卸式装岩机装岩，装岩机可通过浮放道岔调换轨道，在两条轨道上交替装岩。它的缺点是：结构笨重、搬运困难。

b 翻框式调车器

翻框式调车器一般用于单轨巷道，如图4-21所示。

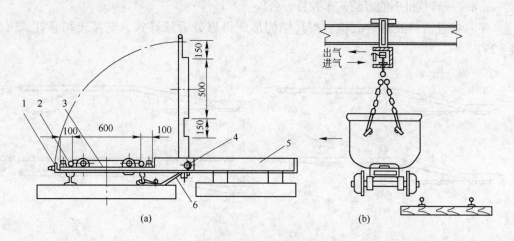

图4-21 调车器示意图
（a）翻框式调车器；（b）风动调车器
1—活动盘；2—轨条；3—滑车板；4—轴；5—固定板；6—卡子

翻框式调车器是由金属活动盘和滑车板组成。活动盘浮放在巷道的轨面上，随时可以紧随装岩工作面向前移动。活动盘上设有可沿角钢横向移动的滑车板，当空车推上滑车板后，滑车板可以横向移动离开，然后翻起活动盘，为重车提供了出车线路。待重车通过后，再放下活动盘，空车随同滑车板返回轨面，然后用人力将空车送至工作面装车（图 4 – 22）。

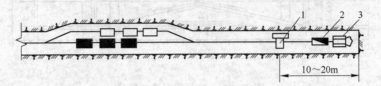

图 4 – 22　翻框式调车器调车示意图
1—翻框式调车器；2—矿车；3—装岩机

翻框式调车器具有结构简单、质量小、移动方便的优点，特别是可以保证调车位置接近工作面，为独头巷道快速掘进创造了有利条件。

C　利用专用转载设备

转载设备有胶带转载机、梭式矿车和仓式列车等。

这些转载设备，经常和装载设备、运输设备共同组成"装、转、运"作业线。

a　胶带转载机（作业线）

该作业线主要由装岩机、胶带转载机、矿车和电机车组成。装岩时转载机下可以由电机车推入一组空车，一般要求转载机下的矿车容量应能容纳一个循环爆破的岩石量。但这样设计的转载机将过长而且笨重，因此多采用反复调车方法，增加连续装车的数目。连续调车数目可用式（4 – 5）求出：

$$\chi = 2^n - 1 \tag{4 – 5}$$

式中　χ——连续装车数目，台；

　　　n——转载机下能容纳矿车数目，台。

平巷掘进用的胶带转载机，按其结构形式可以分为悬臂式、支撑式和悬挂（图 4 – 23）。

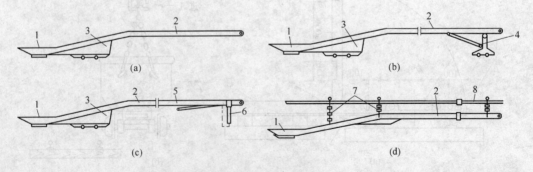

图 4 – 23　胶带转载机
（a）悬臂式；（b）支撑式；（c）支撑式；（d）悬挂式
1—受料仓；2—机架；3—行走部分；4—门框式支架；5—内支撑腿；6—外支撑腿；7—悬吊链；8—架空单轨

（1）悬臂式转载机。悬臂式转载机一般长度比较短，结构简单，行走方便，能用于弯道装岩，辅助工作量小，但是一次容纳矿车数量少，连续转载能力较小（图4-23（a））。

（2）支撑式胶带转载机。支撑式胶带转载机的机架、胶带由门框式支撑架支承（图4-23（b））或油缸式支腿支承（图4-23（c））。门框式支撑要铺设辅助轨道，供支撑架行走。这类转载机胶带比较长，存放矿车较多，转载能力大，适用于大、中断面，长直巷道。

（3）悬挂式胶带转载机（图4-23（d））。利用固定在巷道顶部的单轨架空轨道悬挂胶带转载机，胶带长度较大，存放矿车较多，转载能力大，但悬挂辅助工作量较大，适用于大断面长直巷道。

b 梭式矿车（作业线）

梭式矿车既是一种大容积的矿车，同时也是一种转载设备。我国江西矿山机械厂生产的梭式矿车有 $4m^3$、$6m^3$、$8m^3$ 等三种，根据工作面的条件，可以单独使用 1 台，也可以把梭式矿车搭接组列使用，一次将工作面爆落的岩石装走。梭式矿车的型号及技术指标见表4-9。

表4-9 梭式矿车的型号及技术特征

型 号	S_4	S_6	$S_8 D$	
车厢容积/m^3	4	6	8（单车使用）	22（三车搭接）
自重/t	6	8	9.28	29.83
载重/t	10	15	20	60
长×宽×高 /mm×mm×mm	6250×1280×1620	7014×1450×1640	9600×1560×1780	2800×1560×1780
转向架中心距/mm	3000	3600	5950	5950
轴距/mm	800	800	800	800
轨距/mm	600	600	600，762，900	600，762，900
最小转弯半径/m	8	12	12	30
卸载时间/min	1	1.2	2.0	6.9
装载高度/mm	1200	1200	1200	1200
适用巷道规格/m×m	≥2.2×2.2	≥2.4×2.4	≥3.0×3.0	≥3.0×3.0

梭式矿车结构如图4-24所示。它由前后车体构成一个窄长的大容积箱体，在车箱底部设有链板运输机。装岩时开动链板运输机，将装岩机从梭车一端装入的碎石转运至整个车厢或转运至后面的车厢中，直至将每一次掘进循环的岩石装完为止。然后才由电机车牵引至卸载地点，再开动链板运输机卸载。

梭式矿车作业线，具有装载连续，转载、运输和卸载设备合一的优点，从而实现了装岩、转载、运输、卸载的全过程机械化作业，因此使用较多。但井下必须要有卸载点。所以用于有地面直接出口的平硐掘进较为理想，尤其是对单线长距离独头巷道掘进，更显示出它的优越性。因为它的车身较长，井下转弯困难，所以，一般多用于平直巷道的掘进和硐室掘进工程。

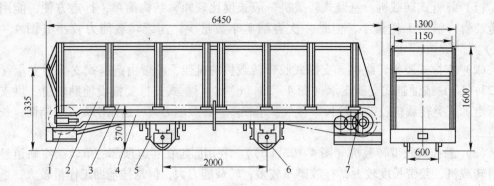

图 4 – 24　梭式矿车结构

1—板式输送机主动轮；2—车帮；3—传递链；4—底盘；5—车轮底架；6—车轮；7—减速装置

c　仓式列车

仓式列车由头部车、若干中部车及一台尾部车组成，链板机贯穿整列车厢。使用时根据一次爆破岩石量确定中部车厢数。各车厢之间用销轴连接，可在曲率半径大于 15m 的弯道上运行，适用断面为 $4.5 \sim 8.5 m^2$ 小巷道。仓式列车的型号及主要技术特征见表 4 – 10。

表 4 – 10　仓式列车的型号及主要技术特征

名　称		型　　号			
		CCL	ECC – 5	DS – 71	阜新新邱
容积/m³		14	5（t）	15	6
轨距/mm		600	457		
装载最小曲率半径/m		15	12.5		
通行最小曲率半径/m		15	7.5		6.5
刮板输送机形式		单链刮板	双链刮板	双链刮板	双链刮板
链速/m·s⁻¹		0.052	0.17	0.11	0.16
电动机功率/kW		13	10	15	11
转速/r·min⁻¹		1450	1500	740	
外形尺寸/m	长	29	12.4	15	12.8
	宽	1.22（头部）	1.15（头部）	1.2	1.09（头部）
		0.80（中间）	0.74（中间）		0.88（中间）
	高	1.25	1.4	1.6	1.24
总质量/t		18		10	

仓式列车可与装岩机或带有转载机的掘进机配套使用，并能充分发挥装岩机的效率。由于不必调车，节省了不必要的错车道开凿工程；同时，又减少了辅助人员和辅助工作量少。仓式列车卸载高度低，移动方便，可用绞车或电机车牵引。

4.2.2.3　提高装岩效率的途径

装岩效率的单位是 m³/（台·班）或 m³/（工·班）。这两个数值越高，成本越低。因此，国外（如瑞典）主要着眼于人工效率，并以此为目的来组织装岩工作；但是为了组织快速施工，往往要组织多工序平行作业和采取下列措施：

（1）要结合施工条件，合理选择高效能装岩机。条件许可时推广使用装运机、铲运机等设备。

（2）减少装岩间歇时间，提高实际装岩生产率。结合实际条件合理选择各种工作面调车和转载设施，减少装岩间歇，提高实际装岩生产率。

（3）做好爆破工作，改善爆破效果。装岩生产率与爆破岩石块度、抛掷距离、堆积情况密切有关，所以必须不断提高爆破技术，合理制订爆破图表，做到爆破出来的巷道断面轮廓既符合设计要求，底板又平整，这才有利于装岩；尽量采用光面爆破，减少超挖量；爆破的岩石块度及抛掷距离适中，岩堆集中。

如用 Z-20B 型铲斗式装岩机，块度小于 200~250mm 时，装岩工作效率最高；而部分转载机，在岩石块度大于 500mm 时则无法正常工作。

（4）加强装岩调车的组织管理工作。

1）提高装岩机司机操作技术，加强设备维修保养，减少装载故障；

2）严格执行工种岗位责任制，各工种之间的工序衔接要密切配合；

3）保证轨道质量，加强线路维护，提高行车速度和减少脱轨事故；

4）保证稳定的电压或合理提高风动装岩机风压；

5）加强调度工作，及时供应可装载的空车。

复习思考题

4-1 巷道掘进施工的主要工序有哪些？

4-2 巷道掘进对于凿岩爆破的基本要求是什么？

4-3 平巷掘进中的凿岩工作，有哪些安全注意事项？

4-4 平巷掘进的炮孔布置有哪些种类，各自的作用是什么？

4-5 在平巷掘进中用光面爆破作业有什么意义，怎么实现？

4-6 掘进所用的装岩机有哪些类型，各自的特点是什么？

4-7 巷道掘进工作面出渣调车转运的方法有哪些？

4-8 提高平巷掘进装岩效率的主要途径是什么？

5　巷　道　支　护

【本章要点】：巷道支护的概念、基本要求、支护材料、混凝土支护、喷锚支护。

5.1　概述

5.1.1　巷道支护的概念

巷道支护是为了保持巷道断面的规格、防止其围岩发生危险的变形和垮落而采取的人为措施。巷道支护或维护的主要措施是：

（1）将巷道开掘在较坚硬的岩层中或将主要巷道尽量避开地质构造复杂的破碎带；

（2）如遇断层破碎带，应以较大的交角（最好是垂直）穿过；

（3）在掘进施工中采用有利于围岩稳定性的光面爆破方法施工；

（4）在巷道掘进施工中，采用人工支架的方法来被动维护巷道稳定性；

（5）采用被动与主动相结合的方法来减少围岩的变形破坏和防止其垮落。

在以上这些措施中，第（1）、第（2）条应该在做开拓工程布置和巷道设计中予以重点把握，而第（3）~（5）条才是巷道掘进施工中用得最多、最直接的工程手段。

金属矿山的围岩一般比较稳固，许多巷道无需支护，但是仍有一部分巷道还是需要支护；支护工作在巷道掘进工程中占有较大比重，是与凿岩、装岩并列的主要工序；在某些情况下，支护工作所占的时间还大于凿岩和装岩两大工序时间的总和，而与整个掘进作业的过程并列。

因此，合理选择支架材料、正确设计支架的结构和尺寸、改进掘进的工艺、保证施工质量、提高其施工机械化水平，对于保持巷道的稳定、降低工程成本具有重要的意义。

5.1.2　巷道支护的基本要求

巷道支护的基本要求如下：

（1）巷道支护的材料选择，要因地制宜、就地取材，尽量不用或少用木材；

（2）材料要适应地压大小、方向的特点，有足够承载能力与适当的可缩性；

（3）巷道支架的使用期限，要与巷道服务年限相适应（否则，不经济）；

（4）由于喷锚支护具有突出的优点，首先要选用喷锚支护；

（5）支架材料要适应井下环境，防潮、耐酸性、耐水侵蚀；

（6）支架要适应巷道施工速度的要求、便于架设。

5.1.3　巷道支护的主要种类

巷道支护的种类很多，按其用途、支架材料、支架结构形式等因素的不同分为多种类型：

（1）按巷道支护的使用时间长短可划分为临时支护和永久支护；

（2）按所使用的材料不同分为木材、石材、金属、混凝土支架；

（3）按支架结构形式不同又分为棚式支架、拱硐类支架和喷锚支护等。

本章主要介绍矿山生产现场使用得较为广泛的混凝土整体支护和喷锚支护。

5.2 井巷支护所用的材料

近代地下工程主要使用的支护材料有：木材、金属材料、混凝土与石料等。混凝土的用量最大，因为这种人造石料又是由水泥作用所形成的，所以首先要对水泥有一个基本认识。

5.2.1 水泥

5.2.1.1 水泥品种

水泥是胶凝材料，既能在空气中硬化，又能在水中硬化。井巷支护中最常用的水泥是普通硅酸盐水泥（简称普通水泥），其次是矿渣硅酸盐水泥（简称矿渣水泥）、火山灰硅酸盐水泥（简称火山灰水泥），此外，还有快凝和高强度的膨胀水泥等。

5.2.1.2 普通水泥的主要性质

（1）细度。细度是指水泥颗粒的粗细程度。水泥的颗粒越细，硬化结块就越快，早期强度发展也越快；但在空气中硬化时，也有较大的收缩。

（2）标准稠度。水泥净浆的稀稠程度对水泥的主要技术性质影响很大。测定时，必须有一个规定条件。在这个规定条件测定的稠度，就称为标准稠度。

（3）凝结时间。凝结时间分为初凝和终凝时间。初凝时间是指水泥加水拌和成水泥浆开始失去可塑性的时间；终凝时间是指水泥加水拌和至水泥浆完全失去塑性并开始产生强度的时间。为了使混凝土砂浆有充分的时间搅拌、运输、浇灌与捣实，初凝时间不能过早。施工完毕，也应尽快硬化和有一定强度，终凝时间不能太迟。

（4）水泥强度与标号。水泥的强度是确定水泥标号及选用水泥量的主要依据。它的测定用软练法，根据测得的 28 天龄期的抗压强度划分水泥的标号。

（5）水化热。水泥与水的作用是放热反应，在凝结硬化过程中放出的热量称为水化热。它的大小与水泥的化学成分有关。在小体积混凝土工程中，水化热能加速其硬化速度；在大体积混凝土工程中，因水化热积累在内部，不易散热，会使混凝土产生内应力而开裂破坏。

（6）硬化体积变化。普通水泥在水中硬化，体积稍有膨胀；但在空气中硬化，则会产生收缩。收缩过大，又可能引起收缩裂缝。因此，在水泥硬化过程中，必须保持一定的温度与湿度来养护，从而保持不至于干燥过快和产生收缩裂缝。

（7）抗水性。水泥硬化后对环境水腐蚀的抵抗性能称为抗水性。水泥的腐蚀是由水、酸、碱及盐的作用而产生的。普通水泥的抗水性较差，可采用增加其内部密实性或在其表面涂沥青等防水材料，来增强水泥的抗水性。

综上所述，普通水泥具有早期强度高、凝结硬化快、抗冻性好的优点，但其抗水性差和耐酸碱性弱。所以多用于井巷支护中，而不适合大体积的浇铸工程。

5.2.1.3　矿渣水泥与火山灰水泥的特点

矿渣水泥与火山灰水泥的共同特点是：抗水性好，对硫酸盐腐蚀的抵抗能力强；水化热低；凝结较慢，早期强度较低；干缩性较大。所以适于灌注大体积工程或在海水与地下水的工程使用；但在早期强度要求高或低温环境工程中就不宜采用。

为了便于比较和使用，巷道支护常用水泥的品种、标号、特性与应用特性见表 5 – 1。

表 5 – 1　巷道支护常用水泥的品种、标号、特性与应用特性

品种	标号	特性		使用范围	
		优点	缺点	适用于	不宜用于
普通硅酸盐水泥	225、275、325、425、525、625	(1) 早期强度高； (2) 抗结块硬化； (3) 抗冻性好	(1) 水化热高； (2) 抗水性差； (3) 抗硫酸盐侵蚀能力差； (4) 耐热性较差	(1) 一般地上工程和无侵蚀作用地下工程，与不受水压的工程； (2) 喷射混凝土（砂浆）； (3) 要求强度发展较快的受冻工程	(1) 大体积浇灰工程； (2) 有水压作用工程； (3) 有化学侵蚀工程
矿渣硅酸盐水泥	225、275、325、425、525	(1) 抗硫酸盐侵蚀能力较强； (2) 抗水耐热性好，水化热低； (3) 在蒸汽养护中强度发展较快； (4) 在潮湿环境后期强度增长快	(1) 早期强度低； (2) 凝结硬化慢； (3) 耐冻性较差； (4) 干缩性大，有泌水现象	(1) 地下、水中工程及常受较高水压工程； (2) 大体积混凝土工程； (3) 有蒸汽养护工程； (4) 受热工程； (5) 用于地面工程宜加强养护	(1) 早期强度要求高的工程； (2) 低温环境施工无保温措施工程
火山灰硅酸盐水泥	225、275、325、425、525	(1) 抗硫酸盐类侵蚀能力强； (2) 抗水性好； (3) 水化热低； (4) 在蒸汽养护中强度发展快； (5) 潮湿环境中后期强度增长快	(1) 早期强度低； (2) 凝结硬化慢； (3) 抗冻性较差； (4) 吸水性大； (5) 干缩性最大	(1) 地下、水中工程及常受较高水压工程； (2) 有硫酸盐的工程； (3) 大体积浇注工程； (4) 有蒸汽养护工程； (5) 地面一段工程	(1) 气候干燥地区； (2) 受冻地区的工程； (3) 对早期强度要求高的工程

5.2.1.4 水泥反应过程

水泥凝结时间与矿物成分、细度有关。它的凝结时间是以标准稠度的水泥净浆在规定的温度、湿度环境下用水泥浆凝结时间测定仪测定：初凝时间不得早于45min，终凝时间不得迟于12h。而实际上普通水泥初凝时间为1~3h，终凝时间为5~8h（图5-1）。

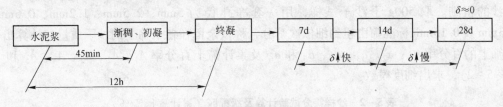

图5-1　水泥反应过程示意图

δ—水泥试块强度增加指标

（注：水泥试块终凝在第一周时间内，其强度增加较快；以后增加的强度逐步减少）

5.2.2　混凝土

混凝土是由水泥、沙子、石子和水按一定的比例组成人造石材。其中的沙子、石子称为骨料，约占混凝土总体积的70%~80%，主要起骨架作用并能降低胶结材料的干缩性；水泥、水拌和成水泥浆包裹骨料表面并填充其空隙，使新拌混凝土具有一定的流动性和可塑性，便于施工。水泥浆硬化后将骨料胶结成一个坚实的整体。

5.2.2.1　混凝土的组成材料

A　水泥

水泥是混凝土产生强度的主要组分，也是其中最值钱的材料。

水泥品种及标号繁多，能否合理地选用，对保证工程质量、降低工程成本非常重要。各种混凝土工程需用的水泥品种，应根据施工性质及所处环境条件、施工条件等，参照前面讲述的水泥特性来合理进行选择。但在选择水泥标号时，应充分利用水泥的活性。一般以选用水泥标号为混凝土标号的1.5~2.0倍为宜，当配制高标号混凝土时，可取0.9~1.5。

B　细骨料（沙）

在混凝土中，粒径在0.15~5mm之间的骨料称为细骨料。按形成条件有海沙、河沙和山沙之分。河沙、海沙比较纯净，沙粒多呈圆形，表面光滑。山沙有棱角，表面粗糙，与水泥浆黏结力强，但含有较多的黏土或有机杂质。一般以采用河沙为好。河沙中有害杂质（如云母、黏土、淤泥及硫酸盐、硫化物及有机杂质等）的含量不得超过《钢筋混凝土工程施工及验收规范》GBJ204—83（以下简称《规范》）的有关规定。

沙子的粒度及颗粒级配，对保证混凝土具有良好的技术性质有很大影响。沙子的粒度是指不同粒径的沙粒混合后的总体的粗细程度，有粗沙、中沙和细沙之分。在沙的用量为一定的情况下，沙粒总表面积越大，空隙率也越大，需包裹的沙粒和充填空隙的水泥浆也越多。因此，在配制混凝土时，宜采用空隙率小、比表面积也小的沙，以节约水泥。沙的最小空隙率（最密充填率）应由比例适当大小颗粒互相搭配而成，这种搭配关系，就称之为颗粒的级配。

沙的表面积大小决定于沙子的粒度：沙粒越粗，表面积比越小；若沙粒过粗又无中小颗粒搭配或比例不当，其空隙率必然增大。因此，沙的粒度必须结合级配一并考虑。

沙的粒度及颗粒级配，常用筛分法测定。用级配区表示沙的颗粒级配，用细度模数表示沙的粗细。取 500g 干沙子试样，用一套净孔径为 5mm、2.5mm、1.2mm、0.6mm、0.3mm 及 0.15mm 标准筛由粗到细依次筛分，称量余留在各个筛上的沙子质量，计算出分计筛上的百分率 a_1、a_2、a_3、a_4、a_5 和 a_6 及累计筛上百分率 A_1、A_2、A_3、A_4、A_5 和 A_6（表 5-2），求出细度模数。

表 5-2　沙样筛分试验计算及级配区（累计筛上率/%）

筛孔尺寸 /mm	分计筛上率 /%	累计筛上率计算公式	级配区		
			I 区	II 区	III 区
5.0	a_1	$A_1 = a_1$	10~0	10~0	10~0
2.5	a_2	$A_2 = a_1 + a_2$	35~5	25~0	15~0
1.2	a_3	$A_3 = a_1 + a_2 + a_3$	65~35	50~10	25~0
0.6	a_4	$A_4 = a_1 + a_2 + a_3 + a_4$	85~71	70~41	40~16
0.3	a_5	$A_5 = a_1 + a_2 + a_3 + a_4 + a_5$	95~80	92~70	85~55
0.15	a_6	$A_6 = a_1 + a_2 + a_3 + a_4 + a_5 + a_6$	100~90	100~90	100~90
细度模数		$FM = \dfrac{(A_2 + A_3 + A_4 + A_5 + A_6) - 5A_1}{100 - A_1}$	2.81~3.61	2.11~3.19	1.61~2.39

普通混凝土用沙的细度范围一般为 3.7~1.6。其中 3.7~3.1 为粗沙，3.0~2.3 为中沙，2.2~1.6 为细沙。混凝土用沙的颗粒级配，应处于表 5-2 中的任何一个级配区以内。沙的级配不符合这些要求时，可取另一产地的沙子适当搭配或将沙过筛除去多余部分进行调整。

C　粗骨料（石子）

在混凝土中，凡是粒径大于 5mm 的骨料称为粗骨料。粗骨料有天然卵（砾）石和碎石两种。天然卵石表面光滑、少棱角，有的具有天然级配；碎石表面粗糙，颗粒富有棱角，与水泥黏结较好，但成本较高。

粗骨料中有害杂质的含量以及针片状颗粒的含量不得超过《规范》的规定。

粗骨料的粒径一般为 5~40mm，且应在优的颗粒级配，以减少孔隙，来增加混凝土的密实性。普通混凝土用的粗骨料的颗粒级配，应符合表 5-3 的规定。

骨料级配应以获得最密填充率、最小表面积和最佳工作性能为原则。其级配理论有连续级配和间断级配两种。连续级配要求颗粒尺寸由大到小，逐级填充；间断级配是人为地剔除其中某些粒级，由第二级小粒径颗粒填充于第一级颗粒间的空隙中。间断级配虽然也能获得较大密实度和较小表面积的骨料，但是由于缺少中间粒级，混凝土混合物的和易性较差，容易分层、离析。天然骨料的粒度分布多数处于连续级配范围之内。在级配良好的情况下，粗骨料的最大粒径增大，其比表面积和空隙率相应减少，单位混凝土的水泥用量也会降低。

表 5 – 3　碎（卵）石级配（累计筛上剩余率）　　　　　　（%）

级配方法	连续级配					单粒级配				
筛孔	5~10	5~15	5~20	5~30	5~40	10~20	15~30	20~40	30~60	40~80
2.5mm	95~100	95~100	95~100	95~100						
5.0mm	85~100	90~100	90~100	90~100	95~100	95~100	95~100			
10mm	0~15	30~60	40~70	70~90	75~90	85~100		95~100		
15mm	0	0~10					85~100	95~100		
20mm		0	0~10	15~45	30~65	0~15		80~100		95~100
25mm			0			0				
30mm				0~5			0~10		75~100	
40mm					0~5			0~10	45~75	75~100
50mm					0			0		
60mm									0~10	30~65
80mm									0	0~10
100mm										

（左侧竖排标注：筛孔）

《规范》规定：混凝土粗骨料的最大颗粒尺寸，不得超过结构截面最小尺寸的 1/4，同时不得大于钢筋间最小净距的 3/4；最大颗粒也不得大于 150mm。泵或压气输送混凝土混合物的，最大粒径应该按表 5 – 4 选用，且不得超过上述规定。

表 5 – 4　导管输送混凝土粗集料的最大粒径

导管内径/mm	最大粒径/mm	
	卵（砾）石	碎　石
200	80	70
180	70	60
150	50	40

D　混凝土拌和与养护用水

凡是饮用水和清洁的天然水都能用来拌制和养护混凝土，但污水、pH 值小于 4 的酸性水、含硫酸盐（按 SO_4^{2-} 计）超过水重 1% 的水、含油脂的水、含糖类的水均不得使用。对水质有怀疑时，应进行水质分析。

5.2.2.2　混凝土的主要技术特征

新拌混凝土应具有适合施工的和易性或工作性，以获得良好的浇灌质量；硬化混凝土材料应该具有能够安全承受各种设计荷载要求的强度外，还应具有在使用环境下能够保持其使用期限内质量稳定的耐久性。

A　混凝土的和易性

和易性是指混凝土在运输、浇灌过程中能保持均匀、密实、不离析和不泌水的工艺性能，包括流动性、黏聚性、保水性三个含义。

（1）流动性。流动性是拌和混凝土在自重或外力作用下，能流动和充实的性能。

（2）黏聚性。黏聚性是指新拌混凝土各组分间具有一定的黏聚力，在运输、浇灌过程中不分层、不离析，使混凝土能保持整体均匀的性能。

（3）保水性。保水性是指拌和混凝土保持水分，而不至于产生泌水现象的能力。发生泌水现象的混凝土，会使混凝土的孔隙透水，降低混凝土的强度和耐久性。

评定塑性或低流动性混凝土的流动性，目前多采用坍落度的方法进行实验（图 5-2）。将新拌混凝土分 3 次装入截头圆锥筒内，逐层插捣 25 次，最后抹平，垂直提起圆锥筒，混凝土混合物将因自重而产生塌落，其塌落高度就称为坍落度，作为流动性指标。坍落度大，则表示流动性大。另外，在测定流动性的同时，也可以同时目测判断其黏聚性和保水性。

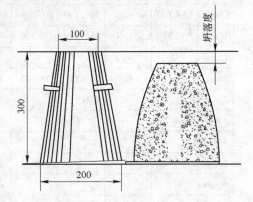

图 5-2　坍落度测定方法示意图

根据坍落度不同，混凝土混合物分为：干硬性的（坍落度 0～1cm）、低塑性的（坍落度 2～8cm）、塑性的（坍落度 10～20cm）和流态的（坍落度大于 20cm）。混凝土混合物的流动性指标，应根据构件截面大小、钢筋疏密和捣实方法确定。当构件截面尺寸较小或钢筋较密，或采用人工振捣时，坍落度可选择大些。反之，如构件截面较大，或钢筋较疏，或采用振动器振捣时，坍落度可选择小一些。

《规范》规定：混凝土浇灌时的坍落度应按表 5-5 选择。泵送混凝土混合物要求具有较高的流动性，其坍落度通常为 10～20cm。

表 5-5　坍落度的选择范围

结构状况及施工部位	坍落度/cm	
	机械振捣	人工捣实
桥涵基础、墩台、巷道边墙、仰拱、挡土墙等施工结构	0～2	2～4
桥涵基础、墩台、巷道边墙、仰拱、挡土墙等工程中较不方便施工处，以及巷（隧）道拱圈等	1～3	3～5
普通配筋密度的钢筋混凝土结构（如梁、柱、墙等）	3～5	5～7
钢筋较密、断面较小的钢筋混凝土结构（梁、柱、墙等）	5～7	7～9
钢筋布置特密、不便捣实的特殊部位	7～9	9～12

影响混凝土和易性的主要因素有：

（1）水泥浆用量。在保持水灰比（每立方米混凝土中水与水泥的质量比）不变的情况下，单位体积混凝土内水泥浆量越多，新拌混凝土的流动性越大。水泥浆量多至一定限度时，由于集合料含量相对减少，将出现流浆、泌水现象（水灰比较大时），使混合物的黏聚性和保水性变差。因此，在保证水灰比的情况下，单位混凝土的水泥浆量，以满足施工要求的流动性为宜。

（2）水泥净浆稠度。水泥净浆的稠度主要取决于水灰比。在水泥用量不变的情况下，水灰比越小，水泥浆越稠，混凝土流动性就越小。水灰比过大，会使混合物黏聚性和保水性变差而产生流浆、离析现象，不仅使坍落度变小，而且将严重影响混凝土强度、耐久性和构件浇灌质量。

（3）沙率。沙的用量占沙、石总质量的百分率称为沙率。沙率的变动将使骨料的空隙率和总表面积显著改变，故对混凝土混合物的和易性产生显著的影响。沙率过大，骨料总表面积及空隙率增大，需要包裹骨料和充填空隙的水泥浆量多，混合物显得干稠，流动性减小；沙率过小，粗骨料增多，沙浆量相应减少，不能在粗骨料周围形成足够厚度的沙浆层，流动性也低，黏聚性和保水性变差，甚至出现溃散现象。因此必须通过试验确定最佳沙率，在满足施工坍落度要求前提下使水泥用量减到最小，或在水泥用量合理的条件下获得最大坍落度。

（4）水泥的品种和骨料性质。在水灰比相同情况下，水泥浆标准稠度需要用水量大时，拌和混凝土流动性较小。普通水泥的和易性比火山灰水泥和矿渣水泥好。

矿渣水泥泌水性大，应加以注意。水泥颗粒细，能改善混凝土的黏聚性和保水性。沙、石骨料的粒形圆滑，粒径增大，级配良好，则混凝土混合物的流动性增大。

（5）外加剂。在拌和混凝土时加入少量的表面活性物质，可以在不增加用水量和水泥用量的情况下，改善混合物的和易性和混凝土结构，对提高施工效率有利。

B　混凝土的强度和标号

混凝土的强度，过去是以其最大抗压强度计算，因为混凝土主要用于承受压力，以混凝土的标号表示混凝土强度的等级，以立方体（20cm×20cm×20cm）28天龄期的单轴抗压强度划分标号。若实测28天龄期的抗压强度在两个标号之间，该混凝土就定为较低一级标号。现在矿井支护常用新标准的 C15 号、C20 号混凝土。

采用标准试验方法测定的强度，是为了使混凝土质量有可比性。在实际的混凝土工程中，其养护条件（温度、湿度）不可能与标准养护条件一样。为了能说明实际工程中混凝土的强度，常把混凝土试块放在与工程相同条件下养护，再按所需的龄期进行试验作为工地混凝土质量控制的依据。混凝土强度的产生是由于水泥硬化的结果，在28天前，混凝土强度增长速度较快，而28天后的增长速度变得缓慢，所以规定28天龄期抗压强度，来确定混凝土标号。

影响混凝土强度的因素很多，其中水泥标号与水灰比是主要影响因素，同时混凝土强度还与水泥品种和骨料特性有关。当其他条件相同时，水泥标号越高，则混凝土强度越高。当用同一种水泥（品种及标号相同）时，混凝土标号主要取决于水灰比。因为水泥水化时所需的结合水一般只占水泥质量的20%左右，但在拌制混凝土混合物时，为了获得必要的流动性，通常需用较多的水（约占水泥质量的40%～70%），即用较大的水灰比。当混凝土硬化后，多余的水分就残留在混凝土中形成水泡或蒸发后形成气孔，大大减少了混凝土承受荷载的实际有效断面，而且可能在孔隙周围产生应力集中。因此，在水泥标号相同的情况下，水灰比越小，而混凝土强度就越高。但是，如果加水太少（水灰比太小），拌和物过于干稠，在一定的捣实情况下，无法保证浇灌质量，混凝土中将出现较多的蜂窝、孔洞，强度也会降低。水泥标号过高，也会造成浪费。混凝土强度与水灰比、水泥标号、水泥品种和骨料种类的关系，可以用式（5-1）表示。

$$R_{28} = AR_c \left(\frac{C}{W} - B \right) \qquad (5-1)$$

式中　R_c——水泥标号；

$\dfrac{C}{W}$——灰水比；

R_{28}——混凝土 28 天龄期的抗压强度；

A，B——试验系数，与集料品质因素和水泥品质因素有关，可按《建井工程手册》第三卷表 11 – 1 – 38 选取。

式（5 – 1）一般只适用于塑性混凝土和低流动性混凝土，不适用过于干硬性混凝土。利用这一公式可以解决两个问题：

（1）当已知混凝土标号、骨料种类与水泥标号时，可求出配制混凝土的水灰比；

（2）当已知水泥标号、骨料种类、所配的水灰比时，可预计混凝土 28 天龄期的强度。

影响混凝土强度的其他因素有：混凝土所处环境的温度和湿度、养护龄期等。

周围环境的温度对水化作用的速度有显著影响。环境温度高时，水泥的水化速度加快，所以混凝土强度发展也就加快；反之，混凝土强度发展相应变缓。

周围环境的湿度对水泥水化作用能否正常进行也有显著影响。湿度适当，水泥水化便顺利进行，使混凝土强度得到充分发展；如果湿度不够，混凝土将会失水干燥而影响水泥水化作用的正常进行，甚至停止水化。

所以为了使混凝土正常硬化，混凝土浇灌后，必须保持经常潮湿和一定温度，以保证混凝土强度的正常发展。混凝土浇水养护日期：普通水泥不得小于 7 天；矿渣、火山灰水泥，不得小于 14 昼夜。空气湿度在 95% 以上的不需要专门养护。

混凝土在正常养护条件下，其强度随龄期的增长而提高，最初 3 ~ 7 天内增长较快，以后逐渐变缓，全部增长过程可达数十年。

混凝土的浇捣对提高混凝土强度也有影响。在条件相同情况下，采用振捣器捣实混凝土，用水量比采用人工捣实小，故可用较小水灰比，从而获得较高强度。

混凝土混合料必须分层浇捣，每层的厚度不应超过表 5 – 6 的规定。

表 5 –6　混凝土浇捣层的厚度

振捣混凝土的方法		浇灌混凝土层的厚度/mm
插入式振捣		振捣器作用部分长度的 1.25 倍
表面振捣		200
人工振捣	在基础或无筋混凝土和配筋稀疏的结构中	250
	在梁、墙板、柱结构中	200
	在配筋密集的结构中	150

C　混凝土的耐久性

混凝土具有适当的强度，除能安全承受设计荷载外，还应根据周围的自然环境以及在使用上的特殊要求而具有一些特殊性能。例如，承受压力水作用下的混凝土，需要具有一定抗渗性能；遭受环境水侵蚀的混凝土，需要具有与之相适应的抗侵蚀性能。这些性能决定着混凝土经久耐用程度，所以统称为耐久性。混凝土的耐久性取决于组成材料的品质与混凝土的密实度。

提高混凝土耐久性的主要措施有：控制混凝土的最大水灰比（表5-7），组合选择水泥品种，保证足够的水泥用量（表5-8），选用较好的沙、石骨料，合理调整骨料级配；改善混凝土的施工操作方法，搅拌均匀，浇灌和振实及加强养护。

表5-7　混凝土最大水灰比限值

工程结构部位		严寒地区		温暖地区	
		不掺加气剂	掺加气剂	不掺加气剂	掺加气剂
桥涵和挡土墙	受水流冲刷或冰冻作用的部分	0.65	0.65	0.65	0.70
	最低冲刷线以下部分和不受水流作用的地上部分	0.65	0.70	0.70	0.75
	填充混凝土	不予规定	不予规定	不予规定	不予规定
隧道衬砌	受冰冻部分	0.55	0.65	0.65	0.10
	不受冰冻部分	0.65	0.70	0.10	0.75
一般房屋或地面建筑		不予规定	不予规定	不予规定	不予规定

注：严寒地区，最冷月份平均温度低于-15℃，寒冷地区，最低月份平均温度在-5~15℃之间；温暖地区，最冷月份平均温度高于-5℃。

表5-8　混凝土的最小水泥用量　（kg/m³）

混凝土所处的环境条件	最小水泥用量（包括外掺混合材料）	
	钢筋混凝土和预应力混凝土	无筋混凝土
不受雨雪影响的混凝土	225	200
受雨雪影响的混凝土、位于水中及水位升降范围内的混凝土、潮湿环境中的混凝土	250	225
寒冷地区水位范围内的混凝土、受水压作用混凝土	275	250
严寒地区水位升降范围内的混凝土	300	275
不受水压的地下结构（不受冻结作用）	250	225
受水压的地下结构（不受冻结作用）	275	250

注：1. 本表规定的最小水泥用量只适用于机械捣固，如用手工捣固其用量应增加10%；
　　2. 实际采用的水泥用量如在实验中能确保达到设计要求，可不受本表限制。

　　D　混凝土的配合比

配合比是指混凝土中水泥、沙、石用量比例（质量比或体积比，均以水泥为1）和水灰比，它的计算比较复杂。根据工程技术要求和经济原则，选择和确定混凝土配合比，称为混凝土配合比设计。但在一般混凝土用量不大时，就可查《建井工程手册》第三卷表11-1-46得到。

5.2.3　木材

作为矿井支架所用的木材称为坑木。常用的有松木、杉木、桦木、榆木和柞木，松木用得最多。木材具有纹理，其强度在不同方向相差很大：顺纹的木材抗拉强度远大于横纹的抗拉强度；顺纹的抗压强度也远大于横纹的抗压强度。随着国民经济发展，在矿井支护中节约坑木和采用木材代用品具有重要意义。

5.2.4　金属材料

金属材料作为支架有许多优点：强度大，可支撑较大的地压；使用期长，可多次复用；安装容易；耐火性强；必要时也可制成可缩性结构。虽然初期投资大些，但可回收重复利用；所以，总的成本还是比较经济。

金属材料中，常用的有：工字钢、角钢、槽钢、轻便钢轨、矿用工字钢等。

矿用工字钢，是专门设计的宽翼缘、小高度和厚腹板的工字型。它的几何形状既适用于作棚梁，也适用于作棚腿使用。U 形钢也是一种矿用特殊型钢，专门用作具有可缩性的金属拱形支架。矿用工字钢和 U 形特殊型钢的高度都比一般型钢小，这样可以减少巷道开挖量。

5.3　巷道支护的方法

5.3.1　临时支护

为了节省坑木和提高效率，常用的有金属临时支架和喷锚临时支护等。

5.3.1.1　金属拱形临时支架

金属临时拱形支架，也称棚子，常用 15~18kg/m 的钢轨或其他型钢制作，支架与支架之间的距离一般为 0.8~1.0m。金属临时支架棚分为无腿支架和带腿的支架这两种。

图 5-3 所示为无腿金属临时拱形支架。架设时首先在巷道两侧拱基线上方凿两个托钩孔，并安上托钩或钢轨樤子，然后架设拱梁，铺设背板，最后在两拱梁之间安设拉钩和顶栓，使其成为一个整体。这种支架，适用于岩层中等稳定和没有侧压的拱形巷道。

带腿金属拱形临时支架是在无腿拱梁上再加装可以拆装的棚腿（图 5-4）。这种支架多用在围岩压力较大，顶、帮围岩均不稳定的巷道中。加工制造一般都在地面进行，而井下支护现场直接安装上去，因此其整体搬运不方便。

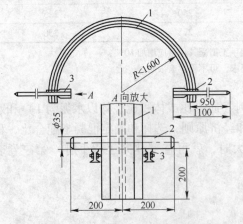

图 5-3　无腿金属临时支架

1—钢轨拱梁；2—托梁；3—钢轨樤子

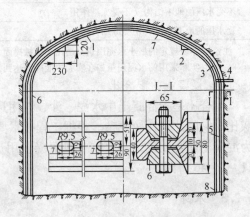

图 5-4　金属拱形带腿临时支架

1—拱梁；2—顶托；3—拱肩；4—铁道樤子；
5—棚腿；6—连接板；7—拉杆；8—棚腿垫板

5.3.1.2　喷锚临时支护

凡有条件的巷道，都应优先选用喷锚作临时支护，这种临时支护在爆破后就紧跟迎头，及时封闭围岩，防止岩石松动和垮落。

这种支护方法简单易行，便于实现机械化施工，而且安全可靠；既是临时支护，又可作为永久支架的一部分（图5-5）。

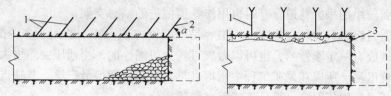

图5-5 喷锚紧跟迎头

1—锚杆；2—超前锚杆（$\alpha=65°\sim70°$）；3—喷射混凝土或喷砂浆

5.3.2 永久支护

5.3.2.1 棚式永久支架

棚式支架，简称棚子，有木支架、金属支架和装配式钢筋混凝土预制支架等。因为棚式支架中间都是间隔式的连接，所以不能防止围岩风化。

A 木支架

木支架也称木棚子。它所用的材料称为坑木，直径一般为16～22cm。巷道中常用的木支架多是梯形棚子，其结构如图5-6所示，由顶梁、棚腿以及背板、木楔等组成。顶梁是棚子支撑顶板压力的受弯构件。棚腿是顶梁的支点，棚腿与底板的夹角一般为80°，并应插到坚实的底板岩石上。顶梁和棚腿通常用亲口接头（图5-7），接头要求吻合紧密。安装时用四个角楔在梁、腿接口处与顶、帮围岩之间楔紧。

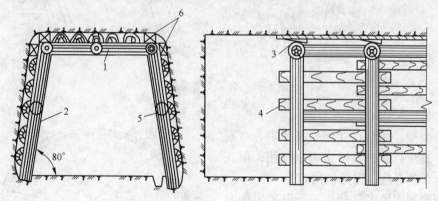

图5-6 木支架

1—顶梁；2—棚腿；3—木楔；4—背板；5—撑柱；6—角楔

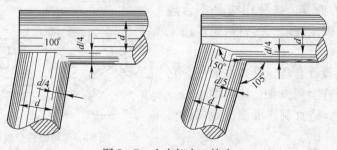

图5-7 木支架亲口接头

每架棚子架好后，其平面应和巷道的纵轴相垂直。为增加支架棚子的稳定性，棚子间可打上小圆木或方木制作的撑柱或钉上拉条。木支架一般可用于地压不大，巷道的服务年限不长，断面较小的采区巷道，有时也用作巷道掘进的临时支架。

木支架质量轻，具有一定强度，加工容易，架设方便，特别适用于多变的地下条件，构造上可以做成有一定刚性的，也可以做成有较大可缩性的，当地压突然增大时，木支架还能发出声响讯号。所以在采矿工程中用得最早，过去也用得最广泛。其缺点是：强度有限，容易腐朽，使用年限短，而且不能阻水和防风化。

B　金属支架

金属支架（金属棚子）强度高、体积小、坚固、耐用、防火，在构造上可以加工成各种形状的构件，虽然初期投资大，但巷道维修工作量小，并可以回收重复使用。所以，金属支架也是一种优良的坑木代用品。

金属支架常用 18~24kg/m 钢轨或 16~20 号工字钢制作。它也是由两腿一梁构成的金属棚子（图 5-8）。梁腿连接要求牢固、简单，方便拆装。图 5-8（b）的接头比较简单、方便，但不够牢固，支架稳定性差；图 5-8（a）和图 5-8（c）的接头比较牢固，但拆卸不大方便。棚腿的下端应焊接一块钢板或垫上特制的"柱鞋"，以增加承压面积，防止棚腿陷入巷道底板。有时还在棚腿下设垫木，尤其在松软地层中更应如此。

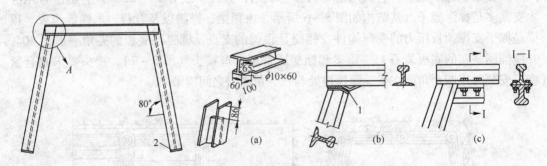

图 5-8　金属支架的构造
1—木垫板；2—钢垫板

这种支架，通常用在回采巷道中。在断面较大、地压严重的巷道也可以使用；但在有酸性水的情况应该避免使用。

由于轻型钢轨容易获得，所以矿山用它来制作金属支架，但因钢轨不是结构钢材，就材料本身受力而言，这种用法是不合理的。制作金属支架比较理想的材料是矿用工字钢和 U 形钢。

矿用工字钢设计合理，受力性能好，它的几何形状适合作金属支架。U 形钢也是一种矿用特殊型材，适宜制作可缩性金属拱形支架（图 5-9）。

可缩性拱形支架，由三个基本构件组

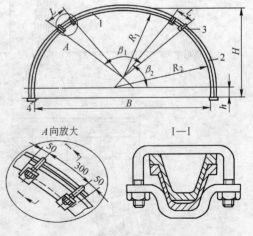

图 5-9　可缩性金属拱形支架
1—拱梁；2—柱腿；3—卡箍；4—垫板

成：一根曲率为 R_1 的弧形拱梁和两根上端带曲率为 R_2 的柱腿。弧形拱梁的两端插入和搭接在柱腿的弯曲部分上，组成了一个三心拱。梁腿搭接的长度 L 约 300～400mm，该处用两个卡箍固定。柱腿的下部焊有 180mm×150mm×10mm 的钢板作为垫板。支架的可缩性用卡箍的松紧程度来调节和控制。当地压达到某一规定限度后，搭接部分相对移动，支架收缩，从而缓和了支架承受的压力。为加强支架沿巷道轴线方向的稳定性，棚子与棚子之间应用金属拉杆借助螺栓、夹板等互相拉住或打入撑柱撑紧。

可缩性金属拱形支架适用于地压大、地压不稳定、围岩变形较大的采区巷道和断层破碎带地段，所支护的巷道断面一般不大于 12m²。

C 钢筋混凝土装配式支架

混凝土是一种人造石材，抗压强度高，抗拉强度较低。而钢材却和混凝土不同，它的抗拉强度较高。因此，把上述两种材料结合在一起，使混凝土主要承受构件的压应力，而构件的拉应力则由布置在混凝土中的钢材承担，这样就能充分发挥各自的长处，使构件的承载能力大大提高。

普通钢筋混凝土支架结构如图 5-10 所示，它也是一梁两根柱腿组成一架棚子。其构件的截面通常呈矩形，采用亲口接头，梁、腿接合处应垫木板或胶皮。梁、腿安装好之后，用钢筋混凝土背板背实、背严，防止集中荷载作用在构件的中部。各棚子之间要用圆木撑杆支撑，以增加巷道轴线方向的稳定性。

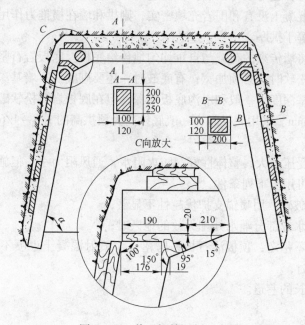

图 5-10 普通钢筋混凝土支架

钢筋混凝土棚子，最好不要在有动压的采区巷道内使用，在地压比较稳定、服务年限较长以及断面小于 12m² 的巷道中使用效果较好。

但目前由于成本高，架设困难和喷锚支护新技术的发展，钢筋混凝土棚子使用已日渐减少。

5.3.2.2　现浇混凝土整体支护

A　现浇混凝土支架结构

现浇混凝土支架是连续整体结构，对围岩能够起到封闭和防止风化作用。这种支架的主要形式是直墙拱顶，即由拱墙和墙基所构成，如图 5-11 所示。

拱的作用是承受顶压，并将它传给侧墙和两帮。在拱的各断面中主要产生压应力及部分弯曲应力，但在顶压不均匀和不对称的情况下，断面内也会出现剪应力。内力主要是压应力，可充分发挥混凝土抗压强度高而抗拉强度低的特性。

拱的厚度决定于巷道的跨度和拱高、岩石的性质以及混凝土本身的强度，可用经验公式计算，但更多的是查表 3-10 选取。

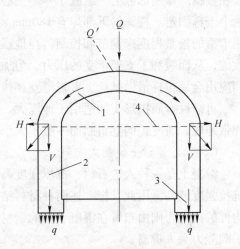

图 5-11　混凝土支架的顶压受力传递示意图
1—拱；2—墙；3—墙基；4—拱基线
Q—顶压；Q'—斜向顶压；H—横推力；
V—竖压力；q—传给底板的压力

墙的作用是支撑拱和抵抗侧压。一般为直墙，如侧压较大时，也可改为曲墙。在拱基处，拱传给墙的荷载是斜向的，由此产生横推力。如果拱基处混凝土没有和围岩充填密实，则拱和墙在横推力作用下很容易变形和失稳定性。墙厚通常等于拱厚。

墙基的作用是将墙传来的荷载与自重均匀地传给底板。底板岩石坚硬时，它是直墙延深部分；底板岩石松软时，必须加宽；有底鼓时，还要砌底拱。墙基深度，不小于墙的厚度。靠水沟一侧墙基深度，一般和水沟底板同深，但在底板岩石松软破碎，则墙基要超深水沟底板 150～200mm。采用底拱时，一般底拱高为顶拱高的 1/8～1/6；底拱厚度为顶拱厚度的 50%～80%。

混凝土支架承受压力大，整体性好，防火阻水，通风阻力小。但施工的工序多，工期长，成本高，一般可用于下列条件：

（1）围岩十分破碎，用喷锚支护优越性不显著；

（2）大面积淋水或部分涌水处理无效的地区时；

（3）围岩十分不稳定，顶板活石板易垮落，而喷射混凝土也喷不上、粘不牢，也不容易钻孔装设锚杆时；

（4）服务年限长的巷道。

B　碹胎和模板

混凝土支架施工时需要碹胎和模板。为了节省木材，提高利用率，常采用金属碹胎、模板，对于某些特殊硐室及交岔点采用木碹胎和模板。

在平巷混凝土支架施工中，碹胎要承受混凝土的重量、工作台荷载、施工中的冲击荷载等，因此要求有一定的强度和刚度。在实际工作中，碹胎的结构形式和构件尺寸的大小，一般按经验选取。木碹胎一般用方木或 2～3 层板材，分 2～3 段拼接而成（图 5-12）。

金属碹胎一般用 14～18 号槽钢或 15～24kg/m 钢轨制成，如图 5－13 所示。模板一般用 8～10 号槽钢或厚 30～40mm 木板制成。金属碹胎具有强度高，不易变形，容易修复，复用率高，节省木材等优点，施工时应优先选用。矿用塑料模板具有质量小，脱模容易，拆装迅速，抗腐蚀，使用寿命长，重复使用次数可达 30～40 次，可在巷道或井筒中推广使用。

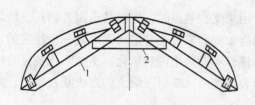

图 5－12　木碹胎
1—碹胎；2—固定板

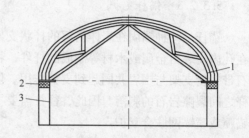

图 5－13　金属碹胎
1—碹胎拱顶；2—托架；3—碹胎柱腿

C　混凝土支架的现场施工

a　拆除临时支架

拆除临时支架工作，要从处理工作面浮石开始，然后拆除临时支架的棚腿再砌墙；其次拆除棚拱再砌拱。如果顶板压力大、两帮岩石破碎时，还要先打两根或者更多的顶柱来处理两帮，然后才能拆除棚腿和砌墙。

b　掘砌基础与水沟

先清理两帮底板浮石，再按设计宽度和深度用风镐挖出基坑及水沟。岩石特别坚固时，可打浅孔、少装药将岩石爆破松动后再挖。有时可先不挖水沟，待以后再掘砌。基坑内的积水要排净，并经测量后再浇灌混凝土。

c　砌墙

砌混凝土墙要根据巷道中心线和腰线组立模板，分层浇灌（图 5－14）。

d　砌拱

墙砌好后，依次拆除棚架，拆除棚架要注意安全，必要时打顶柱支护好顶板，然后组立模板。浇灌混凝土时，由拱基线开始，从两侧向中心对称浇灌混凝土，直至砌完。

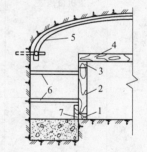

图 5－14　混凝土墙的施工
1—底梁；2—立柱；3—托梁；4—横梁；
5—临时支架；6—撑木；7—模板

e　拆模清理

浇灌混凝土后，需要养护一段时间才能拆除碹胎和模板。按《矿山井巷工程施工及验收规范》的规定，巷道内的混凝土碹胎的拆模期一般不得小于 5 天。拆下模板应洗刷、整理；当砌墙浇灌表面有蜂窝麻面等现象时，应及时处理。

混凝土施工中，浇灌混凝土的工作量很大，劳动强度也很大，特别是浇灌拱顶时难度更大，不太好施工。因此，需要解决混凝土施工的机械化问题。现在多用机械化混凝土施工。

金属矿山采用的混凝土搅拌输送机，主要由上料装置、搅拌装置、输送管路、车架斗组成。通过上料装置将沙、石和水泥装入搅拌筒中，再在搅拌筒中加水进行搅拌，然后利用压风把搅拌好的混凝土通过管道直接输送到支护地点的模板中进行灌模，可实现混凝土的搅拌、输送、灌筑的机械化，有一定的优越性。

5.3.2.3　锚杆支护

锚杆是一种锚固在岩体内部的杆状支架。用来支护巷道时，先向巷道围岩钻孔，然后在孔内安装由金属或木材等制成的杆件，将围岩加固起来，在巷道周围形成一个稳定的岩石带，使支架与围岩共同起到支护作用。但是锚杆不能防止围岩风化，不能防止锚杆与锚杆之间裂隙岩石的剥落。因此，往往需要再与金属挂网或喷射混凝土的方法联合使用，如锚喷或喷锚网联合支护。

A　锚杆的种类

国内外使用的锚杆种类很多，按其设置方式可分为点荷载式、全面胶结式、全杆摩擦式三种，每种又分为不同的类型，见表 5-9。

表 5-9　锚杆的分类

设置方式	锚固原理	锚杆的形式		图　示
		基本型	实用型	
点荷载式	机械锚固	楔缝型	楔缝型	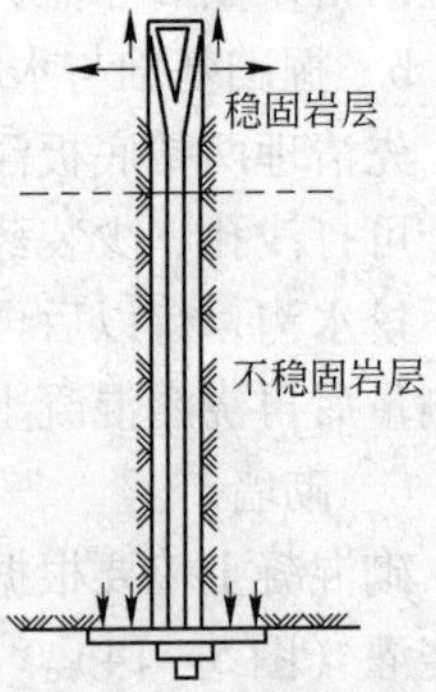 稳固岩层　不稳固岩层
			双楔型	
			楔缝-胀圈混合型	
		胀圈型	胀圈型	
			双胀圈型	
			异型胀圈型	
		爆固型	用炸药爆炸固定锚杆	
	用胶结剂锚固	头部胶结型	用环氧树脂胶结	
			用聚合酯树脂胶结	
全面胶结式	使用化学剂或水泥锚固	全钻孔充填型	用混凝土胶结	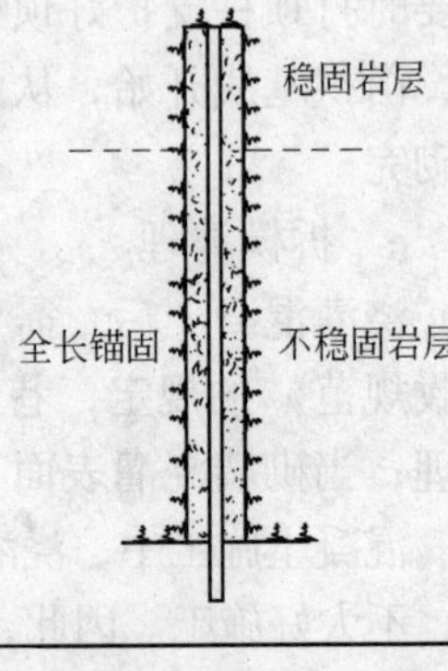 稳固岩层　全长锚固　不稳固岩层
			用水泥浆胶结	
			用水泥砂浆胶结	
		全面胶结型	用环氧树脂胶结	
			用聚合树脂胶结	

续表 5 - 9

设置方式	锚固原理	锚杆的形式		图 示
		基本型	实用型	
全杆摩擦式	挤压孔壁产生摩擦力锚固	全钻孔	开缝高强铜管	全长锚固　不稳固岩层　稳固岩层

B 几种常用锚杆

常用的锚杆有金属楔缝式锚杆、金属倒楔缝式锚杆、钢筋砂浆锚杆、摩擦式锚杆和楔管式锚杆。此外还有树脂锚杆、液压胀壳式锚杆等（表 5 - 10）。

表 5 - 10 主要锚杆种类及适用范围

锚 杆 种 类		规格/mm	设计锚固力/kN	使用范围
金属锚杆	金属楔缝式锚杆	$\phi = 18 \sim 22$ $L = 1400 \sim 2000$	>39.2	适用于井下永久性工程或采区主要巷道硐室
	金属侧楔式锚杆	$\phi = 12 \sim 16$ $L = 1200 \sim 2300$	>39.2	
砂浆或胶结剂锚杆	钢丝绳砂浆锚杆	$\phi = 10 \sim 14$ $L = 1200 \sim 2300$	>49	
	钢筋砂浆或胶结剂锚杆	$\phi = 10 \sim 16$ $L = 1200 \sim 2300$	>49	
摩擦式锚杆	开缝式钢管锚杆	$\phi = 38 \sim 41.5$ $\delta = 2.0 \sim 2.5$ $L = 1200 \sim 2100$	>39.2	井下各种巷道、硐室

a 金属楔缝式锚杆

金属楔缝式锚杆是由杆体、楔子、垫板和螺帽组成（图 5 - 15），其中楔子和杆头组成锚固部分，垫板、螺帽和杆体下部组成承托部分。

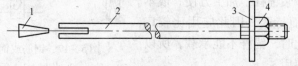

图 5 - 15 金属楔缝式锚杆
1—楔子；2—杆体；3—垫板；4—螺帽

杆体一般用 T_3 号钢制成，直径为 18～22mm，头部有长 150～200mm，宽 3～5mm 楔缝，尾部长 100～150mm 一段加工成螺纹。楔子用软钢或铸铁制成，一般长 140～150mm，其宽度等于杆体直径或略小 2～3mm。根据岩石坚硬程度选取楔子厚度，一般为 19～25mm，楔子尖端厚度取 1.5～2mm。垫板常用厚为 6～10mm 钢板作成正方形，其边长为 140～200mm，有时也可以用铸铁制成各种形状的垫板，以适应凹凸不平的岩面。

安装时，先把楔子插入楔缝中送入孔底，然后在杆体外露端加保护套，在不断地撞击下，楔子挤入楔缝而使杆体端部张开与眼座围岩挤压固紧。最后在锚杆的外露端套上垫板，将螺帽拧紧。金属楔缝式锚杆结构简单，加工容易，使用可靠，锚固力大，但不能回收，孔深要求比较严格，在软岩中使用的可靠性差。

b　金属倒楔式锚杆

金属倒楔式锚杆是由杆体、固定楔、活动倒楔、垫板、螺帽组成，如图 5-16 所示。

杆体一般用 $\phi16mm$ 的圆钢制作，固定楔、倒楔、垫板都可用铸铁制作。

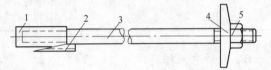

图 5-16　金属倒楔式锚杆
1—固定楔；2—倒楔；3—杆体；4—垫板；5—螺帽

安装时，先将倒楔头下部和杆体绑在一起轻轻插入钻孔中，然后用锤击打倒楔尾部，即将锚杆固定，最后套上垫板，拧紧螺帽，安装完成。

这种锚杆比楔缝式可靠，对钻孔要求不严格，可以回收，结构简单，易于加工，在金属锚杆中是比较方便和好用的一种形式。

c　钢筋（钢丝绳）砂浆锚杆

这种锚杆（图 5-17）是一种全面胶结锚杆。施工时，先向孔内灌注水泥砂浆，然后插入钢筋。这类锚杆是用砂浆与钢筋、围岩之间的黏结力来阻止围岩的变形，起到锚固围岩的作用。

锚杆钢筋一般为直径 16～20mm 的光面或螺纹钢筋。砂浆材料采用 325 号以上水泥和中沙配制而成，配比为 1:1～1:1.2（质量比），水灰比为 0.38～0.4。砂浆用手可捏成团，但挤不出浆，松手不散开，其标号在 200 号以上。

我国矿山还广泛采用钢丝绳砂浆锚杆。这种锚杆利用废旧钢丝绳经除锈去油和破股平直后，取直径为 10～19mm 的绳股，先插入孔内，后注砂浆固结而成。锚杆既利用了废旧钢丝绳，又取得了良好的支护效果。

钢筋或钢丝绳砂浆锚杆，加工方便，成本比较低，锚固力大而持久，因此应用比较广泛。但砂浆没有硬化时，锚杆不能承载，所以在围岩破碎处不宜使用。

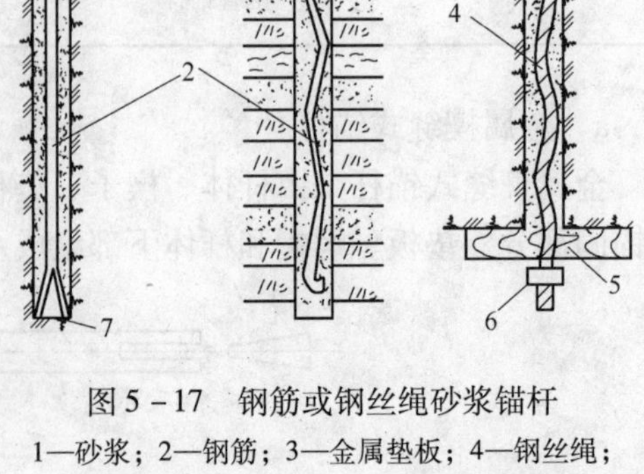

d　摩擦式金属锚杆

图 5-17　钢筋或钢丝绳砂浆锚杆
1—砂浆；2—钢筋；3—金属垫板；4—钢丝绳；
5—木托板；6—卡子；7—金属楔子

摩擦式金属锚杆（又称管缝式锚杆、开缝式锚杆等）。摩擦式金属锚杆是国外 20 世纪70年代后期发展起来的新型锚杆。这种锚杆具有新的工作原理和良好的力学性能，结构简单，制造容易，安装方便，质量可靠，经济效果明显，具有广阔的发展前途。我国铜陵地区的冬瓜山铜矿，目前就大量使用这种金属锚杆。

这种锚杆是由一条沿纵向开缝的高强钢管制成，故又称开缝式钢管锚杆。其顶部呈锥形，以利于安装；尾部焊有钢环，用以支托与岩面紧密接触的垫板，对岩石提供支撑抗力。锚杆材料一般为16Mn和20MnSi钢，管壁厚2.0~2.5mm，管径38~41.5mm，开缝14mm，其结构如图5-18所示。钢垫板采用T_3号钢，其尺寸为150mm×150mm×6mm，锚杆长一般为1.2m、1.5m、1.8m和2.1m。

安装时，缝管被强行压入直径比管外径小2~3mm的钻孔中，依靠优质钢管的弹性变形恢复力而与孔壁紧紧挤压，在杆体全长范围内向孔壁岩石施加径向应力，产生阻止岩层离层滑移的摩擦阻力，垫板也产生支承压力，使围岩处于三向受力状态，达到稳定。

缝楔锚杆主要技术特点是：

(1) 结构简单，安装简便，立即可以生成锚固作用；

(2) 锚杆全长受力，锚固可靠；

(3) 当钻孔有横向位移时，锚固力更大，且锚固力随时间而增长；

(4) 作为永久支护，须增加防锈蚀措施，如锚杆孔全长灌浆。

安装设备一般采用气腿式凿岩机或向上式凿岩机。安装时，凿岩机与锚杆间有一联结器（图5-19），联结器套在钎子前端，凿岩机通过联结器将锚杆锚入孔中。

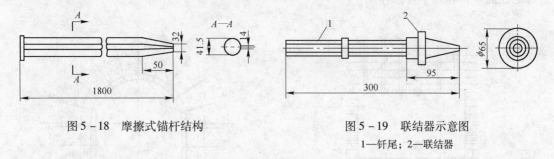

图5-18 摩擦式锚杆结构   图5-19 联结器示意图

1—钎尾；2—联结器

安装每根锚杆约需1min左右。楔管式锚杆可以说是缝管锚杆的一种变形，主要是在缝管锚杆的顶端增加一个楔块锚固头，安装时最后要将钢钎插入锚管内，用凿岩机冲击并楔紧锚固头。与缝管锚杆相比，其锚固力更大，但成本和安装工作量有所增加。楔管式锚杆适用于对锚固作用要求较高的工程。

C 锚杆支护作用原理

(1) 悬吊作用。在块状结构或裂隙岩体中使用锚杆，可将软弱或不稳定岩层吊挂在比较坚固的岩层上，从而防止离层脱落，如图5-20 (a) 所示；也可把节理弱面切割形成岩块联结在一起，阻止其沿弱面转动或滑移塌落，如图5-20 (b) 所示。

(2) 组合梁作用。在层状结构岩层中，把层状顶板看作由巷道两边的壁作为支点的一种梁，这种梁支承巷道上部的岩石荷载。锚杆锚入层状岩层后，将薄层岩石锚固在一起，形成组合梁（图5-21）。由于锚杆的锚固使各岩层相互挤紧，增大了岩层间的摩擦阻力，有效地防止了岩层间的错动，从而提高了岩层的强度和刚度，增强了围岩的稳定性，提高了围岩的承载能力。

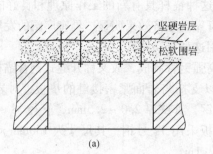
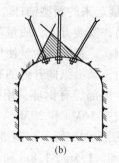

图 5 – 20　锚杆的悬吊作用

（3）加固拱作用。对于被纵横交错弱面所切割的块状或破碎状岩石，如果能及时按一定密度布置锚杆，就能提高岩体弱面的抗剪强度，在围岩周边一定厚度范围内形成一个不仅能维持自身稳定，而且能阻止上部围岩松动和变形起承载作用的拱，如图 5 – 22 所示，从而保持巷道的稳定性。此时锚杆作用给围岩施加的预应力平衡了岩石所产生的拉应力，因而可以防止裂隙的继续扩大。试验表明，它对松散岩石也能起到挤压、联结加固作用。巷道未开掘前岩石处于三轴受压状态，而开挖后巷道周边则处于二轴受压状态，因而自身强度大大降低，故易于破坏而丧失其稳定性。巷道周边打锚杆后，有些岩石又恢复三轴应力状态，因而增加了自身强度。另外，锚杆还可以增加岩层弱面的剪切阻力，使围岩稳定性提高，起到了补强作用。

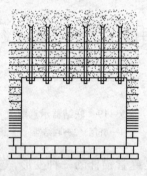

图 5 – 21　锚杆的组合梁作用

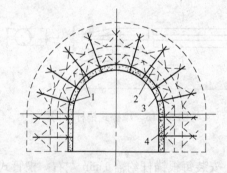

图 5 – 22　锚杆加固拱作用
1—锚杆；2—岩体组合拱；
3—喷混凝土层；4—岩体破碎区

以上列举了锚杆的三种作用，实际上各种作用都不是单独存在的，而是综合在一起共同起作用。但根据不同条件，其中的某一种作用则可能是主要的。如在松软围岩上部有坚硬完整的岩体，以及用锚杆加固局部危岩时，悬吊作用是主要的；梯形巷道中用锚杆加固层理明显的沉积岩时，组合梁的作用是主要的；拱形巷道、硐室中用锚杆加固块状或较破碎的围岩时，加固拱的作用则是主要的。

　　D　锚杆参数与布置

　　锚杆参数是指锚杆直径、长度、布置间距等。当前锚杆参数设计理论尚不成熟，主要根据经验和工程类比法选择锚杆参数，必要时可根据经验公式进行验算。表 5 – 11 为国内几个冶金矿山使用锚杆支护的实例。

表 5-11 国内几个冶金矿山使用锚杆支护的实例

单位	工程名称	跨度/m	地质条件	支护类型	锚杆长度 L/m	锚杆间距 D/m	锚杆长度与巷道跨度比	D/L
梅山铁矿	破碎机硐室	10.5	高岭土化安山岩、砂化宝山岩	喷锚网	2.5~3.0	0.8	1/4~1/3	0.31~0.37
	副井运输道	4.0	高岭土化安山岩、凝灰角砾岩	喷锚	1.5	1.0	1/2.6	0.66
金山店铁矿	破碎机硐室	11.5	节理不发育石英闪岩	喷锚网	2.5~3.0	0.86~1.0	1/4	0.4
	运输巷道	4.0	节理间充填高岭土、绿泥石的石英闪长岩	喷锚	1.5	1.0	1/2.6	0.66
南芬铁矿选矿厂	泄水洞	3.4	钙质、泥质、碳质页岩与石英岩、泥灰岩互层	喷锚	1.5	1.0	1/2.3	0.66
中条山铜矿	电耙道	3.1	节理较发育的大理岩	喷锚	1.6	1.0	1/2	0.62

锚杆的长度一般为 1.5~3.0m，锚杆间距不宜大于锚杆长度的二分之一，Ⅳ、Ⅴ 类围岩中的锚杆间距一般为 0.75~1.0m，并不得大于 1.25m。

锚杆布置主要依据围岩性质而定，可排列成方形或梅花形。方形适用于较稳定岩层，梅花形适用于稳定性较差的岩层，其布置如图 5-23 所示。

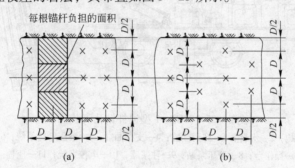

图 5-23 锚杆在岩面的布置
(a) 方形布置；(b) 梅花形布置

锚杆插入方向在横断面上，应与岩体主结构面垂直布置；当主结构面不明显时，可与周边轮廓垂直布置。喷射混凝土层不稳时设置局部锚杆。

E 锚杆的安装与检验

a 锚杆的安装

为了获得良好的支护效果，一般多在爆破后即安装顶部锚杆。现场多采用气腿凿岩机或向上式凿岩机钻孔，手工安装锚杆。当围岩稳定时，也可以在爆破后先喷混凝土，待装岩后再用锚杆钻孔安装机进行支护工作，或者掘进与打锚杆孔、安装锚杆平行作业，即在装岩机后面用锚杆钻孔安装机进行支护。

灌注水泥浆多采用锚杆注浆罐。这类设备较多，但都大同小异，因其结构简单，各地现场都可自制。图 5-24 为 MJ-2 型锚杆注浆罐。

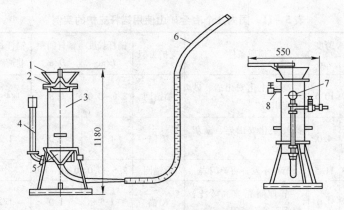

图 5-24　MJ-2 型锚杆注浆罐

1—受料漏斗；2—钟形阀；3—储料罐；4—进风管；5—锥管；6—注浆管；7—压力表；8—排气管

　　为了提高锚杆安装机械化程度，常使用如 MGJ-1 型锚杆钻孔安装机。它将钻孔、安装、注浆三工序集一身，其结构如图 5-25 所示。

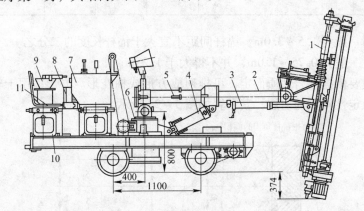

图 5-25　MGJ-1 型锚杆钻孔安装机

1—工作机构；2—大臂；3—仰角油缸；4—支撑油缸；5—液压管路系统；6—车体；
7—操作台；8—液压泵站；9—注浆罐；10—电控系统；11—座椅

　　这种设备的优点是机械化程度高。但采用轨轮式台车，大臂较短，必须在装岩后才能进入工作面，不能及时维护顶板，只有在装岩后才能发挥设备能力。

　　b　锚杆安装的质量检验

　　为了保证锚杆支护质量，必须对锚杆施工加强技术管理和质量检查、主要检查锚杆孔直径、深度、间距、排距以及螺帽的拧紧程度，并对锚杆的锚固力进行抽查检验。如发现锚固力不符合设计要求，则应重新补打锚杆。

　　锚杆锚固力试验，一般可采用 ML-20 型拉力计（图 5-26）或其他锚固力试验装置进行。

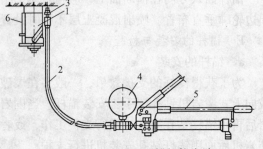

图 5-26　ML-20 型锚杆拉力计

1—空心千斤顶；2—油管（胶管）；3—胶管接头；
4—压力表；5—手动油泵；6—标尺

ML-20型拉力计的主要部件是一个空心千斤顶和一台SY4B-1型高压手摇泵，其最大拉力为196kN，活塞行程100mm，质量12kg。试验时，用卡具将锚杆紧固于千斤顶活塞上，然后将高压胶管与手摇泵连接起来，摇动油泵手柄，高压油经胶管达到拉力计的油缸，推动活塞拉伸锚杆。压力表读数乘以活塞面积即为锚杆的锚固力。锚杆位移量可从活塞一起移动的标尺上直接读出。拉拔实验时，除检验锚固力外，在规定的锚固力的范围内要求锚杆的拉出量不超过允许值。

对钢筋（钢丝绳）砂浆锚杆，还必须进行砂浆密实度试验。选取内径为38mm，长度与锚杆相同的钢管或塑料管三根，将管子一端封死，按与地面平行、垂直、倾斜方向固定，然后向管内注砂浆（砂浆配合比与施工相同），同时插入钢筋。经养护一周后，将管子横向断开，纵向剖开，检查钢筋位置及砂浆密实程度。

5.3.2.4 喷射混凝土支护

A 喷射混凝工艺

喷射混凝土是按一定比例配合的水泥、沙、石子和速凝剂等混合均匀搅拌后，装入喷射机，以压缩空气为动力，使拌和料沿输料管吹送至喷头与水混合，并以较高的速度喷射在岩面上凝结化而成高强度和与岩石紧密黏结的混凝土层，其工艺流程如图5-27所示。现就供料、供水和供风三个系统来说明。

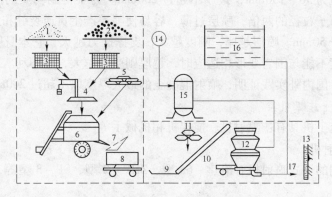

图5-27 喷射混凝土工艺流程

1—沙子；2—石子；3—筛子；4—计量器；5—水泥；6—搅拌机；7—筛子；
8—料车；9—料盘；10—上料机；11—速凝剂；12—喷射机；
13—受喷面；14—压风机；15—风包；16—水箱；17—喷头

（1）供料。沙子1和石子2通过筛子3按配合比重过秤量，然后进入搅拌机6中。沙、石、水泥经搅料机充分搅拌后，把混合料倒进料车8中，由料车运至作业面，再把混合料卸进上料机的料盘内，经上料机10进入混凝土喷射机12。

（2）供水。靠水箱16通过供水管路压送至喷头17。

（3）供风。由空压机出来的压风进入，风包15经供风管进入混凝土喷射机12中。混凝土喷射机里的混合料在压缩空气推动下，通过输料管送到喷头17，在喷头处混合料与压力水混合，喷射出去。上面工艺流程是一般常用的，实际工程需根据性质和施工条件等适当改变。

喷射混凝土有较高的强度、黏结力和耐久性。它广泛用于井巷工程中，具有机械化程度高、施工速度快、材料省、成本低、质量好的优点，是一种有发展前途的新型支护形式。

喷射混凝土按其施工的工艺分为两种：一种是干式喷射，即水泥、沙、石的干拌和料在喷头处与水混合，然后喷射到岩面上；另一种是湿式喷射，即干拌和料在喷射机中与水混合，再经喷头喷射出去。干式喷射是目前使用最多的，它的主要问题是回弹率高，粉尘大，作业条件差。湿式喷射回弹和粉尘都较少，只是喷射工艺和设备尚不完善，还有待进一步研究。

B　喷射混凝土支护的作用机理

现在普遍认为喷射混凝土的作用机理是：喷射混凝土使岩层和喷射混凝土共同形成承载结构，提高了围岩自身稳定性和支撑能力，同时喷射充填了张开的节理、裂隙、岩缝及岩面的凹陷处，其作用相当于砌体中砂浆的黏结作用；喷射混凝土能阻止岩石节理和裂缝渗水，从而防止节理形成通道，可避免水和空气对围岩的风化破坏作用；喷射混凝土与岩石黏结力和混凝土本身的抗剪强度，能阻止松散岩块从顶板上垮落下来；较厚的喷射混凝土层还可密闭成拱形构件，起结构支撑作用。这四个方面的作用机理已经被多年来的工程实践所证实。

C　喷层厚度的确定

喷层厚度一般为 50 ~ 150mm，最厚不超过 200mm。为了得到均质的混凝土，喷层的最小厚度不小于石子粒径的两倍，喷层过薄，容易使喷层产生贯通裂缝和局部剥落，所以最小厚度不宜小于 50mm。喷层越厚，刚度越大，支撑抗力越大，它本身所受的荷载也越大。当喷层的刚度不能与围岩变形相适应时，越厚则受力越大，越不利。厚度过大在经济上也是不合理的。国内外实践证明，喷射混凝土的最大厚度以不超过 200mm 为宜。

D　喷射混凝土施工机具

喷射混凝土施工机具有：喷射机、搅拌机和机械手等。

a　混凝土喷射机

目前国内常用的干式喷射机有冶建 - 65 型、ZHP - 2 型、SP - 3 型等，它们的技术性能特征见表 5 - 12。

表 5 - 12　几种主要混凝土喷射机的技术性能

项　目	冶建 - 65 型	ZHP - 2 型	SP - 3 型
生产能力/m³·h⁻¹	4	4 ~ 5	2 ~ 5
骨料最大粒径/mm	25	25	25
输料管内径/mm	50	50	50
压气工作压力/MPa	0.1 ~ 0.6	0.3 ~ 0.5	0.1 ~ 0.45
压气消耗量/m³·min⁻¹	7 ~ 8	5 ~ 10	6 ~ 10
电动机功率/kW	2.8	4	4
向上输送距离/m	40	60	60
水平输送距离/m	200	200	160
自重/kg	1100	650	700
外形尺寸/mm × mm × mm	1650 × 850 × 1630	1800 × 850 × 1300	1390 × 890 × 952

冶建–65 型双罐式喷射机的工作原理如图 5–28 所示。

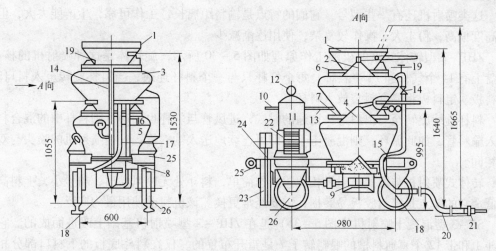

图 5–28　冶建–65 型双罐式喷射机

1—料斗；2—上钟形阀门；3—上罐；4—下钟形阀门；5—下罐；6—上密封圈；7—下密封圈；

8—辅料盘；9—减速箱；10—主风管；11—油水分离器；12—安全阀；13—供风管；

14—旋塞阀；15—吹料管；16—助吹管；17—辅助气管；18—喷出弯管；19—排气阀；

20—输料管；21—喷头；22—电动机；23—带轮；24—皮带；25—车架；26—车轮

　　工作时，先关闭下钟形阀，使干混凝土混合料通过漏斗落入上罐中，然后关闭上罐排气阀，上罐充气。待上下罐内压气压力相等时，下钟形阀靠自重自动打开，混合料落入下罐中，下罐底部的输料装置将混合料均匀地送入喷射机输料管。待上罐混合料全部落入下罐后，关闭上罐进气阀，打开排气阀将上罐压气排掉，同时下罐的钟形阀将自动关闭，待上罐压气排出后，上罐钟形阀自动打开，可以再次进料，如此循环使喷射机连续工作。施工时，如果需要在混凝土干料中掺入速凝剂，可开启速凝剂注入阀门，速凝剂即可均匀掺入混合料中。

　　混合料与压气混合后在输料管中呈紊流运行，当达到喷嘴时，水从进水管通过进水阀门和水环瞬间均匀掺入混合料中。

　　喷头的作用是使高压水与混凝土干料均匀混合后的料束高速射向岩面。喷头形式很多，一般由喷头体、水环、拢料管组成，如图 5–29 所示。

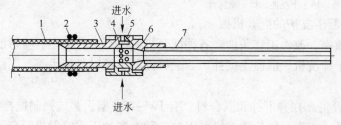

图 5–29　喷头的结构

1—输料软管；2—3 号铁丝；3—胶管接头；4—喷头座；5—水环；6—拢料接头；7—拢料管

　　喷头的水量由进水阀控制，经水环上两排 $\phi 1\sim 1.5\mathrm{mm}$ 的小孔变成雾状，并在此与干料混合。料管多为 $\phi 45\mathrm{mm}$、长 $500\mathrm{mm}$ 的塑料管，以保证水与混合料的混合时间，减少粉尘含量。喷头由人工操作或用机械手操作。

这类喷射机还有一些型号，它们的特点是输料距离长，工作可靠，生产能力大，但上料高度偏高，粉尘大，操作较复杂，使用逐渐减少。

ZHP-2型转体式喷射机的工作原理如图5-30所示，旋转体是这种喷射机的核心，转盘上有14个气杯和14个料杯，每个气杯只与一个料杯连通，当料杯旋转至入料口时，拨料板、定料板将混合料袋放入料杯。

料杯继续旋转至与出料弯头连通的时候，进风管与气杯也相通，则料杯中的混合料被送入输料管，如此循环，则混凝土干料即可连续地送入输料管。这类喷射机的喷头与双罐式相同。

转体式喷射机与罐式喷射机相比，操作简单，料斗处无废风溢出，粉尘小，上料高度较低。它的缺点是密封胶板易磨损，需要经常更换。该机目前使用最为广泛。

SP-3型混凝土喷射机（图5-31）是在ZHP-2型喷射机基础上改进而成的。它的料斗1和带12个直通料槽的喂料转子7是错开布置的，仅在料斗底板的下料口部分相互重叠。通过减速箱3的齿轮使料斗内的搅拌叶片2与喂料转子同步旋转。

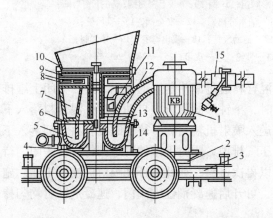

图5-30　ZHP-2型混凝土喷射机结构示意图
1—电动机；2—减速箱；3—行走部分；4—平面轴承；
5—旋转体；6—旋转板；7—上座体；8—配料盘；
9—定量板；10—搅拌器；11—进风管；12—出料头；
13—密封胶板；14—下座体；15—喷射管

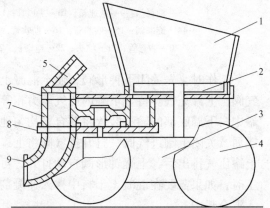

图5-31　SP-3型混凝土喷射机结构示意图
1—料斗；2—搅拌叶片；3—减速箱；4—车轮；
5—进气管；6—扇形胶板；7—喂料转子；
8—底盘；9—出料弯头

b　喷射混凝土支护的配套机械

为了提高效率，改善工作条件，各种配套机械已有多种使用。喷射混凝土支护的配套机械设备有石子筛洗机、混凝土搅拌机、上料设备、喷射机械手等。下面对这些机械设备做简单介绍。

（1）搅拌设备。在井下拌和混合料，有JW-200型涡浆式强制搅拌机，但因体积大、笨重，尚需改进。安Ⅳ型螺旋搅拌机可以与各种类型的干式喷射机配套使用。

（2）机械手。喷射混凝土时，回弹量大，粉尘多，劳动条件差。为了解决这一问题常用机械手。国产的机械手有HJ-1型简易机械手和液压机械手两种。

简易机械手（图5-32）工作时，喷射位置由人工调整手轮、立柱高度和小车位置实现。喷嘴摆动由电动机、减速器通过软轴带动，代替人进行混凝土喷射作业。

液压机械手如图 5-33 所示。它的特点是各动作部分均由液压驱动，机械手可在喷头后面控制进行喷射作业。

这两种机械手，在施工中可减轻劳动强度，改善作业环境，提高施工质量，但也存在一些问题，尚需要进一步改进和完善。

E 喷射混凝土的原材料及配比

喷射混凝土由水泥、沙、石子、水和速凝剂等材料组成。由于喷射混凝土工艺的特殊性，对原材料的性能规格要求与普通混凝土有所不同。

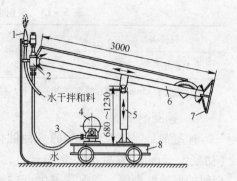

图 5-32 简易机械手示意图
1—喷嘴；2—回转器；3—软管；4—电动机；
5—伸缩立柱；6—回转杠杆；7—手轮；8—小车

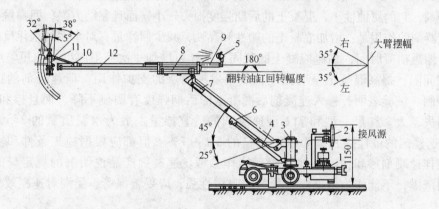

图 5-33 液压机械手示意图
1—液压系统；2—风水系统；3—转轴；4—支柱油缸；5—照明灯；6—大臂；7—回转油缸；
8—翻转油缸；9—伸缩油缸；10—摆角油缸；11—回转器；12—导向支撑杆

a 水泥

喷射混凝土要求凝结硬化快，早期强度高，一般选用普通水泥，为保证强度水泥标号一般不低于 425；也不能使用已经受潮或过期结块的水泥。

b 沙

以中粗沙为宜，尽量不用细沙。用细沙拌制混凝土的水泥用量大，易产生较大的收缩变形，而且过细的粉沙中含有较多的游离二氧化硅，危害工人的健康。沙的含水率一般控制在 6%~8%，含水率过大容易造成堵管。

c 石子

可用卵石或碎石。用碎石制成的混凝土密实性好，强度较高，回弹率较低，但对施工设备和管路磨损严重；卵石则相反，它表面光滑，对设备及输料管的磨损小，有利于远距离输料和减少堵管事故，工程中采用卵石的较多。

石子的最大粒径取决于喷射机的性能，双罐式和转体式喷射机，粒径不大于 20~25mm，并有良好的颗粒级配。喷射混凝土所用石子的合理颗粒级配见表 5-13。

表 5 – 13　喷射混凝土所用石子的合理颗粒级配

粒径/mm	5 ~ 7	7 ~ 15	15 ~ 25
百分率/%	25 ~ 35	45 ~ 55	< 20

注：将大于 15mm 的颗粒控制在 20% 以下，可以减少回弹，减少管路堵塞现象。

d　速凝剂

速凝剂是促使水泥早凝的一种催化剂。对它的要求是：加入后的混凝土凝结速度快（初凝 3 ~ 5min，终凝不大于 10min），早期强度高，后期强度损失小，干缩变化不大，对金属的腐蚀性小等。当前我国生产的红星一型和 711 型速凝剂基本上能满足喷射施工的要求。

但这两种速凝剂存在严重缺点，主要对施工人员腐蚀性大，混凝土后期强度低，一般要降低 30% ~ 40%，而且对水泥品种的适应性差。为了克服这些缺点，又研制出一种 782型速凝剂，它的腐蚀性小，混凝土的后期强度损失较小，而且黏结力强，回弹量少。

速凝剂的作用是：增加混凝土的塑性和黏性，减少回弹量；对水泥的水化反应起催化作用，缩短初凝时间，加速混凝土的凝固。这样可增加一次喷射厚度，缩短喷层间的喷射时间间隔，提高混凝土早期强度，及早发挥喷层的支护作用。但速凝剂的掺量必须严格控制。试验表明，掺入速凝剂后混凝土的后期强度有明显下降，而且掺和量越多，强度损失越大。红星一型和 711 型速凝剂的适宜掺量一般为水泥质量的 2.5% ~ 4%，782 型速凝剂的最佳掺入量为水泥质量的 6% ~ 7%。但都应根据施工条件和支护要求确定最佳速凝剂掺和量，外地经验只能作参考。速凝剂产品说明书的规定只能作为掺量控制范围，不能作为依据。速凝剂的吸湿性强，应妥善保管，受潮对速凝效果有显著影响。

e　配合比

喷射混凝土干料配合比的选择，应满足强度及喷射工艺要求，一般配合比（质量比）为 1∶2∶2（水泥∶沙∶石子）或 1∶2.5∶2。

F　喷射混凝土施工

a　喷射操作要求

（1）操作前应认真检查机器是否能够正常运转，发现问题及时处理。

（2）喷射机操作必须严格按操作规程进行。开机时，应先给风再开电动机，接着供水，最后送料；作业结束时，应先停止加料，待罐内喷料用完后再停止电动机运转，切断水、风。

（3）喷射作业前，先用高压风水清洗岩面，以保证混凝土与岩面黏结。开始喷射时，喷头可先向受喷面上下或左右移动喷一薄层砂浆，然后在此层面上，以螺旋状一圈压半圈的运动方式喷射混凝土。划圈直径以 100 ~ 150mm 为宜，如图 5 – 34 所示。喷射顺序是先墙后拱，自下而上，墙基脚要喷严填实。

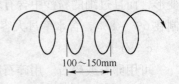

图 5 – 34　料束运动轨迹

b　主要工艺参数

主要工艺参数对回弹有很大影响，在施工中应该选择最优值。

（1）工作风压。工作风压是指保证喷射机能正常工作的压气压力，称为工作压力。工作风压与输料管长度、弯曲程度、骨料含水率、混凝土含沙率及其配比等有关。风压过大，回弹率增加；风压过小，粗骨料尚未射入混凝土层内即中途坠落，回弹率同样增加。回弹率加大后，不仅混凝土的抗压强度降低，而且成本增高。故工作压力过大过小，对喷射混凝土质量均不利。

喷射机的工作风压一般需要满足喷头的压力在 0.1MPa 左右。在喷射过程中，喷射机司机应与喷射手密切配合，根据实际情况及时调整风压。

（2）水压。水压一般比风压高 0.1MPa 左右，以利于喷头内水环喷出的水能充分湿润瞬间通过的拌和料。

（3）喷头与受喷面的距离和喷射方向。喷头与受喷面的距离，与工作风压大小有关。在一定风压下，距离过小，则回弹率大；距离过大，粗骨料会过早坠落，也会使回弹率增大。当距离在 0.8～1.0m，喷射方向垂直于工作面时，喷层质量最好，回弹量最小。因此，一般情况下应保持喷头喷射方向与受喷面垂直。

（4）一次喷射厚度和两次喷层之间的间歇时间。为了不使混凝土从受喷面发生重力坠落，一般喷射顺序是分段从墙脚向上喷射，并且自下而上一次喷厚逐渐减薄，其部位和厚度也是可按图 5-35 所示的方式进行。

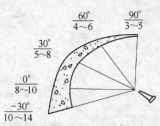

图 5-35　一次喷射厚度与喷头夹角间的关系
分子—喷头与在平面的夹角；
分母——次喷射厚度（cm）

掺速凝剂时，一次喷射厚度可适当增加。一次喷射厚度一般不应小于骨料最大粒径的两倍，以减少回弹。

若一次喷射达不到设计厚度，需要进行复喷时，其间隔时间因水泥品种、工作温度、速凝剂掺量等因素变化而异。在一般情况下，对于掺加有速凝剂的普通水泥，温度在 15～20℃时，其间隔时间为 15～20min；而对不掺加速凝剂时为 2～4h。若间隔时间超过两小时，复喷前应该先喷水湿润。

（5）水灰比。喷射混凝土的最佳水灰比为 0.4～0.45。当水量不足时，喷层表面出现干斑，颜色较浅，回弹量增大，粉尘飞扬；若水量过大，则喷面会产生滑移、下坠或流淌。合适的水灰比会使刚喷过的混凝土表面具有一层暗弱光泽，黏性好，一次喷厚较大，回弹损失也小。

c　喷射施工中的几个问题

（1）回弹。喷射混凝土施工中，部分材料回弹落地难免。但回弹过多，造成材料消耗量大，喷射效率低，经济效果差，还在一定程度上改变了混凝土的配合比，使喷层强度降低。因此，应减少回弹，并利用好回弹物。而回弹的多少，常以回弹率（回弹量与喷射量的百分比）来表示。在正常情况下，回弹率应控制在：侧墙不超过 10%，拱顶不超过 15%。

降低回弹率的措施可以采用合理的喷射风压、适当的喷射距离（喷头与受喷面之间）和水灰比，以及合理的骨料级配来解决。

回弹物的回收利用，可以作为喷射混凝土的骨料使用，但是掺加量不得超过骨料总量的 30%；另外也可以就地打水沟，做水沟盖板，以及用作其他低强度混凝土构件。

（2）粉尘。干式喷射混凝土的水是在喷头处加入的，水与干料的混合时间非常短促，不易拌和湿润，故易产生粉尘。装干料时或设备密封不良，也会产生粉尘，使作业条件恶化，影响喷射质量，有害工人健康，因此必须重视降尘工作。解决的主要途径是研制湿式混凝土喷射机，改喷干料为喷潮料（料流中水灰比为 0.25 ~ 0.35），在喷头处设双水环（图 5 - 36），在上料口安装吸尘装置，适当降低喷射风压，以及加强通风、稀释粉尘浓度等。

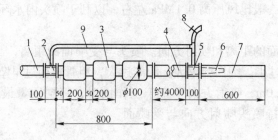

图 5 - 36　双水环和异径葫芦管

1，4—输料管；2—预加水环；3—葫芦管；5—喷头水环；

6—喷嘴；7—拢料管；8—水阀；9—胶管

（3）围岩涌水的处理。围岩涌水将使喷层与岩层的黏结力降低而造成喷层脱落或离层。在这些地区喷射时，先要对水进行处理。处理的原则是：以排为主，排堵结合，先排后喷，喷注结合。若岩帮仅有少量渗水、滴水，可用以压风清扫，边吹边喷即可；遇有小裂隙水，可用快凝水泥砂浆封堵，然后再喷；在有大面积裂隙压力水或漏水集中的地点，则单纯封堵是不行的，必须将水导出，如图 5 - 37 所示。首先找到水源点，在该处凿一个深约 10cm 的喇叭口，用快凝水泥净浆将导水管埋入，使水沿着导水管集中流出，再向管子周围喷混凝土，待混凝土达到相当强度后，再向导水管内注入水泥浆将孔封闭。若围岩出水量或水压较大，导水管一般不再封闭，而用胶管直接将水引入水沟。在上述各种方法都

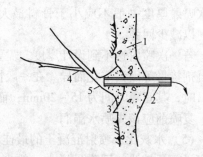

图 5 - 37　排水管法导水

1—喷射混凝土；2—排水管；3—快凝水泥净浆；

4—水源；5—空隙

不能奏效的大量承压涌水地点，可先注浆堵水，然后喷混凝土。

（4）喷层收缩裂缝的控制。由于喷射混凝土水泥用量大，含沙量较高，喷层又是大面积薄层结构，加入速凝剂后迅速凝结，这就使混凝土在凝结期的收缩量大为减少，而硬化期的收缩量明显增大，结果混凝土层往往出现有规则的收缩裂缝，从而降低了喷射混凝土的质量。

为了减少喷层的收缩裂缝，应尽可能选用优质水泥，控制水泥用量，不用细沙，掌握适宜的喷射厚度，喷射后必须按养护制度规定进行养护，在混凝土终凝后开始进行洒水养护；用普通水泥时，喷水养护时间不小于 7 昼夜，用矿渣水泥不小于 14 昼夜；只有在淋

水的地区或相对湿度达到95%以上，才不进行专门养护。必要时可挂金属网来提高喷射层的抗裂性。

d 施工平面布置与劳动组织

（1）喷射混凝土的作业方式。喷混作业方式分为掘喷平行作业、掘喷单行作业两种。

1）掘喷平行作业又分为两种：一种是掘进和喷射基本上有各自的系统和路线，互不干扰；另一种是以掘进为主，在不影响正常掘进的条件下，进行喷射作业。

2）掘喷单行作业。根据工作面岩石破碎程度、风化潮解情况和掘进喷射工作量大小，可区分为一掘一喷或二掘一喷、三掘一喷等。前者即一班掘进，下一班喷射；后者即连续二个或三个班掘进，第三或第四班进行喷射，但间隔时间不能过长。

（2）施工平面布置。喷射混凝土施工时的平面布置，主要指混凝土搅拌站和喷射机的布置方式，应根据施工设备、巷道断面和掘进作业方式等综合考虑确定。搅拌站有布置在地面和布置在喷射作业地点两种方式。搅拌站在地面布置，不受场地空间限制，可采用大型搅拌机提高搅拌效率，并可减少井下作业地点的粉尘量，但运输距离很长时，拌和料在运输过程中可能变质，影响喷射质量。搅拌站布置在井下作业地点，则可随用随搅拌，能保证拌和料的质量，但受井下作业空间的限制，一般只能采用小型搅拌机或人工拌料，工效低，粉尘大。

喷射机也有两种布置方式，一种是布置在作业地点（图5-38）。这种布置，喷射手与喷射机司机便于联系，能及时发现堵管事故等，但占用巷道空间大，设备移动频繁，使掘进工作面设备布置复杂化，对掘进工作有干扰，适用于巷道断面大或双轨巷道。

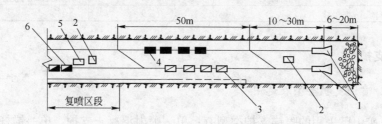

图5-38 喷射机布置在喷射作业地点示意图

1—耙斗装岩机；2—喷射机；3—空矿车；4—重矿车；5—小胶带上料机；6—混凝土材料车

另一种布置方式是喷射机远离喷射地点，且不随工作面的推进而移动，用延接输料管路的办法进行喷射作业（图5-39）。这种布置方式可少占用巷道空间，简化工作面设备布置，对掘进工作干扰小，便于掘、喷平行作业。但管路磨损量大，易产生堵管事故，适用于有相邻巷道、硐室可以利用的喷射站。

（3）劳动组织。喷射混凝土的劳动组织有专业队和综合队这两种形式。专业队有利于各工种熟练操作技术，保障施工质量、工程进度。但劳动力的配备与机械化程度、施工布置及掘进作业方式等因素有关。一般按参照表5-14配备。如用人工搅拌、人工上料，搅拌站和喷射机站的人员应适当增加。

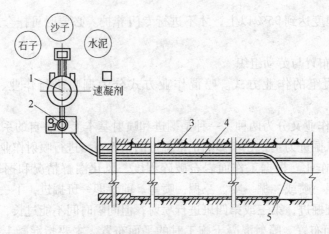

图 5 – 39　喷射机布置在硐口外示意图
1—搅拌机；2—喷射机；3—辅料管；4—供水管；5—喷头

表 5 – 14　喷射混凝土劳动组织

工作地点	工　种	出勤人数	岗位责任制
喷射工作面	喷射工	1	操纵喷头，协助接长管路
	信号工	1	负责信号联系、照明、协助喷射手工作
喷射机站	喷射机司机	1	操纵喷射机，协助检修设备
	机修工	(1)	负责检修设备及接长管路（兼职）
	组长	1	工作面指挥
搅拌池	搅拌机司机	1	操纵搅拌机
	配料工	2 ~ 4	按配合比向搅拌机供料
小　计		7 ~ 9	

5.3.3　喷锚支护

5.3.3.1　喷锚支护类型及选用

我国地下矿山已采用的喷锚支护类型有：单一喷射混凝土支护，单一锚杆支护，锚喷联合支护和喷锚网联合支护等。支护的类型选择应根据原岩应力状态和自然条件，注意发挥喷射混凝土层和锚杆的力学作用。支护类型选择是否合理，将直接影响锚杆支护的技术经济效果。

锚杆喷射混凝土支护时，锚杆加固深部围岩，喷射混凝土的作用在于封闭围岩，防止风化剥落，并和围岩结合在一起，提高岩体的承载能力。光弹模拟试验表明，用锚杆支护时，在两根锚杆之间的围岩表面附近会产生拉应力。如果岩石松软，在拉应力作用下，可能产生局部的破坏和掉块，而局部小块岩石的坠落又可能导致深部岩石的松动和破坏，这样将削弱岩石拱的稳定性和承载能力。因此，如果锚杆与喷射混凝土配合使用时，就可以防止局部岩块的松动和坠落，起到加固作用。锚杆、喷射混凝土互相取长补短加固围岩，与围岩共同形成一个统一的承载结构。进行锚喷支护是以锚为主，锚喷结合，先锚后喷，锚喷紧跟及时成巷。

实践证明，两次喷射施工法是行之有效的。第一次喷射混凝土厚 30~50mm 作为早期支护，允许围岩产生一定变形，释放地压，以利于围岩内应力的调整；待达到一定程度后，进行第二次支护以达到设计厚度，这样能获得良好的支护效果。至于如何控制两次喷射的间隔时间，要根据具体地质条件，通过试验确定。

在喷锚网支护中，钢筋网的作用在于提高喷射混凝土结构的整体性，使喷射混凝土层的应力均匀分布，以免应力集中，提高喷射混凝土抵抗机械和爆破运动的能力，防止个别围岩的冒落和消除因混凝土收缩而产生的裂纹。

钢筋网要按构造要求设计。钢筋直径一般为 6~12mm，直径过大，钢筋不能贴紧岩面，影响支护质量；钢筋间距一般为 200~400mm，如果过密，会增加回弹量，堆积回弹物，喷层中出现孔洞。喷锚网联合支护主要用于松散破碎的岩层中。

在不同岩层和跨度的井巷硐室中，喷锚支护的类型及参数，可用工程类比法参照表 5-15、表 5-16 选用，重要工程应进行工程测试和验算。

5.3.3.2 喷锚支护的优越性及适用条件

喷锚支护原理与传统支架的被动支护迥然不同，它具有很大的优越性。这些优越性是：

（1）施工的工艺简单，机械化程度高，劳动强度轻和有利于提高工效。

（2）施工速度快，为组织巷道的快速施工和一次成巷创造了有利条件。

（3）喷射混凝土能充分发挥围岩的自承能力，并与围岩构成共同承载整体，使支护厚度比砌碹的厚度减少 1/3~1/2，从而减少掘进和支护的工程量。此外，喷射混凝土施工不需要模板，还可以节约大量的木材和钢材。

（4）质量可靠，施工安全。因喷射混凝土层与围岩黏结紧密，只要保证喷层厚度和混凝土的配合比，施工质量容易得到保证。回喷射混凝土能紧跟掘进工作面进行喷射，能及时有效地控制围岩变形和防止围岩松动，使巷道的稳定性容易保持。经验说明，即使在断层破碎带，加金属网喷锚支护也能保证施工安全。

（5）适应性强，用途广泛。喷锚支护或喷锚网支护，不仅广泛应用于矿山井巷硐室工程，而且也大量用于交通隧道及其他地下工程；既适用于中等稳固的岩层，也可用于节理裂隙发育的松软破碎岩层；既可作为永久支护，也适用于临时支护。

喷锚支护尽管是一项适应性较强的先进支护技术，但也有一定的适用条件，而不能把它绝对化。事实证明，在严重膨胀性岩层、毫无黏结力的松散岩层以及含饱和水、腐蚀性水的岩层中不宜采用喷锚支护。此外，喷锚支护作为一种新的支护技术，还存在粉尘大，回弹率高，支护机理有待进一步研究等问题。

5.3.4 喷锚支护设计参考资料

5.3.4.1 冶金矿山喷锚支护围岩分类

冶金矿山喷锚支护围岩分类见表 5-15。

5.3.4.2 隧硐和斜井的锚喷支护类型和设计参数

隧硐和斜井的锚喷支护类型和设计参数见表 5-16。

表5-15　冶金矿山喷锚支护围岩分类

围岩类别	主要工程地质特征		岩体强度指标		岩体声波指标		毛硐稳定情况
	岩体结构	构造影响程度、结构面发育情况与组合状态	单轴饱和抗压强度 /MPa	点载荷强度 /MPa	岩体纵波波速 /km·s⁻¹	岩体完整性指标	
I	整体状或层间结合良好的厚层状结构	构造影响轻微，偶有小断层；结构面不发育，仅有两到三组，平均间距大于0.8m，以原生和构造节理为主，多数闭合，无泥质充填贯通，层间结合良好，一般无不稳定块体	>60	>2.5	>5	>0.75	毛硐跨度在5~10m时，长期稳定，一般无碎块掉落
II	整体状或层间结合良好的厚层状结构	构造影响轻微，偶有小断层；结构面不发育，仅有两到三组，平均间距大于0.8m，以原生和构造节理为主，多数闭合，无泥质充填贯通，层间结合良好，一般无不稳定块体	30~60	1.25~2.5	3.7~5.2	>0.75	毛硐跨度在5~10m时，围岩较长时间（数月至数年）维持稳定，仅出现局部小块掉落
	块状结构和层间结合较好的中厚层或厚层状结构	构造影响严重，有少量断层；结构面较发育，一般为三组，平均间距0.4~0.8m，以原生和构造节理为主，多数闭合，偶有泥质充填，有少量软弱结构面，偶有层间错动和层面张开	>60	>2.5	3.7~5.2	>0.5	
III	整体状或层间结合较好的厚层状结构	构造影响轻微，偶有小断层；结构面不发育，仅有两到三组，平均间距大于0.8m，以原生和构造节理为主，多数闭合，无泥质充填贯通，层间结合良好，一般无不稳定块体	20~30	0.85~1.25	3~4.5	>0.75	毛硐跨度在5~10m时，围岩能维持一个月以上的稳定，主要出现局部掉块、塌落
	块状结构和层间结合较好的中厚层或厚层状结构	构造影响严重，一般为少量断层；结构面较发育，一般为三组，平均间距0.4~0.8m，以原生和构造节理为主，多数闭合，偶有泥质充填，有少量软弱结构面，偶有层间错动和层面张开	30~60	1.25~2.5	3~4.5	0.5~0.75	

续表 5 – 15

围岩类别	岩体结构	主要工程地质特征 构造影响程度、结构面发育情况与组合状态	岩体强度指标 单轴饱和抗压强度/MPa	点载荷强度/MPa	岩体声波指标 岩体纵波波速/km·s⁻¹	岩体完整性指标	毛硐稳定情况
Ⅲ	层间结合良好的薄层和软硬岩相互层层结构	构造影响严重，结构面发育，一般为三组，平均间距0.2~0.4m，构造节理为主，节理面多数闭合，少有构造泥质充填；岩层为薄层以硬岩为主的软硬互层，层间结合良好，少见软弱夹层，层间错动和层面有张开现象	>60（软岩）>20	>2.5	3~4	0.3~0.5	毛硐跨度在5~10m时，围岩能维持一个月以上的稳定，主要出现局部掉块、爆落
	破裂相镶带状结构	构造影响严重，结构面发育，一般为三组，平均间距0.2~0.4m，构造节理为主，节理面多数闭合，少有构造泥质充填，块体间咬合	>60	>2.5	3~4.5	0.3~0.5	
Ⅳ	块状结构和层间结合较好的中厚层或厚层状结构	构造影响严重，有少量断层；结构面较发育，一般为三组，平均间距0.4~0.8m，以原生和构造节理为主，多数闭合，偶有泥质充填，贯通性差，有少量软弱结构面，层间结合好，偶有层间错动和层面张开	10~30	0.42~1.25	2~3	0.5~0.75	毛硐跨度在5m时，围岩能维持一个月稳定，主要失稳形式为冒落或片帮
	散块状结构	构造影响严重，一般为风化载荷带。结构面发育，多为三组，平均间距0.4~0.8m，以构造节理、卸荷、风化裂隙为主，贯通性好，多数张开，夹泥厚度一般大于结构面的起伏高度，咬合力弱，构成较多的不稳定块体	>30	>12.5	>2.0	>0.15	

续表 5 - 15

围岩类别	岩体结构	主要工程地质特征					毛洞稳定情况
		构造影响程度、结构面发育情况与组合状态	岩体强度指标		岩体声波指标		
			单轴饱和抗压强度 /MPa	点载荷强度 /MPa	岩体纵波波速 /km·s⁻¹	岩体完整性指标	
IV	层同结合不良的薄层、中厚层和软硬岩相互层结构	构造影响严重，构造面发育为三组以上，平均间距 0.2~0.4m，以构造、风化节理为主，大部分微张 0.5~1.0mm，部分张开（>1.0mm），有泥质充填，层间结合不良，夹泥、错动明显	>30（软岩）>10	>12.5	2~3.5	0.2~0.4	毛洞跨度在 5m 时，围岩能维持一个月稳定，主要失稳形式为冒落或片帮
	碎裂状结构	构造影响严重，多数为断层影响带或强风化带，结构面发育，一般三组以上，平均间距 0.2~0.4m，大部分微张（0.5~1.0mm），部分张开（>1.0mm），有泥质充填，形成许多碎块体	>30	>12.5	2~3.5	0.2~0.4	
V	散体状结构	构造影响很重，多数为破碎带、全强风化带、破碎带交会部位；节理杂乱，构造及风化节理密集；块体同多数为泥质状充填，甚至呈石英土状或夹石状			<2.0		毛洞跨度 5m 时，围岩稳定时间很短，约数小时至数日

注：1. 围岩定性分类与定量指标有差别时，一般应以低者为准。

2. 本表声波指标是以孔测法测试为准。若用其他方法测试，应对比试验进行换算。

3. 层状岩体按单层厚度可划分为：厚层，大于 0.5m；中厚层，0.1~0.5m；薄层，小于 0.1m。

4. 其他情况参见中华人民共和国国家标准《锚杆喷射混凝土支护技术规范》GBJ86—85。

5. 在一般条件下，确定围岩类别时，应以岩石单轴饱和抗压强度为准；当毛洞跨度小于 5m，服务年限小于 10 年，确定围岩类别时，可用点荷载强度指标代替岩石单轴抗压强度指标。

表 5-16 隧硐和斜井的锚喷支护类型和设计参数

毛硐跨度/m 围岩类别	B<5	5<B<10	10<B<15	15<B<20	20<B<25
I	不支护	50mm厚喷射混凝土	(1) 喷80~100mm混凝土; (2) 喷50mm厚混凝土时,设置2.0~2.5m锚杆	(1) 喷100~150mm混凝土; (2) 设置2.5~3.0m长的锚杆,配钢筋网	120~150mm厚钢筋混凝土,设3~4m锚杆
II	喷射50mm厚混凝土	(1) 喷80~100mm混凝土; (2) 喷50mm厚混凝土,设1.5~2.0m长的锚杆	(1) 喷120~150mm混凝土,必要时配钢筋网; (2) 喷80~120mm混凝土,设2~3m长锚杆,钢筋网	喷射120~150mm厚混凝土,设置2.5~3.5m长锚杆	喷射150~200mm厚钢筋网混凝土,设置3.0~4.0m长的锚杆
III	(1) 喷80~100mm混凝土,必要时配钢筋网; (2) 喷80~100mm混凝土,配钢筋网	(1) 喷120~150mm钢筋网混凝土,必要时配钢筋网; (2) 喷80~100mm混凝土,设1.5~2.0m长锚杆,配钢筋网	喷射100~150mm厚混凝土,设置2~3m长的锚杆	150~200mm厚钢筋网喷射混凝土,设置3~4m长的锚杆	
IV	喷80~100mm混凝土,设置1.5~2m长锚杆	喷100~150mm厚钢筋网混凝土,设置2~2.5m长锚杆,必要时采用仰拱	喷射150~200mm厚钢筋网混凝土,设置2.5~3m长锚杆,必要时采用仰拱		
V	喷120~150mm钢筋网混凝土,设置1.5~2m长的锚杆,必要时采用仰拱	喷150~200mm厚钢筋网混凝土,设置2.5~3m长锚杆,必要时采用架设钢架			

注: 1. 表中的支护类型如参数,指隧硐和倾角小于30°斜井的永久支护,包括初期和后期支护类型与参数。
2. 服务年限小于10年和跨度小于3.5m的隧硐和斜井,表中支护参数,可根据工程具体情况减少。
3. 复合衬砌的隧硐和斜井,初期支护采用表中的参数时,应根据工程的具体情况,予以减少。
4. 其他情况两种支护类型与参数,当隧硐顶部用第二种支护和参数,其他情况两种支护类型与参数均可用。
5. I、II类围岩中的隧硐和斜井,当边墙高度小于10m时,边墙喷射和锚筋网可不预设置,边墙喷射厚度取下限值;III类围岩中的隧硐和斜井,边墙高度小于10m时,墙的支护参数适当减小。

复习思考题

5 - 1　何谓巷道支护，支护的意义是什么，冶金矿山对巷道支护有何要求?

5 - 2　矿山巷道的支护材料有哪些，矿用混凝土又是由哪些材料组成的?

5 - 3　木材支护有哪些优缺点，其主要的适用情况是怎样的?

5 - 4　金属支架有何特点，它主要用在什么情况下支护巷道?

5 - 5　巷道混凝土现浇整体支护的一般施工顺序是怎样的?

5 - 6　井巷支护的锚杆种类有哪些，其作用原理和特点是什么?

5 - 7　何为喷射混凝土支护，对喷射混凝土支护的施工要求有哪些?

5 - 8　何为"喷锚网"联合支护，这种联合支护的作用效果是怎样的?

5 - 9　现代矿山的巷道支护究竟用到了哪些新材料、新工艺、新装备和新技术?

快速掘进和特殊施工法

【**本章要点**】：巷道掘进的机械化配套、快速施工、施工管理、特殊施工法。

　　巷道掘进需要使用多种工程机械设备才能实现快速施工，而快速施工又能达到什么水平？其机械化的配套程度和施工组织管理的情况是怎样的？若遇到较复杂的地质条件又应该采用什么方法来施工呢？这是本章将要涉及的三个课题。

6.1　掘进机械化和快速施工

6.1.1　平巷掘进机械化配套的意义和原则

　　平巷掘进机械化配套是指掘进施工过程中各主要工序所用的机械设备集中，使之能充分发挥每一施工机械的能力，形成配套好、效率高、生产能力基本均衡、相互适应、能连续生产的一条机械化作业线。

　　在确定机械化配套的方式和内容时，应考虑以下原则：

　　（1）首先要考虑各工序都要采用机械化作业，一般凿岩、装岩、调车运输和支护等主要工序，应基本上采用机械作业，以减轻笨重的体力劳动；

　　（2）各工序所使用的机械设备，在生产能力上应相互协调，避免因设备能力的不均衡，而影响某些设备能力的发挥（如装岩机和转载设备就要彼此适应）；

　　（3）掘进主要工序应该以顺序作业方式来考虑各种机械的规格和结构形式，配套的机械设备在能力和数量上都要有一定的备用量；

　　（4）应根据本单位操作技术水平、配件供应情况等确定配套方案。

6.1.2　平巷掘进机械化的配套方案

6.1.2.1　国内平巷掘进机械化配套方案

　　目前根据国内使用的凿岩、装岩、转载、运输等设备相互搭配的情况，可以构成多种机械配套方案，这些机械配套方案见表6-1。

　　目前常用的配套方案主要有以下几种：

　　（1）多台气腿凿岩机钻孔，蟹爪式装岩机装岩，梭式矿车转运，架线式电机车运输，在掘进中用激光指向仪定向。此方案在马万水工程队实践中取得成效。

　　（2）多台气腿凿岩机钻孔，用蟹爪-立爪式装岩机装岩，胶带转载机转载，架线式电机车牵引斗的容积为 $1.76m^3$ 的底卸式矿车运输，用激光指向仪定向。我国西南地区某汞矿月进千米的记录就是采用这一配套方案。

　　（3）双机液压轨轮式凿岩台车，装备轻型凿岩机钻孔，铲斗后卸式装岩机装岩，斗式转载车转载，架线式电机车牵引 0.6~1.0m³ 的侧卸式矿车运输，或梭式矿车转运。这一方案在某些金属矿山已取得良好的效果。

（4）三机液压轨轮式凿岩台车，配三台高频凿岩机钻孔，液压顶耙式装岩机或铲斗后卸式装岩机装岩，架线式电机车牵引，5m³ 以上梭式矿车转运。这一方案在红透山矿取得了成功经验。

表 6-1　国内部分平巷快速掘进队组机械化设备配套情况

工序名称	掘进施工单位			
	马万水工程队 1403.6m/月	某汞矿 1056.8m/月	湖南冶建公司二队 浦市磷矿 903.9m/月	宁夏燃化局基建公司建井队 759.2m/月
凿 岩	12 台 7655 凿岩机钻孔	6~7 台 7655 凿岩机钻孔（备用 7 台）	5~6 台 YT-25 凿岩机钻孔（备用 5 台）	322D-W 型（日本）凿岩机 7 台，另加 03-11 型风镐 1 台
装 岩	ZXZ-60 型蟹爪式装岩机 1 台	HG-120 型蟹爪-立爪组合式装岩机（生产率 120m³/h）	H-600 型装岩机 1 台，另备用 1 台	DZ-东方红耙斗装岩机 1 台（斗容积 0.18m³），电耙 2 台
转 载	8m³ 梭式矿车 2 台，7m³ 的 2 台，6.5m³ 的 2 台	D-2 皮带转载机（生产率 120m³/h）12~18 台，GQ-1 型过桥皮带转载机 1 台（生产率 120m³/h）	使用 4 台自制的拨车器调车	临时简易道岔（存放 1~2 个矿车）
运 输	ZK10~6/250 型架线式电机车 4 台，牵引上述梭式矿车运输	2 台 7t 架线式电机车，牵引容积为 1.76m³，K-2 型底卸式矿车	2.5t 蓄电池机车 2 台，牵引 0.15m³ 矿车 18 个，备用 6 个矿车	0.75m³，U 形翻斗式矿车 20 台，人力推车
通 风	JFD60-30 型局扇 4 台	11kW 流式通风机 6 台，使用 3~4 台，备用 2 台	局扇 28kW1 台，11kW 的 8 台（使用 6 台，备用 2 台），5.5kW 的 2 台（使用 1 台，备用 1 台）	
其 他	配有 JZY-Ⅰ 型激光指向仪 2 台	配 0.6m³ U 形翻斗清洁车 1 台，T-1 型卸载桥 2 套，8 座人车 7 台，3t 架线式机车 1 台，用激光仪按循环绘中、腰、帮、顶板线		

（5）三机液压轨轮式凿岩台车钻孔，大斗容耙斗式或立爪式装岩机装岩，折叠式可弯曲胶带转载机转载，电机车牵引普通矿车运输。

其他方案还有：三回转支臂凿岩台车配合外回转凿岩机、立爪式装岩机、梭式矿车转运或胶轮式三回转支臂凿岩台车配合外回转凿岩机、铲运机配套方式等。

6.1.2.2　国外平巷掘进机械化配套

国外平巷掘进机械化配套方式甚多，但是近年来主要趋向有三种：

（1）用两个或者三个回转支臂自行式或轨轮式凿岩台车，配备高频高效重型外回转凿岩机凿岩，蟹爪式或立爪式装岩机装岩，有轨的配以梭式矿车，无轨的配卡车或推出箱式卡车运输。

（2）采用2～3个回转臂柴油轮胎式凿岩台车，配以外回转重型凿岩机凿岩，铲运机装运。距离较大采用1台或几台铲运机加自卸卡车运输，这是近年来采用较多的而设备又少、效率高的配套方式。巷道断面为 $10～15m^2$，两个工作面，两人每班完成三个循环，循环进尺为3m。此配套方式是目前国外矿山的一个趋向。

（3）自行式多臂凿岩台车，配3～4台高频高凿岩机钻孔，正装侧卸式装岩机装岩，悬挂式胶带转载机或可弯曲胶带转载机转载，电机车牵引，矿车运输。此方案主要在德国采用较多。

上述（1）、（3）方式所用设备，可根据巷道断面大小，在其系列中合理选择，故在大中小巷道掘进中均可采用。而（2）方式，一般应用在大、中型巷道断面。

6.1.3　巷道掘进的快速施工实例

国内平巷快速掘进实例见表6-2，国内几个先进掘进队组在平巷掘进中所达到的指标，特别是马万水工程队的成功经验不得不让人震惊。马万水工程队曾经先后20次创造了平巷掘进（独头和多头）的世界纪录，1974年首创岩巷独头掘进2101.3m/月的先进水平，至今（已过三十多年）还没有被超越。

6.1.3.1　作业地点的地质概况

马万水工程队的这次施工地点在邯郸西石门铁矿尾矿库泄洪隧硐，硐长2080m，两个主平硐长1450m，掘进断面为 $6.7m^2$，以0.7%的坡度上行，硐口标高为356m。隧道穿过石灰岩（$f=7～8$）的长度为1061.6m，占两主平硐的75%，穿过页岩（$f=4～6$）的长度为342m，占24.4%，石灰岩距地表较近，岩石比较破碎，其中还有黄泥和页岩充填。

6.1.3.2　主要技术经济指标

总进尺	1403.6m
主巷（包括连接巷道）	1280.6m
硐室折合	123.0m
平均日进尺	45.3m
最高日进尺	52.7m
工作天数	31d
工时利用率	93.2%
总循环数	703 个
班最高循环	7 个
每循环平均炮孔数	30 个
炮孔平均深度	2.26m
炮孔利用率	88.5%
掘进直接工效	0.46m/（工·班）

材料消耗：炸药 $2.60kg/m^3$，雷管 4.04 个/m^3

表6-2 国内平巷快速掘进实例

序号	矿山名或组名	掘进时间 年	掘进时间 月	掘进方式	断面/m²	速度/m·月⁻¹	工效/m³·(工·班)⁻¹	岩石条件	设备情况	作业情况	备注
1	湖南冶金矿山井巷公司二队	1974	9	独头	6.0	903.9		板状页岩，南陀冰积层，磷矿石，$f=6\sim8$；$f=6\sim8$	YT-25型凿岩机5~6台（备用5台），H-600型装岩机1台，2.5t蓄电池机车1台（备用6个），0.75m³矿车18个（备用6个），28kW、11kW、5.5kW局扇分别为1、8、1台，拨车器2台（备用2台）	"四六"制作业，每班30人，全队120人，月工作31天；每班安设凿岩爆破组，装岩柱组，全支柱组，电工钳工主动配合主动协助	最高日进尺39.8m
2	某汞矿	1976	3	独头	6.6	1056.8		白云岩720m，$f=10\sim12$，硅化白云岩两段共长200m；$f=12\sim14$，石灰岩，白云岩长300m，$f=10$；破碎石灰岩$f=8$，两段长200m	7655凿岩机6~7台（备用7台），HG-120型蟹爪一立爪组合装载机1台，GQ-1型底卸式矿车13~19台，0.6m³清洁车1台，11kW局扇3~4台（备用2~3台），T-1铜载桥2套	采用"四六"制作业，全队分四个分队，各专职安全员，分队定员48人，采用多工序平行交叉作业，全月工作31天，实际工作627h23min，517个循环	最高日进尺49.8m
3	马万水工程队	1977	11.6~12.8（中间休息2天）	独头	6.7	1403.6	2.99	中奥陶纪石灰岩，$f=7\sim8$，下奥陶纪页汪岩，$f=4\sim6$，岩石破碎，有黄泥充填	使用7655凿岩机12台，ZXZ-60型蟹爪装岩机1台，梭车8m³2台，ZK10-6/250架线机车4台，JFD60-30局扇4台，JZY-1型激光指向仪2台	采用"四六"制作业，全月作业31天，实际作业时数692h52min，703个循环，全队共360人，每班92人，直接工65人，辅助工25人	最高日进尺52.7m
4	云锡公司掘进四队	1973	7	多头	平均3.05	1726	3.46	节理发育大理岩，矿化白云岩，白云岩，致密大理岩，$f=7$，原生大理岩化矿（$f=4\sim6$），中硬氧化矿（$f=10\sim12$）	YT-25型、YT-30型和YT-24型凿岩机15台，华-1型和H-600型装岩机7台，梭车2台，0.45m³U形矿车运输	采用"三八"制作业，分区多头依次作业，3人两个工作面，全队45人	
5	马万水工程队	1974	1	多头	平均5.05	2101.3	3.52	粘板岩，小白石英岩，$f=12\sim15$，$f=18\sim20$	YT-25型凿岩机6台，H-600形装岩机5台，把斗装岩机2台，梭车2台，0.75m³U形矿车多个，电机车运输	全队279人，会战组形式有五个中段同时施工，全月作业30天	
6	宁夏燃化基建公司贺兰井队贺兰山磷矿	1973	11	独头	5~7.25	759.2	平巷1.53 斜巷1.84	钙质和砂质磷块岩，鳞砾岩，砂质页岩等，$f=6\sim8$或$10\sim15$	322D-W型凿岩机（日本）7台，DZ-东方红耙斗装岩机1台，电耙2台，0.75m³U形矿车20个，电机车运输	全队由100名直接工和62名辅助工组成，"四六"制作业，每班完成5.3个循环，月完成640个循环，30个工作日	最高日进尺34.8m，其中斜巷384.2m

6.1.3.3　掘进工艺

（1）凿岩爆破。工作面用 7 台凿岩机钻孔，采取定人、定机、定位、定时间、定任务的制度，使用双路风水管和风管快速接头。钎头直径 40～42mm，一字形钻头，成品钎子长度 2.2～2.4m。在石灰岩中布置 30～32 个炮孔，页岩中布置 24～26 个炮孔，采用直线菱形掏槽，炮孔平均深度 2.26m，爆破效率 88.5%，平均进尺 2m。使用 2 号岩石炸药及胶质炸药。装药时，为了提高爆破效率，在掏槽孔、辅助孔及底孔各装一部分岩石炸药及胶质炸药，掏槽孔中胶质炸药量要装多一些。为保证安全，使用双雷管普通导火索起爆，点火棒引火。爆破后岩石块度为 100mm 下的占 90%，100～300mm 以上的仅占 10%，这种岩石块度有利于装岩工作。

（2）装岩、运输、卸载。使用 ZXZ-60 型蟹爪式装岩机装岩，并配梭式矿车转运。蟹爪式装岩机的设计生产能力，在硬岩中为 60m³/h。由于岩石块度小，操作熟练认真，并配备专人扒渣，生产率高达 140m³/h。运输采用 10t 架线式电机车牵引，渣石场用双道轮换卸载，推土机排渣堆。

（3）通风。工作面采用混合式通风。由于隧道中间开凿了措施井（1.5m×1.5m，长 23m），最长通风距离 450m。新鲜风流由 JFD-60-30 型轴流式通风机配 ϕ600mm 胶质风筒压入工作面，将废风吹离工作面 80～100m，再用 JFD-60-30 型轴流式通风机配 ϕ600mm 铁风筒抽出。

（4）临时支护。采用木支架，顶板允许空顶 10～30m，木棚先加工，井下组装，支护率 15.7%。

（5）测量与质量检查。测量用 JZY-1 型激光指向仪定向，测量工划出轮廓线，用经纬仪反复检查。经有关领导部门验收，符合设计标准。

（6）安全检查。该队坚决贯彻安全生产的方针，全面进行安全教育，并设专职和兼职安全员。划分顶板管理、爆破、装运和机械设备四大片，分别把关。全线使用信号灯、信号铃指示行车。每隔 30m 开一避炮硐，以保护人员和钻机的安全。

6.1.3.4　掘进循环图表及劳动组织

表 6-3 为马万水工程队设计掘进循环图表，但实际执行的结果是：最短循环时间为 45min，平均循环时间为 63.5min。

全队为综合掘进队，按专业工种分"四六"制作业，每班 90 人（其中直接工 25 人，包括：钻孔工 16 名，爆破工 5 名，装岩工 2 名，扒岩工 2 名），全队 360 人。

6.1.4　提高巷道掘进速度的途径

巷道掘进工作牵涉面广，影响快速掘进的因素很多。因此，提高掘进速度的措施也是综合的，它既有工艺技术方面的提高，又要进行掘进设备方面改进、配套，而且还应该有严密的劳动组织和科学的管理工作。

表6-3　马万水工程队掘进循环图表

工　序	时间 /min						
	0	10	20	30	40	50	60
准备工作	2						
装　岩	23		23				
凿岩准备	2			2			
凿　岩	20				20		
吹　孔	10					10	
装　药	4					4	
爆　破	6						6
通　风	3						3
接　轨	20				20		
接风水管	20		20				
架　线	20				20		

6.2　巷道施工的组织管理

　　巷道施工要达到快速、优质、低耗和安全的要求,除了合理选择先进的技术装备配套之外,正确选择作业方式,采用行之有效的施工组织与科学的管理方法也是很重要的组成部分。实践证明,一次成巷、多工序平行作业、正规循环作业、岗位责任制和综合工作队,都是组织快速施工、加强施工管理的有效措施。

6.2.1　一次成巷及其作业方式

　　巷道施工有两种方案:一种是分次成巷,另一种是一次成巷。分次成巷是先掘进,永久支护和水沟留在以后施工。这种方法使围岩长期暴露、风化、变形而破坏,收尾工作多,质量差,施工不安全,因而速度慢,效率低,材料消耗量大。一次成巷是把巷道施工中的掘进、永久支护、水沟等三部分工程视为一个整体,统筹安排,要求在单位时间内(按月)完成掘进、永久支护、水沟三部分工程(有条件的还应加上永久轨道的铺设和管线安装),做到一次成巷,不留收尾工程。由于掘进后能及时对围岩进行永久支护,不但作业安全,有利于保证支护质量,加快成巷速度,而且材料消耗和工程成本也显著降低。因此,我国矿山已经把一次成巷作为一项制度贯彻执行,评比考核以成巷指标为标准,按成巷验收进尺。

　　一次成巷施工方案,首先是在具有支护工程的巷道中使用。如果巷道不支护,只要同时完成了按工程设计要求的项目,也可称为一次成巷施工。特别是喷锚支护的应用,为一次成巷的推广开辟了新的前景。

　　由于地质条件、巷道断面尺寸、施工设备以及操作技术等条件的影响和限制,按照掘进和永久支护的相互关系，一次成巷施工法可分成平行作业、顺序作业、交替作业三种作业方式，施工中可根据巷道穿过岩层的地质条件、巷道断面大小、采用永久支护的材料和结构、施工装备情况、劳动组织及工人技术水平等情况进行选择。

6.2.1.1 掘进与永久支护平行作业

在同一巷道中掘进与永久支护在前后不同的地段同时进行，两者相距一般为 20~40m，该段距离内可采用临时支护。掘进与支护平行作业，施工平面布置如图 6 - 1、图 6 - 2 所示。

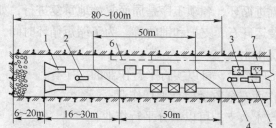

图 6 - 1 双轨巷道掘进与喷锚支护平行作业示意图

1—耙斗装岩机；2—混凝土喷射机；3—料车；4—混凝土喷射机（补喷加厚）；
5—上料机；6—掘砌水沟段；7—补喷加厚段

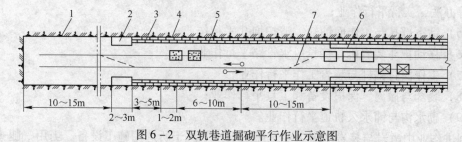

图 6 - 2 双轨巷道掘砌平行作业示意图

1—临时支架段；2—挖掘段；3—砌墙段；4—砌拱段；5—未拆碹段；6—掘砌水沟段；7—浮放道岔

这种作业方式成巷速度快，效率较高，但需要人员多，施工组织管理工作复杂，适用于围岩较稳定，掘进断面大于 8m^2，以免掘进与支护工作互相干扰，但使用喷锚支护不受此条件限制。

6.2.1.2 掘进与永久支护顺序作业

在同一巷道中，掘进与永久支护顺序进行，一般 10~20m 为一段，最大一段的距离不得超过 40m。当围岩不稳定时，应采用短段掘进与支护，每段长 2~4m，使永久支护尽量紧跟迎头。视围岩情况，采用喷锚支护时，也可采用一掘一喷锚、两至三掘一喷锚的组织方式。

这种作业方式需要人员、施工设备较小，施工组织管理工作简单，但成巷速度较慢。适用于巷道断面小，围岩不稳定等情况。

6.2.1.3 掘进与永久支护交替作业

交替作业也属单行作业施工组织方式。在两个或两个以上距离相近的巷道中，由一个施工队分别交替进行掘进、支护工作。

这种作业方式按专业分工，技术熟练、效率高，掘、支工作在不同巷道进行，互不干扰，可充分利用工时，但战线长，占用设备多，人员分散，不易管理。适用于井底车场及采区巷道，工作面相距不超过200m为宜，金属矿山采用较多。

6.2.2　施工组织

6.2.2.1　多工序平行作业

掘进工作的每一掘进循环，各项工序是周而复始地重复进行，如交接班、凿岩、装药连线、爆破、通风、装运矸石、支护和铺轨等。为了缩短循环时间，加快施工速度，应尽量组织上述各工序平行作业。

根据一些快速施工的经验，可以实行平行作业的工序有：

(1) 交接班与工作面安全质量检查平行作业；

(2) 凿岩、装岩与永久支护可以部分平行作业；

(3) 测中线、腰线与准备凿岩、铺设风水管路平行作业；

(4) 用铲斗装岩机装岩时，装岩后阶段可以与工作面中部以上炮孔钻凿平行作业；用耙斗装岩机装岩时，可用装左边岩，钻右边孔；装右边岩，钻左边孔；装后边岩，钻下部孔等办法，实行平行作业；

(5) 钻下部孔与工作面铺轨、清扫炮孔平行作业；

(6) 移动耙斗装岩机与接长风水管路平行作业；

(7) 工作面打锚杆与装岩工作平行作业；

(8) 装药与撤离、保护设备和工具平行作业；

(9) 砌水沟与铺永久轨道平行作业。

掘进作业中凿岩与装岩两道主要工序的安排取决于所选用施工设备。当用气腿式凿岩机钻孔、铲斗装岩机或耙斗装岩机装岩时，为缩短掘进循环时间，可以采用凿岩、装载平行作业。

随着大型、高效率掘进的设备出现，凿岩和装载顺序作业方式正在扩大使用，并日益显示出其优越性。但使用凿岩台车就难以实现钻孔与装岩平行作业；采用多台高效率凿岩机或凿岩台车以及高效率的装运设备时，凿、装作业的时间短，平行作业的意义不大。

凿岩和装载顺序作业具有作业单一，工作条件比较好，工效高，有利于发挥机械设备的效率。从国内国外井巷施工技术的发展趋势来看，必然将它越来越多地应用于大型高效率的掘进设备，顺序作业范围也将不断扩大。

6.2.2.2　正规循环图表的编制

巷道施工要完成多个工序。不管这些工序怎样，它们总是经过一定的时间周而复始地进行。如掘进钻孔、装药连线、爆破、通风、装运岩石、支护、铺轨等，每重复一次，就称为完成一个掘进循环。每个循环向前推进的距离，称循环进尺。完成一个循环所需的时间称为循环时间。

正规循环作业是指：在规定的时间内，按照作业规程、爆破图表和循环图表的规定，完成各工序所规定的工作量，取得预期的进度，并保证周而复始地进行施工。一个月中实际完成的循环数与计划的循环数之比，称为月循环率。一个月循环率应在90%以上。正规循环率越高，则施工越正常，进度越快。抓好正规循环作业是实现持续快速施工和保证安全的重要措施。

循环作业是以循环图表的形式表示，循环图表是组织正规循环作业的依据。它是把各工种在一个循环中所担负的工作量和时间、先后顺序以及相互衔接关系，用图表形式固定下来，使所有的施工人员心中有数，一环扣一环地进行操作，并在实践中进行调整，改进施工方法与劳动组织，充分利用工时，将每个循环所用的时间压缩到最小限度，从而提高巷道施工速度。

循环图表的编制方法如下：

（1）选择合理的施工与作业循环方式。在编制图表前，必须首先对各工序所需要的人数和时间进行调查，并根据巷道的断面、地质条件、施工任务和内容、施工技术装备水平等情况，进行综合考虑，选定一次成巷的作业方式。

循环方式可根据具体条件，采用每班一循环或每班2~3个循环。每班完成的循环次数应为整数。当求得的小班循环次数为非整数时，应调整为整数，即一个循环不要跨班完成。否则，不便于工序衔接和实现正规循环作业的管理。

小班的循环次数应必须结合劳动工作制度考虑。劳动的工作制度，有"三八"和"四六"作业制等。在组织快速施工时，采用"四六"作业制是比较有利的。

（2）确定循环进尺。掘进循环进尺与掘进循环次数密切相关，互相制约。只要循环进尺确定了，每个循环的工作量也就确定了，同时也就确定了每个循环所需的时间，从而可求得每小班的循环次数。但是，循环进尺决定于炮孔深度，因此还必须考虑凿岩爆破效果的合理性。根据目前的凿岩爆破技术水平，采用气腿式凿岩机时，炮孔深度一般为1.8~2.0m，采用凿岩台车时一般为2.2~3.0m较为合理。炮孔深度也可以按月进度和预定的循环时间估算。

（3）确定各工序作业时间和循环时间。确定了炮孔深度，也就知道了各主要工序的工作量，然后根据设备情况、工作定额（或实际测定数据）计算各工序所需要的作业时间。把凿岩、装药连线、爆破、通风和装岩工序所占的单行作业时间加起来，作为一个循环的主要部分。其他工序应尽可能与主要工序平行进行。

设：t_1——交接班时间或为下一循环作准备的时间，一般取 $t_1 = 20\text{min}$。

$\quad t_2$——凿岩时间：

$$t_2 = \frac{Nl}{Kv} \qquad\qquad (6-1)$$

式中 N——炮孔数目，个；

$\quad l$——炮孔平均深度，m；

$\quad K$——同时凿岩机台数；

$\quad v$——每台凿岩机实际的平均凿岩速度，m/min。

设：t_3——装药连线时间，与炮孔数目和参加装药连线人数有关，实测得到；

$\quad t_4$——爆破时间，min。

t_5——装岩时间：

$$t_5 = \frac{Sl\eta K_1}{nP} \qquad (6-2)$$

式中　S——巷道掘进断面，m^2；

　　　η——炮孔利用率，%；

　　　K_1——岩石松散系数，可取 $1.8 \sim 2.0$；

　　　n——同时装岩机台数；

　　　P——每台装岩机的实际平均生产率，m^3/min。

则当掘进支护平行作业及凿、装顺序作业时，每个掘进循环的总时间 T 为：

$$T = t_1 + t_2 + t_3 + t_4 + t_5$$

$$= t_1 + \frac{Nl}{Kv} + t_3 + t_4 + \frac{Sl\eta K_1}{nP} \qquad (6-3)$$

计算所得的循环时间应略小于或等于预定的循环时间，否则应增加施工设备或改进工作组织，或减少循环次数，或减少炮孔深度等办法进行调整。

如先确定循环时间，也可以根据式（6-3）计算相应的平均炮孔深度，即：

$$l = \left[T - (t_1 + t_3 + t_4) \right] \Big/ \left(\frac{Nl}{Kv} + \frac{Sl\eta K_1}{nP} \right) \qquad (6-4)$$

通过以上计算及初步确定的数据，即可绘制循环图表。编制出来的循环图表还要在实践中进一步检验修改，使之不断完善，才能真正起到指导施工的作用。

如，前面表 6-3 就展示了马万水工程队月进尺 1403.6m 的掘进循环工作图表。该处施工条件是：掘进断面 $6.7m^2$，岩石坚固性系数 $f = 6 \sim 8$。掘进主要工序为单行作业，一小时完成一个循环，循环进尺 2m，采用"四六"作业制。掘进使用多台凿岩机钻孔（7 台同时工作），激光指向仪定向，蟹爪式装岩机装岩，梭式矿车和架线式电机车组成的机械化作业线。

6.2.3　劳动组织与施工管理

6.2.3.1　劳动组织

实行一次成巷，必须要有与之适应的劳动组织形式，才能保证施工任务的顺利完成。而劳动组织形式，主要有综合掘进队和专业掘进队两种。

（1）综合掘进队。综合掘进队的特点是：将巷道施工需要的主要工种（掘进、支护）以及辅助工种（机电维护、运输）组织在一个掘进队内，既有明确的分工，又在统一领导下密切配合与协作，共同完成各项施工任务。

（2）专业掘进队。这种组织形式的特点是：各工种严格分工，一个工种只担负一种工作；所以专业性强，易于提高专业施工技术，适用于多头掘进。

实践证明，综合掘进队是行之有效的劳动组织形式。它具有以下优点：

第一，在施工队长统一安排下，能有效地加强施工过程中各工种在组织上和操作上的配合，因而能够加速工程进度，有利于提高工程质量和劳动生产率；

第二，各工种、各班组在组织上、任务上、操作上，集体与个人利益紧密联系在一起，有利于加快施工速度和提高工程质量。

综合掘进队的规模可根据各地区的特点、施工作业方式、工作面运输提升条件等因素确定。一般有单独运输系统的施工工程，如平硐或井下独头巷道，可组织包括掘进、支护、掘砌水沟、铺轨、运输、机电维修、通风等工种的大型综合掘进队。当许多工作面合用一套运输、检修系统时，如井底车场、运输大巷和石门施工，可组织只有掘进、支护、掘砌水沟等工种的小型综合掘进队。

6.2.3.2 施工管理制度

掘进队要健全和坚持以岗位责任制为中心的十项基本管理制度，即工种岗位责任制、技术交底制、施工原始资料积累制、工作面交接班制、考勤制、安全生产制、质量负责制、设备维修包干制、岗位练兵制和班组经济核算制。其有关制度的主要内容详见《建井工程手册·第二卷》第五篇第二章第六节。

6.2.3.3 施工技术组织措施（作业规程）编制内容

根据巷道特征和地质条件，由区队主管技术人员制订切实可行而又较先进的施工技术组织措施（巷道作业规程），用以指导巷道施工，并以此为依据，定期检查执行情况，以不断调整、充实提高，从而获得更高的施工进度和良好的技术经济指标。其内容可参考表6-4。

表6-4 施工技术组织措施《作业规程》目录及内容提要

目 录	内 容 提 要
工程概况	巷道的位置、用途、断面、施工量、工程特点等其他有关条件
地质、水文条件	详细说明巷道穿过岩石的产状、地层构造、巷道的顶底板、岩层名称、性质、f系数、涌水量以及瓦斯等有害气体及粉尘情况
施工方法	（1）根据巷道地质条件，选用先进而切实可行的施工方法（各施工方法、工序之间的平行交叉作业以及一次成巷的规定，掘进、支护、水沟之间的距离和要求等）； （2）推广新技术、工艺的要求和措施
施工技术组织措施	（1）爆破说明书； （2）掘进循环图表； （3）巷道支护说明书； （4）劳动组织形式和劳动力配备； （5）掘进辅助工作（根据巷道作业方式且循环适度，选择合理的运输、通风、压风、供风、供水、配料方式等）； （6）施工安全技术措施（顶板处理、装岩运输、爆破通风、水患预防等）； （7）巷道质量标准及保证工程质量的措施
附 表	（1）施工进度计划表； （2）主要材料、设备、工具、仪表需用量计划表（包括永久和施工两级）； （3）主要技术经济指标（工程成本、主要材料消耗定额、劳动效率）
附 图	（1）巷道位置及平面图、剖面图； （2）掘进工作面设备布置图； （3）巷道穿过岩层的地质条件预计剖面图

6.2.4　巷道文明施工的基本要求

巷道文明施工的基本要求如下：

（1）巷道整洁无杂物，耙斗装岩机后无积水、无淤泥。

（2）电缆、风筒、风管、水管要悬吊稳固或敷设整齐。

（3）做到"五不漏"，即不漏电、不漏水、不漏风、不漏油、不漏压风。

（4）设备清洁，喷射机下面无积物，设备机具、材料摆放合理。

（5）水电畅通，永久水沟距工作面不超过50m，毛水沟要挖到耙斗装岩机处。

6.3　复杂地段的巷道施工

金属矿山的岩层地质条件一般是比较好的，但是也会碰到一些断裂的破碎带、溶洞和含水流沙层等复杂地质条件；在这样的地段施工，如果仍然采用一般的掘进施工方法难以通过。所以对复杂地质条件的巷道施工，也必须予以足够的认识。

6.3.1　松软岩层中的巷道施工

6.3.1.1　松软岩层的主要特征

松软岩层一般是指岩体破碎和岩性软弱的岩层：它有松、散、软、弱的属性。"松"是指岩石结构疏松、堆积密度小、孔隙度大；"散"是指岩石胶结程度很差或未胶结的颗粒状岩层；"软"是指岩石强度低，塑性大或黏土矿物质易膨胀的岩层；"弱"是指受地质构造破碎，形成许多弱面，如节理、片理、裂隙等破坏了原有岩体的强度，很碎、易滑落、移动而不稳定岩层。这些岩层在实际中，经常遇到的有：

（1）受到构造运动强烈影响和强风化的地带。如，接触破碎带、断层破碎带、层间错动带、挤压破碎带、风化带等，基本呈散体结构，表现特征为总体强度低、稳定性差，其破坏性表现为片帮、掉块或塌陷。

（2）软弱流变岩体。软弱流变岩体是指围岩塑性大，延续时间长的岩体，如第三纪以来沉积岩和其他一些岩体，在地压大或埋藏较深时，常表现出明显的流变特性，变形量大而且有较长的蠕变时间；破坏性一般表现为顶板下沉，底板鼓起，两帮内挤等。

（3）以含黏土矿物为主的岩体。从成分上看主要含有蒙脱石、绿泥石、高岭土等。其主要特点：一是对水敏感，脱水风干后爆裂或崩解；二是遇水膨胀或软化。

以上几种情况，有时会同时发生，这时破坏性就更复杂。这时的主要力学特征表现为：

（1）岩层胶结程度差。怕风，怕水，怕振是共同特点。

（2）强度低。松软岩层的强度低，内聚力小，内摩擦角小。

（3）具有明显的流变性。初期变形速度快，变形量大，蠕变时间长。

（4）遇水就崩解或膨胀，易受爆破振动的影响。

6.3.1.2　松软岩层的巷道维护

在松软岩层中施工巷道，掘进比较容易，但维护却极其困难，采用常规的施工方法、支护形式、支护结构，往往不能奏效。因此，研究松软岩层中的巷道维护问题是井巷施工的重要课题。

A 松软岩层中的巷道维护原则

松软岩层中的巷道维护，不能只看作是支护结构和材料的选择问题，而应该把支护体和巷道周围岩体当作互相作用的力学体系来考虑。先要分清地压的类型，然后针对围岩压力活动规律来采取不同的支护方法，从而保持其服务年限内稳定。

B 在松软岩层中维护巷道的技术措施

（1）采用喷锚支护或注浆法加固。在地压发展快的软岩中应用管缝式或楔缝式摩擦锚杆、水泥浆锚杆支护、在动压软岩巷道中用钢纤维喷射混凝土支护有广阔前途。在破碎、裂隙发育或含水岩层中采用注浆加固，可提高整体性，并可封水或堵水。

（2）选择合理的巷道断面形状和高宽尺寸比例。在这种岩层中的巷道断面形状，应采用圆形或似椭圆形全封闭支护。并根据原岩应力情况确定高、宽尺寸的比例关系，当水平应力为主时，采用宽度大于高度的似椭圆形，反之为竖椭圆形。

（3）分次支护和合理选择二次支护时间。选择巷道支护时间关系到支架的强度和可缩量大小。对变形大的岩体一般要分两次支护。一次支护紧跟工作面掘进及时施工，通常喷锚支护最有效。等围岩位移趋于稳定时，再上二次支护。二次支护的刚度要较大，故总的支护原则是先柔后刚。

围岩位移趋于稳定的时间，不仅取决于岩体本身的物理力学性质，而且与第一次支护的刚度密切相关，因此它的变动范围很大。为了保证第二次支护的效果，最好是根据围岩位移动速度和位移量的数据来确定第二次支护的时间，如金川二矿区，一般是在第一次支护后的 120 天再实施第二次支护，而张家洼铁矿则采用 30 天后才开始第二次支护。国外比较有影响的"新奥法"，就是利用这种原理，把巷道围岩与喷锚支护一起作为巷道支护的结构体系，合理地选择第一次支护与第二次支护的间隔时间，充分发挥围岩的自身承载能力，从而获得了较好的支护效果。

（4）设置回填层。在第一次与第二次支护之间充填一层泡沫混凝土或低标号的混凝土或沙子，可产生两个作用：第一是提供径向应力以稳定巷道周边岩石，使支护的应力重新分布；第二是起衬垫作用，避免在最终（二次）支护上产生集中载荷。

（5）加强巷道底板管理。在软岩巷道，特别是具有膨胀性围岩中掘进巷道，多数是要发生底鼓的。防止底鼓的措施，多用砌块砌筑底拱，有的也用锚杆加固。

（6）重视涌水的处理。要采取排水、疏干措施，使巷道不积水，防止对围岩溶蚀和膨胀。

总之，要解决松软岩层的巷道维护问题，一般都要采用综合治理，但是在保证巷道稳定的条件下，也可只采用其中的一些措施，而省略其他一些措施。

C 新奥法巷道施工技术

新奥法，源于 20 世纪 50 年代末的奥地利。主要用在大断面隧道施工（尤其是在大断面软岩隧道掘进中）。20 世纪 70 年代后，它在世界各国都得以广泛应用和丰富、发展。

目前这种方法已经逐渐形成设计、施工、监测相结合的一整套工作体系。

此法的要点是：

（1）将锚杆、喷射混凝土进行适当组合，形成比较薄的衬砌层，即用锚杆和喷射混凝土来支护围岩，使喷层与围岩紧密结合，形成支护－围岩承载体系，保持两者的共同变形，故而可以最大限度地利用围岩本身的承载能力。

（2）在新奥法中，地压应力、围岩变形、支护时间等，都是根据连续量测结果来确定。据此能对锚杆长度、间距、第一次和第二次支护的间隔时间进行定量设计，而且测量的结果还可以作为施工现场的分析、参考和修改设计的依据，因而能够事先知晓巷（隧）道是否存在险情，以及如何采取措施来提高施工的安全程度与及时变更设计和施工工艺，因而有广泛的适用性。

（3）允许围岩有一定的变形，以利于发挥围岩的强度。但必须避免变形过大。

（4）施工中任何时候都应使尚未支护的那段隧道尽可能缩短。若地质条件许可一次开挖全断面，争取在最短时间内做好支护，使围岩的扰动影响控制在最小。

新奥法目前仍在发展，它在软岩掘砌巷道中是一种科学和行之行效的方法。

6.3.1.3　在松软岩层中巷道维护方法的应用实例

A　撞楔法

撞楔法也叫插板法，是一种通过松软破碎岩层常用的方法，也可用来处理严重塌落，或被破碎岩石所充满的巷道。但这些松散岩石中不能有较大的坚硬大块，以免影响打入撞楔。

撞楔法是一种超前支护法，在超前支架的掩护下，可使巷道顶板全不暴露，如图6－3所示。即在接触松软破碎岩层时，首先紧贴工作面架设支架；然后从后一架支架顶梁下，向前一个支架顶梁上由顶板一角开始打入撞楔。撞楔应以硬质木材制成，宽度不小于100mm，厚度为40～50mm，前端要削成扁平尖头，以减少打入的阻力。撞楔的长度一般为2～2.5m。撞楔要排严打入，不得露顶。打入撞楔要用木槌，以免把撞楔尾部打劈。打入撞楔时，每次将撞楔打入100～200mm，直至最终的预定深度。在撞楔超前支护下，可以开始出渣。

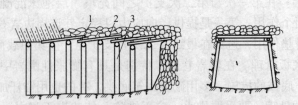

图6－3　撞楔法现场施工示意图
1—横梁；2—撞楔；3—支架

当清到撞楔打入岩石深度的2/3时，便停止清渣，架设支架开始打第二排撞楔，进行第二次循环，直至通过断层冒落的破碎带为止。如果巷道的顶底板、两帮都不允许暴露时，在巷道的四周都必须打入撞楔；施工时，打入工作面和底板的撞楔可以短些。

在缺乏特殊设备情况下撞楔法是通过断层破碎带、含水流沙层、软泥层比较有效的办法。这种方法的缺点是：施工速度慢、耗费的人力、物力较多。龙烟铁矿在掘进850m平硐时，碰到了极其严重的断层破碎带，涌水量大，开始涌水量为150m³/h。为此先后开凿了两条绕道，同样发生冒顶，无法通过；但起到了疏水作用，使涌水量降低为10m³/h。

最后采用缩小断面、满帮满顶和梁上、梁下打撞楔的办法，有效地控制了流沙，顺利穿过了这种极为困难的施工地段。

　　B　喷锚法

　　喷锚支护不但可在岩石节理裂隙发育的破碎带中应用，而且可作为处理巷道冒顶与片帮的简易方法，只要能在一定时间保持相对稳定，即可采用。

　　武钢金山店铁矿东风井 -60m 中段运输平巷，长约 800m，断面为 11.2m²，大巷穿过岩层的地质条件复杂，有断层破碎带，也有极易风化的地段；岩石为石英闪长岩，节理裂隙发育，局部地段的闪长岩呈高岭土化、绿泥石化，$f=2 \sim 4$。这样的岩石极易风化潮解，稳定性很差，暴露时间稍长，容易发生冒顶片帮，有一次爆破后不到 8h，冒落高度就达 10 多米。在这样的地段，施工单位过去采用短段掘砌，即掘进一小段，立即用钢轨或木材作临时支护（嗣后一般不拆除，因此掘进的巷道断面大），永久支护用普通的混凝土，事后仍免不了纵横交错的裂缝发生。后来采用喷锚网联合支护，掘进与支护依次作业，成功地通过了这一破碎岩层地段。

　　他们的主要经验是：掘进时采用光面爆破，尽量减少爆破对围岩的影响，有利于提高围岩的稳定性；爆破后立即喷拱，其厚度不小于 50mm，喷好拱再出渣，之后再喷墙，完成临时支护。为了不使爆破振坏临时支护，喷完临时支护后，到下次爆破的时间不小于 4h。进行第二次循环时，钻孔爆破之后喷拱、出渣、喷墙；在前一循环的临时支护处打锚杆孔、安装锚杆、挂网、喷混凝土至永久支护厚度（150mm）；之后，进行第三次循环。

　　这种方法归纳起来为：先喷拱后出渣，使喷射混凝土紧跟工作面；喷射混凝土时，是先喷拱后喷墙，先临时支护（素喷混凝土），后永久支护（喷锚网联合支护）。为了确保工程质量，应把喷锚网伸展到冒顶区两端外不小于 3m，这样支护极少出现裂缝，至今已经受多年的使用考验。

　　还必须指出的是：在这样的地段，切不可使用单一的喷射混凝土支护，这是由多次失败的教训证明了的。在非常破碎，断层带多，掘进后随时都有冒落危险的地段施工，可用打超前锚杆的方法，锚杆向前倾斜 65°～70°角，以防止顶板冒落。如抚顺龙凤矿 -635m 的电机车辆室、变电所在破碎岩层中施工时，就采用这种方法。他们先用 1.7m 长的钢丝绳砂浆锚杆（间距 600mm）作超前支架，安全地通过了破碎带，在通过之后，又及时补打锚杆并喷浆。

　　北皂煤矿曾用喷锚支护法处理过翻车机硐室及东大巷冒顶（图 6-4、图 6-5）。具体的处理方法是：冒顶落下的岩石暂不清除，先用长杆捣掉冒顶区里的浮石，然后站在岩石堆上先喷一层混凝土固顶，后喷两帮。若顶、帮有渗漏水，可用特制的漏斗及导管将水引出。初次喷层凝固后，开始打锚杆孔，然后安装锚杆并挂网，再复喷一次，两次喷射厚度以不超过 200mm 为宜。冒顶处理完之后，可按设计断面立模浇灌 300～400mm 厚的混凝土硐或砌毛料石硐。硐顶上充填 400～500mm 河沙及矸石作为缓冲层，以保护下方的硐顶。

　　在一般巷道的喷射混凝土施工中，喷射混凝土前先用风水吹洗岩面。而在处理冒顶时，则严禁用风、水吹洗。因为冒顶区的围岩比较破碎，岩块间黏结力差，摩擦力小，一经风、水吹洗将会完全失去黏结力和摩擦力，有可能发生更大的冒顶事故。

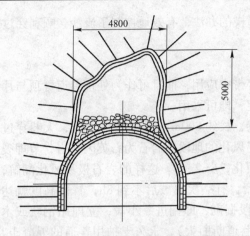

图 6-4　用喷锚法处理车机硐室冒顶

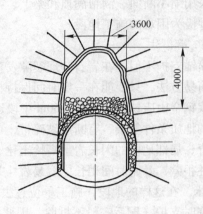

图 6-5　用喷锚法处理东大巷冒顶

C　金川二矿区巷道维护实例

金川二矿区松软岩层（该矿称为不良岩层），岩体结构大多为层状破裂和散体结构，层间错动、断层、节理均很发育，具有流变性和膨胀性、变形大且持续时间长的特点。在这类岩层中只采用单一的支护形式难以奏效，必须采取综合措施。

a　金川二矿区 30 线 1150 中段西副井北大巷维护

（1）概况。该巷道位于矿区 F_{16} 断层及其影响带中，穿过前震旦纪古老变质页岩，主要由黑云母片麻岩、石墨片岩、绿泥石等组成。该段岩层破碎，节理发育，稳定性差，施工时常常发生岩石冒落现象。

（2）支护结构及参数。根据地应力以水平方向为主，采用宽度大于高度的低矮半圆形拱带底拱的全封闭断面，拱与墙均采用双层喷锚网支护，用混凝土预制块封底，如图 6-6 所示。

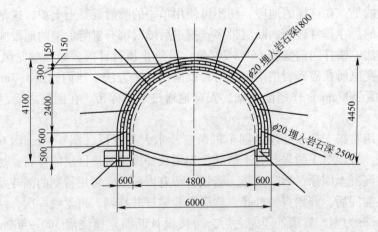

图 6-6　双层喷锚网加反拱封底支护

施工采用控制爆破，尽量减轻对围岩的破坏，保证巷道有规则的断面形状。

巷道支护，由初始的第一次支护和第二次支护组成。

第一次支护喷射混凝土厚度为 150mm，拱部锚杆长度为 1.8m，侧壁锚杆长度为

2.5m，锚杆间距为 1m，锚杆直径为 20mm，钢筋网格 250mm×250mm，主筋直径 12～14mm，副筋直径为 5mm。

第二次支护的喷层厚度和钢筋网格都与初始的第一次支护相同，而锚杆长度全部取 2.5m，间距为 1m，直径为 20mm。

为掌握巷道开挖后围岩变化的动向和支护力学状态，监视施工中的安全程度，确定和调整支护参数，为二次支护合理施工提供可靠的信息，安置了多种监视、监测装置。

（3）量测项目有巷道变形、围岩位移、锚杆应力、喷层切向和径向应变量测等。

（4）支护效果。根据多年的观测，喷层外观完好，支护结构稳定。

b　金川二矿区 30 线 1300 中段顶盘沿脉返修巷道支护

（1）概况。该段岩石属中薄层大理岩组，岩层节理发育，蚀变挤压强烈，小断层纵横交错。据统计，100 多米巷道内穿插断层有 30 多条。节理及岩层间错动极为发育，形成层间破裂结构，遇水崩解泥化。

该段巷道自开始掘进与支护，采用直墙半圆形拱和部分加底拱的混凝土预制块支护。前面施工后的支护即跟着变形破坏，不到一年，由于巷道变形破坏严重而全部堵塞。下面介绍的支护结构，就是在巷道返修条件下采用的。

（2）支护结构及参数。采用喷射混凝土、预制块砌筑成圆弧形全封闭式的衬砌作永久支护。为了使支护承受的是均匀分布的地压，避免应力集中，在临时支护与永久支护之间设置一定厚度的回填层，最后采用注浆加固围岩，形成喷射混凝土－回填－砌块－注浆联合支护，如图 6-7 所示。

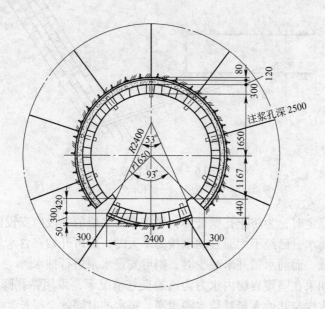

图 6-7　喷锚、预制块、注浆联合支护

圆弧形断面的净直径为 3.3m，底拱弧度半径为 2.4m，混凝土预制块的支护厚应为 300mm，每米巷道预制块的圈数为 5 圈，每块质量为 26kg，砌块灰缝宽度为 15～20mm。混凝土喷层厚度 120mm，要求低标号砂浆。

（3）支护效果。巷道支护 3～5 个月后，支护应力－位移趋于稳定。

6.3.2　含水岩层中的巷道施工

在含水岩层中，特别是在涌水量很大的含水流沙层或破碎中掘进巷道，施工是很困难的。掘进巷道时，必须先治水。治水一般有三条途径：一是疏（放水）；二是堵；三是疏堵结合。疏，是用钻孔或放水巷放水，以降低穿过岩层的水位，将水降至巷道底板水平以下，从而使掘进工作在已经疏干的岩层中进行。堵，就是采用注浆的方法，堵住流水进入巷道的裂隙或孔洞，使巷道通过的岩层与水源隔绝，造成无水或少水，达到改善掘进条件的目的。

下面介绍几种人工降低水位和有关探水、放水的施工技术安全规定。

6.3.2.1　人工降低水位的方法

人工降低水位的方法主要有：

（1）钻孔放水法。金属矿山掘进遇到涌水量很大的溶洞性石灰岩或其他含水岩层，可用钻孔放水的方法。

当掘进工作面距含水层 30~40m 时，即从工作面以与水平成 10°~40° 倾角方向钻进 2~3 个直径为 100~150mm 的钻孔，如图 6-8 所示。在钻孔口处安设长 3~5m 的孔口管，并在露出端安设闸门，然后就用轻型钻机继续钻孔。钻孔时如果预计水压很大，为防止水从钻孔中冲出，可在孔口管上安装保护压盖。

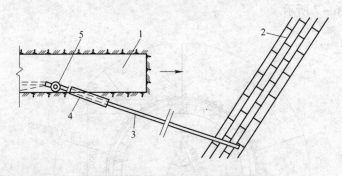

图 6-8　钻孔法放水

1—巷道；2—含水岩层；3—钻孔；4—孔口管；5—闸门

当岩层不大稳定时，为防止孔壁破坏，可在靠含水层的一段内安设保孔管。

当钻孔中的涌水量已经不大而且动水压力不大时，即可开始在含水岩内掘进。但有时动水压力虽已降低，而涌水量并未减少时，则可安设水泵进行抽水。

实践表明，如果在坚硬岩层内水力沟通的良好情况下，采用钻孔降低水位是有效的。必须指出，如含水层与其他大量补给水源沟通，排水的时间就会很长，排水费用过高，就不如使用其他特殊施工法（如注浆法等）或将巷道改道合算了。

（2）巷道放水降低水位法。金属矿山有的采用巷道放水法降低了水位，疏干了巷道所穿过的含水岩层，顺利地通过了流沙层，效果很好。如江西、大吉山铅矿在掘进主要运输平硐时，当自硐口开始掘至 80m 处，碰到流沙断层，水压特别大，采用 24kg/m 的钢轨作支架，横梁也被压坏，且有较大的涌水，使掘进无法进行。经分析其原因是花岗岩风化后，长石变成了高岭土，当未风化的石英、云母混合在一起，在静止状态时无甚压力，水也可渗透。但掘进时，便成为稀糊状的流沙，压力剧增，特别是岩层中有未风化大块，给掘进工作的安全带来了很大威胁。后决定采取开凿放水巷，经一个月左右的放水之后，主平硐穿过岩层的水位大大降低，使之在疏干的岩层中掘进，巷道岩层的稳定性大大提高，最后采用普通掘进法、木支架支护便顺利地通过了断层流沙地带。

综上所述，人工降低水位对含水岩层，特别是对含水流沙层的掘进，是一项有效的措施。此外，根据水文地质情况，估计在巷道前进方向将碰到有压力水的涌水时，钻凿超前探水钻孔，不仅对疏水很有必要，同时，也能保证施工安全。

6.3.2.2　注浆堵水法

注浆堵水法的实质是将注浆材料以浆液状通过注浆设备压入到岩石裂隙或孔隙中去，以封闭透水通道，然后以普通施工方法掘进巷道。

巷道注浆可分为预注浆和壁后注浆两种。预注浆是在含水段未通过前，构筑止水墙，预埋孔口管，钻孔注浆。壁后注浆是在巷道通过含水段，在其墙或拱部有出水点处，注浆以后改善巷道施工条件和保护巷道壁。

6.3.2.3　巷道通过含水岩层的施工安全措施

在含水岩层中掘进巷道要特别注意安全。在技术组织工作上，除了根据岩层稳定情况采取相应的施工安全措施外，必须遵守安全规程和《矿山井巷施工及验收规范》中对有关探水和放水的规定。

复习思考题

6-1　平巷掘进的机械化配套有什么意义，其机械化配套的原则是什么？

6-2　在我国金属矿的平巷掘进中，常用的机械化配套方案有哪些？

6-3　国外平巷掘进机械化配套的主要趋势是怎么样的？

6-4　我国平巷快速掘进的先进指标能够达到什么水平？

6-5　巷道掘进施工的组织管理应该采取哪些措施？

6-6　根据快速施工的经验哪些工作可实行平行作业？

6-7　巷道掘进施工的劳动组织形式主要有哪两种？

6-8　编制巷道掘进循环图表的主要内容有哪些？

6-9　如何编制巷道掘进施工的作业规程？

6-10　巷道文明施工的基本要求有哪些？

6-11　松软岩层的特征是什么，它们对掘进施工有什么影响？

6-12　在松软岩层中的巷道维护原则和主要技术措施是什么？

6-13　松软岩层中的巷道施工方法主要有哪些，各有什么特点？

6-14　在含水岩层中的巷道施工方法主要有哪些？

6-15　马万水工程队的先进掘进指标能给我们什么启示？

6-16　试根据自己的掘进工作实践或现场实习调查的数据绘制出一次掘进循环的工作图表。

第三篇

井筒的掘进与支护工程

金属矿床地下开采除了要掘进平巷之外，还要掘进与支护天井、斜井、竖井；而对于这些井或井筒的快速、优质、高效施工，同样十分重要。因此本篇学习"天井掘进"、"斜井掘进"、"竖井的组成结构与掘砌施工"这三章内容。

7 天井掘进

【本章要点】：普通掘井法、吊罐掘井法、深孔爆破掘井法、钻进掘井法。

7.1 概述

7.1.1 天井的用途及分类

天井是联系地下矿山上下两个中段的垂直或倾斜通道，主要用于放矿、行人、切割、通风、充填、探矿、运送材料工具和设备等，它按其用途分别称为溜（矿）井、通风天井、行人天井、充填井等等。有时同一个天井，可以兼作几种用途。如行人天井，就可以兼作通风、泄水井。

溜矿井的主要用途是下放物料。而对它的掘进施工，除了下部与其他天井有所不同外，其中间施工是相同的；所以也就把它与其他用途的天井，一起列为天井掘进的工程范围。

天井掘进的工程量一般占井巷掘进工程总量的 10% ~ 15%，占采准、切割工程量的 40% ~ 45%。加快天井或溜井的施工速度，对新建矿山早日投产和保持三级矿量平衡，具有重要意义。

7.1.2 天井断面的形状和尺寸确定

天井断面的形状有矩形（或方形）与圆形两种，根据用途来确定其断面的大小尺寸及格间数目，根据所用的支护材料、围岩性质、施工方法和施工设备等来确定断面形状。

过去由于采矿场的回采时间较短，一般天井的服务年限都不长（主要回风天井除外）；再加上大多数金属矿山围岩较好，所以一般不支护或局部支护喷射混凝土即可。同时，有的天井还兼作溜矿、行人和运料、管路间；因此三个格间的要求就很杂，但现在这种布置基本上不用了。

现在的放矿一般由采区溜井单独承担，行人天井只兼作通风，通风井和运料设备天井兼用。再加上施工方法的发展，断面形状也由过去以矩形为多，逐渐变为以圆形和方形为主；而确定断面形状的依据也变了：如用天井钻机钻进，就只能用圆形断面；若围岩稳定性较差的则多用圆形断面。在围岩稳定条件下，才用方形或矩形断面。但天井断面的尺寸主要还是按用途决定。

（1）行人天井。行人天井需要设置人员通行的梯子及平台，并且常兼设风水管路、电缆等。其梯子间设置，就必须按《安全规程》规定与竖井梯子间一样，其断面尺寸不小于 1.2m×1.3m。

（2）通风天井。通风天井是用于进风或回风的，其断面的尺寸就可以按采区生产中提出的风量要求来确定。一般采区的进、回风井允许风速为 6m/s，由此可以反算出通风天井的最小净断面尺寸：

$$S_{\min} \geqslant \frac{Q}{Kv_{允}} \tag{7-1}$$

式中　Q——通过该天井的风量，m^3/s；

　　　K——增加装备后天井净断面的折减系数，$K=0.6\sim1$；

　　　$v_{允}$——规程允许的最大风速 $v_{允}=6m/s$，但最小风速不得低于 0.15m/s。

（3）放矿天井。用于溜放矿石的天井，通常称为采区溜井，其断面尺寸一般是根据最大矿石块度含量系数、矿石允许最大块度和溜井的畅流通过系数等来决定。

实践中确定天井断面尺寸，要考虑天井施工方法与所用工程机械设备。如已经选用某种天井钻机或某种天井吊罐，则天井的断面就被统一规格化了。目前国内矿山天井尺寸常用：1.5m×1.5m、1.8m×1.8m、2.0m×2.0m；$\phi1.2m$、$\phi1.5m$ 等。过去常用矩形断面尺寸有：1.3m×1.5m、1.5m×2.9m、1.6m×1.9m 等。净断面尺寸确定后，加上支护断面，就可以得到天井的掘进断面。

天井一般是自下而上掘成的。除钻进法、深孔爆破法外，施工特点为：井内断面狭小、操作不便、安全性差，受炮烟、落石、淋水威胁。针对这些特点，天井施工必须周密计划，确保安全。

目前天井掘进的施工方法有：普通掘井法、吊罐掘井法、深孔爆破掘井法、爬罐掘井法和钻进掘井法。这些方法各有所长，相互补充，使天井掘进技术日益完善。

7.2　普通掘井法

普通掘井法是沿用已久的老方法。为免除繁重的装岩工作和排水工作，采用普通法掘进天井时，都是自下而上进行掘进的。它不受岩石条件和天井倾角的限制，只要天井的高度不太大都可使用。天井划分为两间：一间是供人员上下的梯子间，另一间专供积存爆破下来的岩石；其下部装有漏斗闸门，以便装车。如图 7-1 所示，该法的工艺过程如下：首先要搭一个凿岩平台，在平台上用凿岩机钻孔、装药、连线。工人退出后进行爆破、通风，然后架设矸石间和梯子间，分别用来储存爆下的矸石和上下人员、材料、设备，至此完成了一个掘进循环的工作。下一个循环仍以搭设工作台开始，并随着工作面向前推进，每隔一定距离，需延长管线及安装矸石间的隔板，矸石则从下部漏斗口运走。为了保护梯子间不会被爆破下来的矸石打坏，在凿岩工作台之下的梯子间上方，必须搭设安全棚。

7.2.1　漏斗口的掘进

掘进天井时，首先根据所给的漏斗口底板标高和天井的中心线，以 50° 左右的倾角向上掘 1~2 茬炮，形成架设漏斗口所需的坡度，然后按设计的倾角继续向上掘进，直至掘到架设漏斗后能容纳一茬炮的岩渣高度为止。在此期间爆下的岩石，直接落入平巷装岩。之后，架设漏斗口、放矿间和梯子间。

7.2.2　装岩工作台的架设

当漏斗口掘进完毕并安装好漏斗与梯子间、安全棚等之后，在继续向上掘进之前，必须首先在安全棚之上距工作面 2.0~2.2m 处搭设凿岩工作台。凿岩、装药、连线都是在此台面上进行。凿岩工作台一般由三根直径大于 12cm 的圆木板横撑撑在天井两边帮壁之间，并在其上铺以厚度 4~5cm 的木板所构成。架设横撑时应先在井壁上凿好梁窝，并以木楔楔紧横撑一端，以防移动。

凿岩工作台在垂直或倾角 ≥80° 的天井中呈水平位置。当天井倾角小于 80° 时，为了便于钻孔，工作台与水平面成 3°~7° 的倾角。爆破时，必须将工作台上面的木板拆除，以便放炮后岩石落入矸石间，并保证木板不至于被砸损坏或重复用。

7.2.3　凿岩爆破工作

凿岩工作台架设好后，即开始凿岩。凿岩设备选用 YSP-45 向上式凿岩机。由于天井横断面不大，为了便于凿岩和加深炮孔，广泛采用直孔掏槽。掏槽孔与空孔之距视岩石硬度、空孔数目与起爆顺序等而定。掏槽孔的布置应在上方为宜，这样可减弱对安全棚与梯子间的冲击。其他炮孔布置原则基本上与平巷相同。炮孔深度一般为 1.4~1.8m。起爆方法可用电力起爆系统引爆。

7.2.4　掘进的通风工作

由于天井是自下往上掘进，爆破后产生的有害气体比空气轻，一般积聚在工作面上部而不易排出。为了加速吹走工作面的有害气体，一般多采用压入式通风。通风机大多安装在天井下部的平巷内。风筒应随安全棚往上移动，及时接上去。

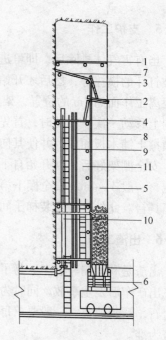

图 7-1　普通法掘进天井示意图
1—工作台；2—临时平台；3—短梯子；
4—工具台；5—矸石间；6—漏斗口；
7—安全棚（下斜 30°）；8—水管；
9—风管；10—风筒；11—梯子间

7.2.5　支护工作

当有害气体排除后，即可进行支护工作。首先检查工作面的安全情况，清理浮石，修理被打坏的横撑等，然后才开始支护工作。在不架安全棚的情况下，支柱工的主要任务是在距离工作面约 2m 的位置，架设凿岩工作台。当工作面向上推进到 6~8m 时，安全棚需要向上移动一次。移动时，首先拆除旧的安全棚，然后在上面架设新安全棚。安全棚由圆木横撑上铺木板而成，并使其向矸石间倾斜。安全棚的宽度以能遮盖梯子间为准。

安全棚架好后，就开始自下而上安装梯子平台和梯子。梯子平台的间距根据实际情况决定，一般 3~4m。安全棚下第一个梯子平台往往兼作放置凿岩机和风水管使用，因此又称工具台。此外，在安装梯子间的同时，需将矸石间的隔板钉好。

7.2.6　出渣工作

出渣是利用漏斗装车。为了安全起见，应严禁人员正对漏斗闸门操作，以免岩流冲下来飞出矿车后发生事故。同时为了保护矸石间隔板和横撑不会被打坏，矸石间中应经常储有岩石，严禁放空。一般要求每次放出的岩石所腾出的空间以能容纳爆破一次所崩下来的岩渣为准。

7.2.7　工作组织

由于普通法掘进天井的支护与通风工序所占时间较多，一般两班一循环或三班一循环。即凿岩爆破一个班，通风一个班，支护和出渣一个班。或者一班凿岩、爆破、通风，另一个班进行支护和出渣。为了加快天井掘进速度，缩短采准工作时间，有的矿山采用了多工作面作业法，即凿岩爆破和支护工作同时在不同的两条相距不远的天井中作业。

7.2.8　使用简评

采用普通法掘进天井，每一个循环都要搭拆工作平台，都要搬运设备和器材，而且每隔几个循环又要搭拆安全棚，延长管线，装备梯子间和矸石间；因此，掘进速度比较慢、工作效率较低、通风条件差、木材消耗大、工人劳动强度大、安全事故多。所以，它正在逐步被其他较好的掘进方法（如吊罐法、爬罐法、深孔爆破法、钻进法）所取代。

但就目前施工现状而言，此法掘进天井在下述条件下，仍然还有一定使用：

（1）不适宜用吊罐法、爬罐法掘进的短天井、盲天井；

（2）在软岩和节理裂隙发育的岩层中，随着掘进需要立即支护的天井；

（3）倾角常常变化的沿脉探矿天井掘进中；

（4）掘进溜井时，其下面有一段特殊形状的井筒，不宜采用其他方法施工时，仍然可以采用普通法掘进。

7.3　吊罐掘井法

7.3.1　概述

用吊罐法掘进天井如图 7-2 所示。它的特点是用一个可升降的吊罐代替普通掘井法

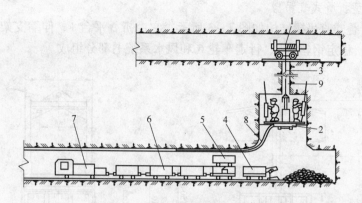

图 7-2 吊罐法掘进天井示意图

1—绞车；2—吊罐；3—钢丝绳；4—装岩机；5—转载车；
6—矿车；7—电机车；8—风水管；9—中心孔

的凿岩平台；同时，又可以作为提升人员、设备、工具和爆破器材的容器；因此简化了施工的工序。并且操作方便，效率较高，所以在金属矿山已经广泛使用。

吊罐法掘进天井，在天井断面中央先钻凿一个直径 100～130mm 的中心孔，贯通上下两个中段，然后在上中段安设绞车，用绞车和通过中心孔的钢丝绳来提升吊罐，凿岩和装药就在吊罐上进行。装药爆破前把吊罐下放到天井下面的平巷中避炮；爆破通风后，将吊罐提至工作面进行钻孔，同时在下部巷道用装岩机装岩，如此循环不停止，直至整个天井掘进完为止。

吊罐法掘进天井，实现了凿岩、装岩、运输、提升等机械设备的配套使用，形成了一条完整的机械化作业线，使掘进速度和工效有了大幅度的提高，可实现稳产高产。原河北铜矿就曾取得了独头月进尺 416m 的全国纪录，1973 年该矿采用吊罐群围攻天井群的方法又创造了多头月进尺 1025m 的好成绩。同年，梅山铁矿也用同样的方法又以月进尺 1160.1m 的成绩刷新了这项纪录。

现在，我国不少矿山已成功使用吊罐法掘进高达 100～180m 的通风井和溜井，应用吊罐法掘进联络道、采矿凿岩硐室以及竖井延深，也大大扩大了使用范围。

7.3.2 用吊罐法掘进天井的设备

吊罐法掘进天井的主要设备有吊罐（直式或斜式）和提升绞车以及深孔钻机、凿岩机、信号联系装置、局部扇风机、装岩机和电机车等。为了缩短出渣时间，尚可使用转载设备。现介绍吊罐、提升绞车和信号联系装置。

7.3.2.1 吊罐

吊罐是吊罐法掘进天井的主要设备，按控制方式有普通吊罐和自控吊罐；按适用的天井倾角有直吊罐和斜吊罐；按结构分有笼式吊罐和折叠式吊罐；按吊罐层数分有单层吊罐和双层吊罐；按下部行走机构分有轨轮式吊罐和雪橇式吊罐。下面仅就几种常用的吊罐加以介绍。

A　华－1型折叠式直吊罐

华－1型折叠式直吊罐结构如图7－3所示。它由折叠平台1、伸缩支架2、保护盖板3、风动横撑4、稳定钢丝绳5、行走车轮6和风水系统七部分组成。

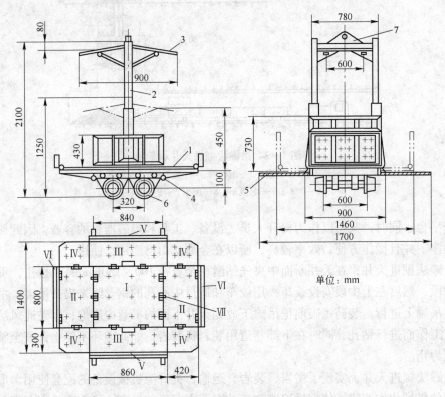

单位：mm

图7－3　华－1型折叠式直吊罐结构示意图
1—折叠平台；2—伸缩支架；3—保护盖板；4—风动横撑；
5—稳定钢丝绳；6—行走车轮；7—吊架

其主要的技术参数如下：吊罐自重：400kg；车轮轴距：320mm；轨道距离：600mm；横撑数量：4件；工作压力：1.85kN；工作风压：约0.5MPa；外形尺寸：展开最大外形尺寸：1.7m×1.4m×2.1m，折叠最小外形尺寸0.9m×0.9m×1.25m。

（1）折叠平台。折叠平台由角钢和铁板焊接而成，有底座Ⅰ，折页Ⅱ、Ⅲ、Ⅳ及挡架Ⅴ、Ⅵ等共计13块，通过折页Ⅶ连接而成。由于折页和挡架均能折叠，故称其为折叠平台。吊罐在升降之前必须将全部折页收回，形成0.9m×0.9m×0.73m的升降容器（不包括保护盖板），以便人员、材料、工具、设备的升降。当吊罐提到工作面后，可把折页铺开，形成1.4m×1.7m的工作平台，工人可站在平面上进行钻孔、装药等工作。为了提升爆破器材，吊罐内还专门设有炸药箱（图上未标出）。

（2）伸缩支架。伸缩支架是用两条可以伸缩的立柱与吊架焊接而成。两个立柱上分别设有定位孔和销钉，以便调整伸缩架的高度。当吊罐升降和作业时，必须将立柱伸到合适位置，插上销钉，便于人员站立和作业，当吊罐需要搬运时，将立柱高度降到最低；便于吊罐在巷道中运行。

（3）保护盖板。保护盖板是用来防止工作面浮石下落的安全保护装置，用两块

770mm×400mm×5mm 钢板通过铰链与吊架联结，盖板靠两个长185mm，直径27mm 内装缓冲弹簧的支架撑于吊架两侧。吊罐升降过程中，支起盖板防避落石，保护罐内人员。当吊罐到达工作面处理浮石后再放下。

（4）风动横撑。风动横撑是吊罐作业时为防止其摆动而设置的稳定装置，每个罐设有4个，对称布置在平台底座下。工作时，四个横撑支在井壁上可使平台稳定，吊罐运行时，将横撑缩回。

（5）稳定钢丝绳。在吊罐底座的四个角上对称地安装四条各长600mm、直径28mm的钢丝绳。吊罐运行时，这些钢丝绳分别接触岩壁并沿井壁滑行，这样可以防止吊罐的扭转或摆动。

（6）行走车轮。两对车轮直径150mm、轨距600mm、轴距320mm，以便吊罐在轨道上运行。

华–1型折叠式直吊罐适用于断面为 1.5m×1.8m～2.0m×2.0m，倾角大于85°的天井。

B 华–2型斜吊罐

这种吊罐是掘进斜天井用的。它由罐体、吊架、保护盖板这三部分组成，其结构如图7–4所示。

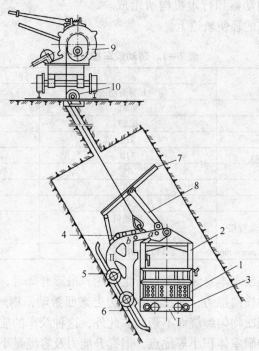

图7–4 华–2型斜吊罐结构示意图
Ⅰ—罐体；Ⅱ—吊架
1—折叠平台；2—伸缩支架；3—风动横撑；4—悬吊耳环；5—行走轮；
6—滑动橇板；7—保护盖板；8—支撑；9—游动绞车；10—导向轮

罐体是主体，与华–1型折叠式直吊罐大体相同。伸缩支架，通过插入吊架上定位销孔 a（或 b）内的销轴与吊罐铰接，使工作台在任意倾角的天井内保持水平，以便人员工作。吊架下部有两对车轮，当绞车牵引钢丝绳往上提升时，可沿天井底板滚动，这样可减少吊罐与岩帮的碰撞、摩擦，便于吊罐上下稳定运行。

7.3.2.2　提升绞车

提升绞车是吊罐法掘进天井的配套设备。

在吊罐法掘进中，我国使用的提升绞车有两种：一种是固定式绞车，另一种是游动绞车。前一种实际上就是一般通用的慢速电动绞车，它的提升能力大，但与游动绞车比较，安装较复杂，运搬不方便，要求的绞车硐室大，因此，除与大吊罐配套外，一般矿山使用游动绞车。

游动绞车是我国金属矿山使用最广泛的一种悬吊设备。重庆矿山机械厂生产的 2.8kW 华 -1 型和 4.5kW 的游动绞车在金属矿山使用最多。这两种设备的技术性能见表 7 - 1。

游动绞车的构造如图 7 - 5 所示。它由电动机、减速箱、卷筒、制动器和行走机构所组成。该绞车停放在绳孔上口的轻便轨道上。

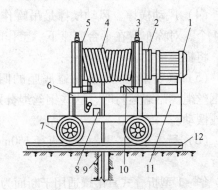

图 7 - 5　华 - 1 型游动绞车构造

1—电动机；2—减速器；3—制动器；4—钢丝绳；
5—卷筒；6—机座；7—行走轮；8—信号开关；
9—绳孔；10—信号绳卷筒；
11—配电箱；12—轨道

表 7 - 1　游动绞车技术性能

主要技术性能		绞车名称与型号	
		华 -1 型游动绞车	天井吊罐绞车
最大牵引力/kW		9.81	11.77
平均绳速/m·min⁻¹		6.27	6.18
卷筒	直径/mm	210	330
	宽度/mm	310	500
	容绳量/m	65	93
钢丝绳直径/mm		15	17
设备质量/kg		500	1112
主要配套产品的名称、型号及规格		电动机 $J_042 - 4$，2.8kW，一台	电动机 $J_02 - 42 - 8$，4.5kW，一台
外形尺寸(长×宽×高)/mm×mm×mm		1153×962×1233	1210×974×815

游动绞车的特点是绞车本身装有两对行走车轮。吊罐升降时，绞车是不固定的，靠钢丝绳缠绕卷筒时产生的横向推力，使绞车在轨边上来回游动，钢丝绳始终对准提升钻孔，并使钢丝绳在卷筒上依次均匀缠绕而不紊乱。此外，这种绞车的质量轻，体积小，搬运方便，便于安装，要求的硐室体积小等优点。但提升能力及容绳量小，不适用于高天井及重型吊罐。它适用于天井高度小于 60～85m 的掘进，可与华 - Ⅰ 型、华 - Ⅱ 型等轻型吊罐配套使用。

绞车的提升能力应取提升质量的 1～2 倍。经验证明，如果提升能力不足，吊罐卡帮时经常停罐，频繁启动，容易烧坏电动机；如果提升能力过大，一旦过卷，信号失灵，会拉断钢丝绳而出事故；而且提升能力选取过大，也不经济。

提升吊罐用的钢丝绳，由于运行中经常与孔壁（岩壁）摩擦及承受动荷载的作用，因此要求钢丝绳耐磨，其安全系数不得小于 13 倍。作用在钢丝绳上的荷载，按全部静荷

载乘以动力系数 K（一般取 $K = 1.25$）来计算。

钢丝绳与吊罐的连接，最好采用编织绳套的方法。即将钢丝绳端破股，然后用专门工具将它插在主绳内，形成绳套。编织部分的长度不得小于800mm。工作时，将吊罐上吊环中的销轴穿过绳套，用螺栓坚固好，这样既牢靠安全，又易于通过中心孔。因此，已经被很多矿山推广使用。

7.3.3 用吊罐法掘进天井前的准备工作

用吊罐法掘进天井前的准备工作有：开凿硐室，钻中心孔，装绞车与信号装置等。

7.3.3.1 开凿上下硐室

上中段要有提升绞车硐室，下中段要有吊罐躲避硐室。

上部硐室的尺寸是根据中心孔钻凿方向，提升绞车的规格尺寸及操作方便而确定的最小尺寸。如果采用华-1型绞车，同时中心孔又是由上而下钻凿时，首先应该满足钻机钻孔的需要，因此硐室的规格较大，长×宽×高一般为3.0m×1.5m×4.5m；如果采用自下而上钻进中心孔时，上部硐室的规格只要能满足绞车工作所需要的空间即可，一般约为3.0m×2.2m×2.0m。如果上中段联络天井上部的巷道能够满足绞车工作要求，那就不必开凿绞车硐室。

实际上，钻机硐室就是天井的一部分，一般都采用普通方法施工。

下部硐室的尺寸主要以便于吊罐的出入和装岩机械的操作方便为原则。若用潜孔钻机由下而上钻中心孔，则在天井下部开凿钻机硐室，其尺寸的选用视钻机和天井倾角而定。当打斜中心孔或直中心孔时，硐室尺寸分别为3.0m×2.5m×3.0m 和2.5m×2.5m×3.0m。如果天井下部硐室要考虑采用漏斗装岩方式，则必须在漏斗上面适当位置开凿存放吊罐及作为人员进出通道的人行井。开凿大型溜井时，溜井下部为了利用漏斗放矿，应开凿放矿闸门硐室；为了存放吊罐，可以在硐室内安装工作台，如图7-6、图7-7所示。

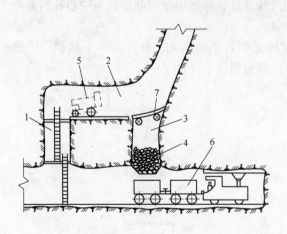

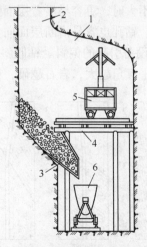

图7-6 吊罐法掘进天井采用漏斗装岩的
底部结构示意图

1—人行井；2—联络道；3—出渣井；4—漏斗；5—吊罐；
6—矿车；7—钢轨（上下罐用）

图7-7 吊罐法掘进大型主溜井的底部
结构示意图

1—放矿闸门硐室；2—溜井；3—临时漏斗；
4—板台；5—吊罐；6—矿车

7.3.3.2 钻凿天井中心孔

A 钻孔设备

常用钻孔设备有地质钻和潜孔钻，吊罐中心孔直径一般为 100~130mm。

（1）地质钻机，如红旗-100、KA-2M-300 型、KD-100 型，适用于自上而下钻进。其特点是破岩时只有回转而无冲击，因此，钻孔偏斜不大，作业条件好。但穿孔速度慢、工效低（一般进尺约 8m/班）。当掘进高天井时，可以采用地质钻机。

（2）潜孔钻机，如 YQ-100 型等，是吊罐法常用的钻孔设备。它的特点是穿孔速度快（中硬岩中，一般钻速为 10~18m/班），工效高。自下而上钻进时，钻机硐室是天井的一部分，辅助工程少，节省开凿费用；但其缺点是钻孔偏斜较大，因此不太适合 60m 以上的高天井吊罐中心孔钻凿。

B 中心孔钻进的偏斜问题

中心孔质量是吊罐法掘进天井的关键问题。中心孔偏斜，不仅使吊罐升降时容易卡帮碰壁，拖长升降时间，影响安全，而且偏斜过大，吊罐无法上下，中心孔就无法使用；因此如何防止钻孔偏斜或将孔斜控制在允许范围以内就显得非常重要。为此，除了研制一种效率高、偏斜小的深孔钻机外，还应在生产实践中观察分析中心孔偏斜的原因，找出有效措施，做到及时纠偏，确保钻孔的偏斜率（即，偏离中心孔的距离与天井高度之比）不得超过 1%。

a 引起中心孔钻进偏斜的原因

以潜孔钻机为例，综合国内施工经验，形成偏斜的主要原因有以下三方面：

（1）操作引起的偏斜。开口时给压过大或遇到断层、裂隙及软硬岩界面而未减少推力；安装质量差，未及时校正，开钻后因振动引起偏斜等。

（2）地质条件引起偏斜。地质条件引起偏斜主要发生在软硬岩石交界面上，如图 7-8 所示。当潜孔钻头穿过软岩后接触到硬岩时，容易沿层面钻进，特别是在层面与中心孔的夹角不大时，更容易沿着层面钻进。如天井穿过破碎断层带而断层面与中心孔的夹角又不大时，钻孔也容易沿断层面向上发生偏斜。

（3）设备引起的偏斜。钻倾斜孔时，钻杆受到自重的影响，钻孔易向下偏斜。一般钻孔与水平倾角越大，岩石越硬，天井越短，则偏斜越小（图 7-9）。

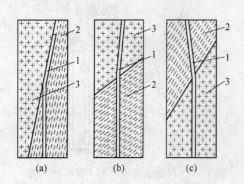

图 7-8　钻孔穿过软硬岩层的偏斜情况　　　图 7-9　钻倾斜孔时潜孔钻机安装的位置
　　1—钻孔；2—软岩层；3—硬岩层　　　　　1—设计钻孔方向；2—实际钻孔方向；
　　　　　　　　　　　　　　　　　　　　3—偏一校正角后向上钻出的钻孔方向

b 防止和减少偏斜的措施

针对上述原因，为了纠正偏斜可采取下列一些主要的有效措施：

（1）注意对钻工的技术培训，提高其技术水平和责任感；并相应制定出一些必要的操作规程，以便提高钻凿中心孔的质量。

（2）人为改进钻机不足，主要措施有：保证钻机的安装质量，经常检查钻杆的垂直度；待开孔慢速钻进 300～400mm 后停机检查位置，找正后再正常钻进。

（3）做好地质预测工作，首先要了解天井中心孔穿过岩层的性质及变化情况，了解断层、破碎带、岩层变换等的确切位置，以便有针对性采取措施。

当通过断层、裂隙和软硬岩交界面时，钻进中要精心操作，控制推力，以小风压、小推力慢速钻进；在钻倾斜孔时，为了克服钻杆重量的影响，在安装钻机时，朝可能偏斜方向的相反方向转一个校正角，即图 7 - 9 中的 α 角，使钻孔最终落在设计位置上。另外可采用导正钻杆来减少钻杆的摆动。导正钻杆是在普通钻杆外面焊上 3～4 根 $\phi10～12mm$ 的圆钢构成，圆钢长 500～700mm （图 7 - 10）。根据孔深每隔 3～5 节钻杆加入一根导正钻杆，相当于长钻杆上加入许多支点，从而减少摆动。

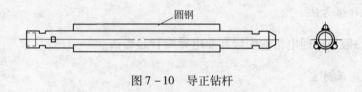

图 7 - 10　导正钻杆

7.3.3.3 安装绞车和电气信号装置

绞车安装前应将中心孔周围浮石清理干净，并安上保护套管，以防落石堵塞中心孔或水流入工作面。安装时，要求轨道铺平，以利绞车游动。为了防止杂散电流引起早爆事故，绞车硐室内的轨道应与外部轨道断开。

信号联系是保证吊罐法安全施工的重要措施，必须做到信号明确、畅通、可靠。

目前我国普遍采用电铃、电话、灯光等几套结合方法。有的矿山还在吊罐上安设电控信号箱，采用电控、电铃、电话相结合的方法，使罐上人员不仅可直接与上、下中段联系。当信号失灵，吊罐发生卡帮或过卷时，可以直接通知上下或停车。

信号线路是通过邻近天井或钻孔进行铺设。电铃与电话设专线。安装后要检查。

7.3.4 掘进工作

7.3.4.1 掘进凿岩

一台吊罐一般配 2 台 YSP - 45 型凿岩机同时凿岩，这样有利于吊罐受力平衡，保持稳定。中心孔还有利于炮孔排列和提高爆破效果，但是处理不好会造成中心孔堵塞，影响掘进正常进行。所以，既要获得好的爆破效率，又要防止中心孔堵塞是天井工作面炮孔排列的充分注意事项。

图 7 - 11 所示为炮孔排列的几种形式。

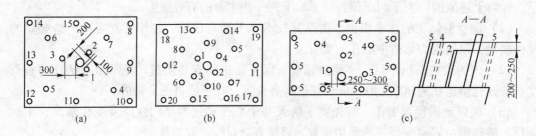

图 7 – 11　炮孔排列

（a）螺旋形掏槽；（b）对称直线掏槽；（c）斜天井螺旋形掏槽

常用炮孔排列有螺旋形掏槽、对称直线掏槽、三角柱掏槽、不规则桶形掏槽等。一般孔深 1.7m 左右，具体尺寸视岩石情况而定。

在掘进斜天井时，为保证吊罐上下运行方便与安全，边孔向外有 90°～95°的倾角，底板增加 1～2 个炮孔，并以多打孔少装药的办法获得较好的成形规格。

7.3.4.2　起爆方法

天井掘进一般采用通电雷管引爆和非电导爆管起爆法。

7.3.4.3　通风防尘

天井掘进时，通风比较困难。吊罐法的中心孔为解决通风问题创造了条件。各地习惯于采用混合式通风方式，即上中段通过中心孔下放风水管，并以高压风，水自上而下吹洗炮烟，同时，在下中段天井附近安设局部通风机，将炮烟抽出。这种方法效果好，大约 10～15min 便可将炮烟全部从天井内排出。为了减少工作面粉尘，可将吊罐提至工作面后，用高压水喷洒井壁粉尘。

7.3.4.4　装岩

装岩一般多与凿岩平行作业。我国金属矿山采用吊罐法掘进天井时，多采用装岩机装入矿车或转载斗车，有的矿山采用漏斗装车。

7.3.5　劳动组织与作业方式

根据我国快速掘进天井的经验，用吊罐法掘进天井时，最好成立专门的吊罐掘进队，下设准备组和掘进小组，统一指挥。每班配备凿岩工两名、绞车工一名、装岩工两名、一名机修工，既分工又合作，并有专人负责信号系统。这样能充分利用工时和设备，大大提高掘进速度。

经验证明，单工作面作业时，每班可完成 2～3 个循环，其循环图表见表 7 – 2。

7.3.6　对吊罐法掘进天井的评价

吊罐法掘进天井与普通法掘进天井相比较的优点：

表 7 – 2　单工作面作业时每班（8h）三循环图表

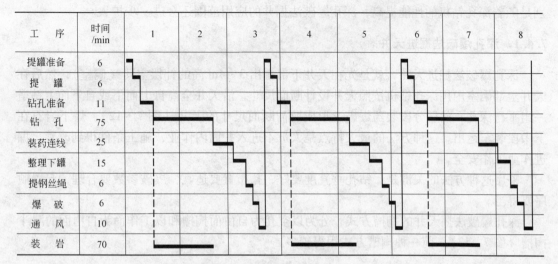

工序	时间/min	1	2	3	4	5	6	7	8
提罐准备	6								
提罐	6								
钻孔准备	11								
钻孔	75								
装药连线	25								
整理下罐	15								
提钢丝绳	6								
爆破	6								
通风	10								
装岩	70								

（1）吊罐法掘进不搭设工作台、安全棚、梯子平台，不要梯子，材料、设备的上下都不用人工去完成，既节约材料，又减轻劳动强度，改善作业条件。

（2）由于可以利用中心孔进行混合式通风，大大改善通风效果，减少通风所需的时间，杜绝炮烟中毒事故的发生，改善工人的作业环境。

（3）工序简单，辅助作业时间短。由于可利用中心孔爆破，故爆破效率高，可有效提高天井的掘进速度和工效。过去采用普通法掘进每月进尺只有 20 ~ 30m 左右，采用吊罐法掘进天井之后，掘进速度提高 5 ~ 10 倍，工效也提高 2.5 倍。

（4）吊罐法所需设备轻便灵活，结构简单，制作、维修容易，有利于推广。

（5）这种方法每米天井的掘进成本比普通法掘进成本低 10% ~ 15%。

吊罐法也存在着如下的一些问题和缺点：

（1）吊罐法只适用于中硬以上的岩石，在松软、破碎的岩层中不宜使用。

（2）天井过高时，钻孔偏斜值大，所以掘进的天井高一般为 30 ~ 60m 为宜。

（3）不适于打盲天井和倾角小于 65° 的斜天井。

（4）在薄矿脉中掘进沿脉天井，由于中心孔偏斜，这不利于探矿和采矿。

（5）凿岩时同样无法减少工作面的粉尘和泥浆，工人的作业工作条件仍然不够好。

应用吊罐法要着重解决的一些问题：

（1）研制质量小、效率高，偏斜小的钻机，确保高速、高质量钻凿中心孔，以利于掘高天井。

（2）进一步改进现有吊罐的结构，以保证升降与作业时的稳定性。

（3）改进现有的信号联系装置，研制新的信号设施，确保吊罐作业安全。

（4）进一步研究降低粉尘浓度的方法，改善登高作业条件，确保天井操作人员的健康。

7.4　其他天井掘进方法

天井掘进方法除了普通掘井法和吊罐掘井法以外，还有用深孔爆破掘进天井的方法、爬罐掘进法和钻进法。这几种天井的掘进方法，在金属矿山的地下开采中也得到应用，特别是随着深孔钻机的性能提高，深孔爆破法掘井的应用范围还会进一步扩大。

7.4.1　深孔爆破法掘进天井

深孔爆破法掘进天井，就是先在天井下部掘出 3~4m 高的补偿空间（硐室），然后在天井上部硐室内用深孔钻机按照天井设计断面尺寸，沿天井全高自上而下或自下而上钻凿一组平行深孔，然后分段装药爆破，形成所需断面尺寸的天井（图 7-12）。爆下岩石在下中段装车运出。这种方法的最大特点是人员不进入井筒内作业，施工条件得到改善，掘进作业工作安全。

采用这种方法的关键是：钻孔垂直度要好，孔布置要适宜，爆破参数要合理，起爆顺序要得当。

深孔爆破法掘天井的掏槽方式，分为以空孔为自由面掏槽和以工作面为自由面的漏斗掏槽（图 7-13）。前一种掏槽方式用得较多。

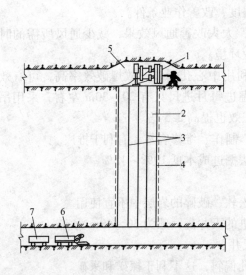

图 7-12　深孔爆破法掘进天井示意图

1—深孔钻机；2—天井；3—掏槽孔；
4—周边孔；5—钻机硐室；6—装岩机；7—矿车

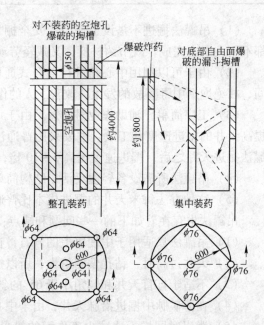

图 7-13　连续装药空孔掏槽与集中装药漏斗掏槽

湖南黄沙坪铅锌矿自从 20 世纪 70 年代以来就使用此法掘进天井，积累了较丰富的经验。下面介绍该矿的应用情况。

7.4.1.1　深孔钻凿

深孔质量的好坏是深孔分段爆破法掘进天井的关键。深孔的偏斜会造成孔口和孔底的最小抵抗线不一致，影响爆破效果。

孔的偏斜包括：起始偏斜和钻进偏斜。钻机的性能、立钻的精确度和开孔误差是引起初始偏斜的主要因素；岩层变化、钻杆的刚度和操作技术是引起钻孔偏斜的基本因素。孔的偏斜率随孔深增加而增大，这是此法掘进天井在高度上受限制的主要原因。

A 深孔钻机

深孔爆破法对钻机的要求有二：一是钻孔偏斜率要小，二是钻进速度要快。目前我国多采用潜孔钻机。黄沙坪矿先后采用过 YQ-100 型、YQ-100A 型及 YQ-80 型钻机和 TYQ 钻架。长沙矿山研究院研制的 KY-120 型地下牙轮钻机，钻孔直径 120mm 并配有 300mmn 直径的扩孔刀具，具有穿孔速度快、钻孔偏斜小等优点，在该矿进行了工业试验，取得了比较好的技术经济效果。

B 钻孔工艺

开钻前根据设计要求检查硐室，测定好天井方位和倾角，给出中心点和孔位，然后安装钻机并调好钻机的方位和倾角，使之符合设计要求。

开孔时先用 ϕ170mm 开门钻头将孔口磨平，然后选用 ϕ130mm 或 ϕ115mm 开孔钻头开孔。开孔要慢、减压，精心操作。当钻入原岩 0.1~0.2m 深时，停止钻进，校核钻机的方位和倾角，使之符合设计要求，并清除孔内积渣，埋设套管，换上 ϕ90mm 钻头进行钻孔，并在冲击器后面接导正钻杆以控制钻孔偏斜。

钻孔偏斜控制是深孔爆破法成败的关键之一，要求偏斜率小于 0.5%。每钻进 10m 应测斜一次，偏孔应堵塞后补新孔。每钻完一孔就测孔斜，并绘制实测图。

7.4.1.2 深孔爆破

A 爆破参数及深孔布置

a 孔径

钻孔直径是根据所使用的钻机、钻具而定。采用 YQ-80 型潜孔钻机时，装药孔直径定为 90mm，使用 KY-120 型地下牙轮钻机时，装药孔直径定为 120mm。

国内外经验表明，作自由面使用的空孔以采用较大直径为宜。可采用普通钻头钻孔，然后用扩孔钻头扩孔的办法，或用并联导向器钻凿平行并联孔。这样做的目的是保证 1 号掏槽孔爆破时有足够的破碎角和补偿空间，以利岩石的破碎和膨胀。该矿采用 ϕ90mm、ϕ130mm 和 ϕ150mm 三种孔径组成不同形式的空孔，使用 KY-120 型地下牙轮钻机时，采用扩孔刀具直径为 300mm。

b 孔距

第一响掏槽孔到空孔的距离是爆破参数中最关键的参数。如果 1 号掏槽孔爆破发生"挤死"现象，则后续掏槽孔的爆破无效，甚至发生冲炮。1 号掏槽孔是以空孔线作自由面，其条件劣于后续掏槽孔，因此 1 号掏槽孔至空孔的距离应较小；而后续掏槽孔因有前一响掏槽孔爆出的槽腔可供利用，所以孔距可以增大。

令 n 表示初始补偿系数，则：

$$n = \frac{S_空}{S_实} \tag{7-2}$$

式中 $S_空$——空孔横截面积；
$S_实$——1 号掏槽孔爆破岩石实体的横截面积。

　　从理论上讲，如果岩石碎胀系数为 1.5，当补偿系数为 0.5 时，则空孔的面积即可容纳 1 号掏槽孔爆破下来的碎岩石。但考虑到深孔偏斜造成的孔距误差等因素，应将 n 值取为 0.7 以上合适。

　　空孔的直径对确定 1 号掏槽孔间的中心距离有很大影响。空孔的容积应该足够容纳 1 号掏槽孔爆落下来的岩渣。孔间距 L（图 7 - 14）的计算方法如下：

$$\left[\frac{D+d}{2}L - \frac{\pi D^2}{8} - \frac{\pi d^2}{8}\right]K = \frac{D+d}{2}L + \frac{\pi D^2}{8} + \frac{\pi d^2}{8} \qquad (7-3)$$

式中　D——空孔直径，mm；

　　　d——1 号掏槽孔直径，mm；

　　　K——岩石碎胀系数；

　　　L——1 号掏槽孔到空孔的中心距，mm。

　　当 D、d、K 等值均为定值时，则 L 值可求出：

$$L = \frac{\pi(D^2+d^2)(K+1)}{4(D+d)(K-1)} \qquad (7-4)$$

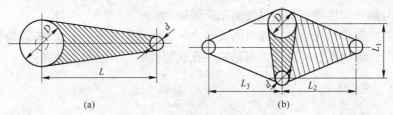

图 7 - 14　掏槽孔布置参数计算

a—1 号掏槽孔至空孔的距离；b—其余掏槽孔至空孔的距离

　　其余槽孔应在确保补偿空间和自由面宽度的前提下，尽量增大槽腔面积。

　　黄沙坪铅锌矿在使用双空孔和三空孔掏槽，装药孔直径为 φ90mm 时，取 $L_1 = 350\text{mm}$，$L_2 = 400 \sim 450\text{mm}$，$L_3 = 500 \sim 550\text{mm}$ 左右。按不同断面的天井规格，要求最终形成槽腔的面积达到 $0.2 \sim 0.3\text{m}^2$ 以上。深孔布置如图 7 - 15 所示。

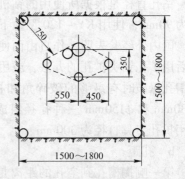

图 7 - 15　深孔排列

　　c　装药集中度

　　合理的装药集中度取决于矿岩性质、炸药性能、深孔直径、掏槽孔至空孔的距离等因素。该矿采用 TNT 为 5% 的硝铵炸药。掏槽孔直径 90mm，药包直径 70mm；按孔距远近和空孔直径大小，掏槽孔的装药集中程度分别为 1.65kg/m、205kg/m 和 2.67kg/m；周边孔采用 3.6 ~ 3.74kg/m。

　　d　孔数

　　炮孔数目与掏槽方式、补偿空间、矿岩性质、天井断面及钻孔直径有关。

　　该矿采用装药直径为 90mm 时，在天井断面为 2.25 ~ 4.0m² 中，布置 10 ~ 12 个（包括双空孔或三空孔）；掏槽孔直径为 300mm，装药孔直径 120mm，天井断面为 1.8m ×

1.8m～2.0m×2.0m，布置1个空孔和6个装药孔。实践证明，这样是合理的，如果再减少孔，不仅布孔困难，爆破后天井断面不规整。对于1.8m×1.8m～2.0m×2.0m的天井，无需布置辅助孔，直接布置周边孔或角孔即可。

e　一次爆破分段高度

深孔一次钻成，分段爆破。分段高度大，能节约材料，节省辅助时间，提高效率。但分段高度受到许多条件限制，特别是与补偿空间大小有关。

在天井断面4m²左右情况下，当补除空间系数为0.55～0.7，分段高度可达5～7m；当补偿系数小于0.5时，则分段高度以取2～4m为宜。此外，分段高度的选取还与岩层情况有关，不同岩层的界面、破碎带等，应作为分段间的界面。

B　装药起爆方法

a　装药方法与结构

除第一分段从下往上装药外，其余分段均由上往下装药。由上往下装药时，先将孔下口填塞好后，用绳钩将药包放入孔内，上部填以炮泥和碎岩石渣。下端堵塞高度以不超过最小抵抗线为宜，上部填塞高度在0.5m以上。

由于掘槽孔的抵抗线最小，为避免槽孔爆破时过大的横向冲击动压将空孔或槽腔堵死，可采用间隔装药的方法来减少每米槽孔的装药量。根据最小抵抗线和自由面的大小，每一个长160mm、240mm或480mm的药包用一个200mm长的竹筒相间，并在装药全长敷设导爆索，如图7-16所示。

其余的炮孔，均采用连续装药结构，并在装药段全长上敷设导爆索。

b　起爆方法

采用非电导爆管和导爆索起爆。微差间隔时间，考虑深孔爆破后有充裕的排渣时间。掘槽孔取100ms以上，周边孔取200ms以上。

起爆顺序是：第一分段先爆破掘槽孔，第二分段的掘槽孔与第一分段周边孔同时爆破，一般掘槽孔超前于周边孔一个分段。

C　深孔堵塞的原因及处理

深孔堵塞的原因主要有：

（1）空孔补偿空间不够和装药量过大，造成槽腔和邻近孔挤死。这是因为装药量过多，造成岩石过分

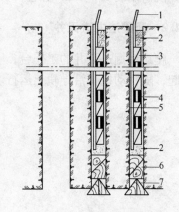

图7-16　掘槽孔装药结构
1—导爆管；2—炮泥；3—药筒；4—竹筒；
5—导爆索；6—木楔；7—木塞

粉碎，并以更高的速度射向空孔壁上，以更大压力压实，在掘槽空间有限的情况下排渣困难，形成再生岩，造成槽腔和邻近孔挤死。

（2）装药高度不合理，装药较高的孔会将装药低的孔挤死。

（3）装药段内有两种不同岩层时，先爆孔易将邻近孔在软岩处挤死。

（4）下孔门堵塞高，起爆顺序不当等。

深孔堵塞的处理方法主要有：

（1）当堵孔高度0.6～0.8m时，可在该孔内装少量炸药爆破，贯通炮孔。

（2）堵孔较高时，用相邻未堵孔少量装药低段爆破，逐步削低堵塞高度。

D　球状药包漏斗爆破方案

平行空孔自由面的爆破方案要求钻机有较高精度。如果钻孔的精确度不够高，则可改用球状药包漏斗爆破方案。这种方法不需要空孔，而是让 1 号掏槽孔的药包朝向底部自由面爆破。1 号掏槽孔药包爆出一个倒置的漏斗形缺口，后继的掏槽孔药包则依次以漏斗侧表面及扩大的漏斗侧表面作为自由面进行爆破。

根据利文斯顿漏斗爆破理论，集中药包长度不应大于直径的 6 倍。因此漏斗爆破掘进天井的方法虽然有使用孔数较少和对钻孔精确度要求低等优点，但它一次爆破崩落的分段高度较低。

7.4.1.3　对深孔爆破法掘进天井的评价

深孔爆破法掘进天井的突出优点是：人员不进入井筒作业，工作安全，作业条件改善；它比普通法节约坑木，与爬罐法、钻进法比较设备投资也较低；再就是能在不稳定的岩层中施工，这是吊罐法和爬罐法不能做到的。

深孔爆破法主要问题是受到掘进高度的限制，打高天井时成本较高。

此法目前国内外矿山广泛用于高度在 50m 以内、倾角 45° ~ 90° 的天井掘进。

深孔爆破法掘进天井的关键在于对钻孔设备和爆破工艺的研究。

目前用深孔爆破法掘进天井的钻孔设备中，潜孔钻机的钻孔准确性不太高，长沙矿山研究院研制的 KY – 120 型地下牙轮钻机在一定程度上克服了上述缺点。

7.4.2　爬罐法掘进天井

爬罐法掘进天井的工作台，不像吊罐法那样用绞车悬吊；而是和一个驱动机械联结在一起，随驱动机械沿导轨上运行。图 7 – 17 为爬罐法掘进天井示意图。

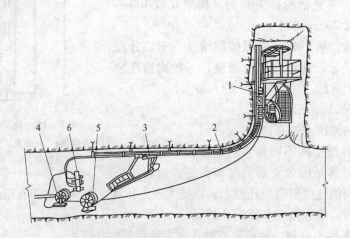

图 7 – 17　爬罐法掘进天井示意图
1—主爬罐；2—导轨；3—副爬罐；4—主爬罐软管绞车；
5—副爬罐软管绞车；6—风水分配器

掘进前，先在下部掘出设备安装硐室（也称为避炮硐室）。开始先用普通法将天井掘出 3 ~ 5m 高，然后在硐室顶板和天井壁上打锚杆，安装特制的导轨。此导轨可作为爬罐运行的轨道，同时利用它装设风水管向工作面供应压风和高压水。在导轨上安装爬罐，在硐室内安装软管绞车、电动绞车以及风水分配器和信号联系装置等。上述设备安装调试后，将主爬罐升至工作面，人员即可站在主爬罐的工作台上进行钻孔、装药连线等工作。爆破之前，将主爬罐驱往避炮硐室避炮；爆破后，打开风水阀门，借工作面导轨顶端保护盖板上的喷孔所形成的风水混合物对工作面进行通风。爆下去的岩渣用装岩机装入矿车运走。装岩和钻孔可根据具体情况顺序或平行进行。

导轨随着工作面的推进而不断接长。只有当一条天井掘完后，才能拆除导轨，拆除导轨的方向是自上而下进行的。利用辅助爬罐可以使天井工作面与井下取得联系，以便缩短掘进过程中的辅助作业时间。

爬罐法能够掘进高天井、盲天井，也能掘进倾角较小的天井和沿矿体倾斜方向弯曲的天井，又可用于掘进需要支护的天井，因此，它的适应性广。不仅如此，采用此法作业比吊罐安全，机械化程度高，工人的劳动强度不大。但是这种方法的设备投资大，设备的维护检修也较复杂，掘进前的准备工程最大，工作面的通风条件不如吊罐法好，粉尘大。所以尽管如此，这种方法也由于它的适应性比较强，在国外应用较多，国内酒泉钢铁公司镜铁山铁矿的应用也较好。

7.4.3　钻进法掘进天井

钻进法掘进天井，是用天井钻机在将要掘进的天井断面内沿全深钻出一个直径200～300mm的导向孔，然后再用扩孔刀具分次扩大到所需要的断面。掘进人员不进入工作面，实现了掘进工作的全面机械化。

7.4.3.1　钻进方式

天井钻机的钻进方式主要有两种：一种是上扩法，其钻进程序是，将天井钻机安装在上部中段，用牙轮钻头向下钻导向孔，与下部中段贯通后，换上扩孔刀头，由下而上扩孔至所需要的断面，如图7－18（a）所示。另一种是将钻机安在天井底部，先向上打导向孔；再由上向下扩孔，即所谓"下扩法"，如图7－18（b）所示。目前我国多用"上扩式"。

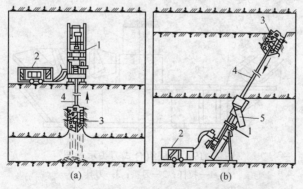

图7－18　天井钻进法的两种钻进方式
（a）上扩法；（b）下扩法
1—天井钻机；2—动力组件；3—扩孔钻头；4—导向孔；5—漏斗

7.4.3.2　天井钻机、钻头及结构特点

按的外形尺寸天井钻机可分为低矮形和普通形。我国的 AT 型钻机属于普通型，TYZ型属于低矮形，但是不管哪类钻机都具有向下导孔和向上扩孔的基本性能。表 7 – 3 列举了我国现有天井钻机的主要技术性能。

表 7 – 3　国产部分天井钻机的主要技术性能

项　目	型　号				
	TYZ – 500	TYZ – 100	TYZ – 1500	AT – 1500	AT – 2000
导孔直径/mm	216	216	250	250	250
扩孔直径/m	0.5、0.8	1.0、1.2	1.5、1.2	1.2、1.6、2.0	1.8、2.0、2.5
钻进深度/m	120	120	120	126	120
钻进角度/(°)	70 ~ 90	60 ~ 90	60 ~ 90	45 ~ 90	42 ~ 90
总功率/kW	72	92	92	125	149
外形尺寸（工作时）/mm × mm × mm	2580 × 1340 × 2650	2940 × 1320 × 2830	3010 × 1630 × 3280	3050 × 1380 × 3730	4450 × 1360 × 4030
主机质量/t	3.5	4	5.5	9	10

扩孔刀头与刀具是天井钻进的关键设备，它的性能直接影响钻井费用和钻井方法的发展规模。近些年来，在研究天井钻机的同时，把发展扩孔刀头与刀具的技术作为发展天井钻进技术的重点，先后研制了直径为 500mm、1000mm、1500mm、2000mm 不同形式的刀头及适应于不同岩石的三种不同形式的破岩刀具。

扩孔刀头由刀盘、刀具和拉杆组成（图 7 – 19）。刀盘是用于安装刀具的，刀具是破岩装置，而拉杆的作用是把拉力及扭矩通过刀盘传给刀具而用于破岩。刀头形式有整体式结构和组合式结构，直径在 1.5m 以下者为整体式结构，1.5m 以上者为组合式结构。刀具分为密齿形滚刀、合金钢盘形滚刀、镶齿盘形滚刀。这三种滚刀在我国已经成为天井刀具的基本刀型，具有各自的破岩性能，基本上适应了我国矿山不同性质岩石需要，成为了我国刀具系列的基础。

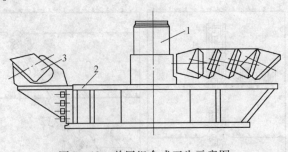

图 7 – 19　单层组合式刀头示意图
1—拉杆；2—刀盘；3—刀具

7.4.3.3　天井钻进工艺

在钻井之前，先在上水平开凿钻机硐室，在底板上铺一层混凝土垫层，待其凝结硬化

后，用地脚螺丝将钻机固定在此基础上，用斜撑油缸和定位螺杆把钻机调节到所需的钻进角度，接上电源，便可开始自上而下钻进导向孔。导向孔的直径视钻机不同而定，目前使用两种三牙钻头，即 9 号（ϕ216mm）和 10 号（ϕ250mm）。在钻进过程中选用适当形式和数量的钻杆稳定器，并根据岩石性质控制转速与钻压，使钻孔偏斜率保持在 1% 以内。钻进岩屑用高压风或高压水排出孔外。

当导向孔钻通下水平后，卸下钻头，换上扩孔刀头，然后开始自下而上扩孔。

扩孔刀具的选用视岩石条件而定。在硬岩中采用密齿形滚刀，在中硬以下岩石中采用镶齿盘形滚刀，软岩中采用合金钢盘形滚刀。孔中的岩屑借自重与高压水排离工作面。

当扩孔刀头钻通钻机底下的混凝土垫层之后，就用钢丝绳暂时将扩孔刀头吊在井口，待撤除钻机之后再取出扩孔刀头；或者是在钻机撤除之前，将扩孔刀头放到天井的底部，但是这样做又需要重新接长钻杆，所以比较耗费工作时间。

天井钻进法，在我国已经有几十年的发展历史，钻井技术日趋完善，为我国天井施工法开辟了一条新的途径。实践证明，在中硬以下岩石，钻直径小于 2m，深约 60m 的天井掘进中，工效、成本和月成井速度等方面都取得了令人满意的效果。但是这种方法的设备投资大、维修费用高，辅助工程量大，刀具费用也高，设备运转率不太高，使用范围受到了一定限制。

总的来看，我国冶金矿山所用的天井掘进方法较多，各自都有自己的适用条件和优缺点；施工中，应根据具体情况来选取。表 7 - 4 列出几种天井掘进方法的应用范围，以供参考。

表 7 - 4　各种天井掘进方法的应用范围

天井掘进方法	适用范围						特点
	断面格规	形状	倾斜	高度	岩性	其他	
吊罐法	1.5m×1.5m~2m×2m	圆形方形	>85°	30~100m，取决于绳孔的精确度	必要时可支护，中硬岩石均可，个别软岩可用	天井上下两中段都要有通道	(1) 中心孔便于提高爆破效率和通风；(2) 速度快，工效高
爬罐法	1.2m×1.5m~2.3m×2.3m或更大	圆形方形	45°~90°及各种倾斜度	50~200m，适用电动爬罐，柴油爬罐可用于1000m天井	中硬以上岩石，能使导轨可靠固定于顶板边	可开凿盲天井及其他类型的天井	(1) 可掘进高天井；(2) 可开凿盲天井；(3) 掘进准备量大；(4) 速度快，投资大
深孔爆破法	断面不限，一般最小为0.6m	各种形状	60°以上为宜	一般30m以内的天井为宜	各种岩石均可，裂隙水不大，岩石均质最好	天井上下两中段都要有通道	(1) 所需设备较少；(2) 作业支护成本低；(3) 要求深孔精度高；(4) 人员不进入天井作业

天井掘进方法	适 用 范 围						特　　点
	断面格规	形状	倾斜	高度	岩性	其他	
钻井法	一般为 0.9～2.4m，最大为3.6m	圆形	0°～90°	30～90m	各种岩石均可	天井上下两中段都要有通道	(1) 井壁光滑，稳定和通风阻力小； (2) 井筒超、欠挖量少； (3) 安全，劳动强度小； (4) 速度快，工效高； (5) 投资大，成本高

复习思考题

7 - 1　天井的断面形状有哪些，其断面尺寸又由哪些因素确定？

7 - 2　普通法掘进天井有哪些特点，其主要的工序是什么？

7 - 3　吊罐法掘进天井的特点是什么，其施工内容有哪些？

7 - 4　何谓爬罐法掘进天井，它与吊罐法掘进天井有什么不同？

7 - 5　深孔爆破法掘进天井对钻孔要求有哪些，其应用情况如何？

7 - 6　钻井法掘进天井的设备有哪些，其工序又是怎么展开的？

7 - 7　在我国，各种天井掘进方法的应用情况是怎样的？

8　斜　井　掘　进

┼-┼

【本章要点】：斜井断面布置、井筒内的设施、掘砌工序、快速机械化施工。

┼-┼

斜井也是矿山主要井筒之一。按其用途分为：主斜井，一般用来专门提升矿石；副斜井，多数用于提升废石、升降人员和设备；通风斜井，主要用于通风，兼作安全出口。

斜井按其提升容器不同，又可分为胶带运输机斜井、箕斗提升斜井和串车提降斜井。斜井各种提升方式所能适应的倾角按表 8－1 选取。

表 8－1　各种提升方式时斜井的倾角

提升方式	井筒倾角
串　车	最好 15°～20°，最大不超过 25°
箕　斗	一般 20°～30°，个别情况大于 25°
胶带运输机	一般小于 17°，个别可达 18°

斜井倾角是一个重要参数，在斜井全长范围内一般应该保持不变，否则会给提升或运输带来不利影响。不但设计如此，施工时更应该做到坡度基本不变。

斜井上接地面工业场地，下连各开拓水平，是矿井生产的咽喉。斜井结构分为井口结构、井身和井底结构三部分，相当于竖井的井颈、井身和井底结构。

8.1　斜井筒的断面布置

斜井断面形状和支护形式的选择与平巷基本相同，但斜井是矿井主要出口，服务年限长，因此断面形状多采用拱形断面，并用混凝土支护或喷锚支护。

斜井断面布置是指轨道（运输机）、人行道、水沟和管线等相对位置的确定。

8.1.1　斜井断面布置的原则

斜井断面布置的原则，除了与平巷的布置相同之外，重点考虑以下几点：

（1）井筒内的提升设备与设备、管路、电缆、侧壁之间的间隙，都必须保证提升的安全，同时还应考虑到升降最大设备的可能性；

（2）有利于生产期间井筒的维护、检修、清扫及人员通行的安全与方便；

（3）在容器发生脱轨跑车时，对各管线、设备的破坏应该降到最低限度；

（4）串车斜井一般为进风井（也有作回风井），井筒断面要满足通风要求。

8.1.2　斜井断面设计

斜井断面设计一般按提升类型分为串车斜井断面布置、箕斗斜井的断面布置、胶带机斜井断面布置。

8.1.2.1　串车斜井断面布置

通常断面内有轨道、人行道、管路和水沟等。无论单线或双线，断面布置均按轨道、人行道、管路和水沟的相对位置分为以下四种方式：

（1）管路和水沟布置在人行道一侧（图8-1（a））。这时管路距轨道稍远，万一发生跑车或掉道事故，管路不容易砸坏，而且管路架在水沟上，断面利用比较好。这种布置的缺点是出入躲避硐因管路妨碍，不够方便和安全。

（2）管路和水沟布置在非人行道一侧（图8-1（b））。在这种情况下管路靠近轨道、容易被跑车或掉道车辆砸坏，但出入躲避硐比较安全和方便。非人行道一侧的宽度要增加，以便布置水沟。

（3）管路和水沟分开布置，管路设在人行道一侧（图8-1（c））。它与图8-1（a）相似，但要加大非人行道一侧的宽度，以便布置水沟。

（4）管路和水沟分开布置，管路设在非人行道一侧（图8-1（d））。它与图8-1（b）有相似处，但水沟位于人行道一侧，人行道应适当加宽。

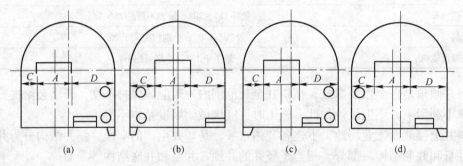

图8-1　串车斜井断面布置方式

A—矿车宽度；C—非人行道侧宽度；D—人行道宽度

考虑到可能需要扩大生产和输送大型设备，现场经常采用后两种布置方式，这两种布置方式的缺点是工程量有所增大。另外，串车斜井难免发生掉道或跑车事故，故在设计时应尽量不将管路和电缆设在串车提升的井筒中，尤其是提升频繁的主井，更应避免。

近些年来，有些矿山利用钻孔将管路和电缆直接引到井下。当斜井内不设管路时，断面布置与上述基本相似，水沟可布置可以在任何一侧；但多数还是设在非人行道一侧。

井筒断面尺寸主要根据井筒提升设备、管路和水沟的布置，以及通风等需要来确定。

非人行道一侧提升设备与支架之间的间隙应大于300mm，如将水沟和管路设在非人行道一侧，其宽度还要相应增加。双钩串车提升时，两设备间的间隙不得小于300mm。人行道的宽度，大于700mm，同时修筑躲避硐。若管路设在人行道一侧，其宽度也要相应增大。运输物料的斜井兼作主要行人时，人行道的有效宽度不得小于1.2m，人行道垂直高度不得小于1.8m，车道与人行道之间应设置坚固的隔墙。在提升运人车的斜井中，上下运人车的停车处应设站台。站台宽度大于1.0m，其长度为一组运人车总长的1.5～2.5倍。

提升设备的宽度，按设备最大宽度考虑；提升运人车的井筒，按运人车的宽度决定。

在斜井断面布置形式与上述尺寸确定后，按平巷尺寸方法确定斜井断面尺寸。

8.1.2.2　箕斗斜井的断面布置

箕斗斜井为出矿通道，一般不设管路（洒水管除外）和电缆，因而断面布置很简单，通常将人行道与水沟设于同一侧。《安全规程》规定箕斗斜井筒禁止进风，故将其断面尺寸主要以箕斗的合理尺寸布置为主要依据。斜井箕斗规格见表8-2。

表8-2　金属矿斜井箕斗主要尺寸

箕斗容积 /m³	最大载重 /kg	外形尺寸/mm			适用角度 /(°)	最大牵引力 /kN	轨距 /mm	卸载方式	自重 /kg
		长	宽	高					
1.5	3190	4525	1714	1280	20		900	前卸	1840
2.5		3968	1406	1280	30~35	65.7	1100	后卸	2900
3.5	6000	3870	1040	1400	20~40	73.5	1200	后卸	4050
3.74	7050	6130	1550	1740			1200	前卸	3200

8.1.2.3　胶带机斜井断面布置

在胶带机斜井中，为便于检修胶带机及井内其他设施，井筒内除设胶带机外，还设有人行道和检修道。按照胶带机、人行道和检修边的相对位置，断面布置有三种方式（图8-2）。我国多采用图8-2（a）的形式，其优点是检修胶带机和轨道、装卸设备以及清扫撒落的矿石都比较方便。

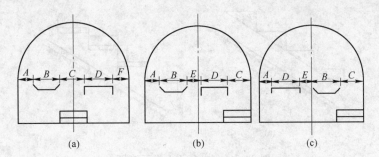

图8-2　胶带机斜井断面布置方式

（a）人行道在中部；（b）检修道在中部；（c）胶带机在中部

A，F—提升设备至井帮距离；B—胶带机宽；C—人行道宽度；

D—矿车宽度；E—人行道在边侧时两提升设备的间距

8.1.3　斜井筒内的设施

根据斜井筒的用途和生产要求，常在井筒内设轨道、水沟、人行道、躲避硐、管路与电缆等。但斜井具有一定的倾角，轨道、人行道、水沟的铺设均与平巷有所区别。

8.1.3.1　水沟特点

水沟坡度与斜井倾角相同，断面尺寸参照平巷水沟断面尺寸取。通常它比平巷水沟断面小得多，但水沟内水流速度较大，因此斜井水沟一般用混凝土浇灌。若服务年限很短，围岩较好，井筒基本无涌水，也可不设水沟。

斜井水沟除有纵向水沟以外，在含水层下方、胶带机斜井的接头硐室下方以及井底车场与井筒连接处附近，应设横向水沟。总之，斜井整个底板不允许作为矿井排水的通道；相反斜井中的水还应该逐段截住，引至矿井排水系统内。

8.1.3.2　人行道的特点

斜井人行道与平巷不同，通常按斜井倾角大小的需要设置人行台阶与扶手。

台阶踏步尺寸可按表8-3选取。一般在倾角30°左右时，按需要设置扶手。扶手材料常用钢管或塑料管制作，位置应选在人行道一侧，距离轨道渣面垂高900mm左右。

表8-3　斜井台阶尺寸　　　　　　　　　　　　　　　　（mm）

台阶尺寸	斜井坡度			
	16°	20°	25°	30°
台阶高度（R）	120	140	160	180
台阶宽度（T）	420	385	340	310
台阶横向长度	600	600	600	600

有的斜井筒利用水沟盖板作为人行台阶，即使井筒断面布置紧凑，减少井筒工程量，又节省材料。利用水沟盖板作台阶有两种方式，如图8-3所示。图8-3（a）施工简单，台阶稳定，效果较好，但混凝土消耗量多；图8-3（b）混凝土消耗量较少，但施工较复杂，预制盖板易活动。

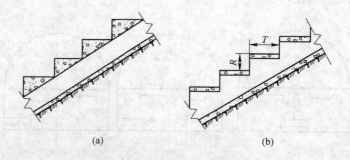

(a)　　　　　　　　　　　　　　　　(b)

图8-3　斜井行人台阶示意图
（a）预制台阶斜盖板；（b）预制台阶平盖板

8.1.3.3　躲避硐

在串车或箕斗提升时，按规定井内不准行人。但在生产中，必须有人在提升空隙时间去检查、检修。为了保证检修人员安全，又不影响生产，只好在斜井筒内每隔一段距离设置躲避硐。

躲避硐的间距一般30~50m，硐室的规格可采用宽1.0~1.5m，高1.6~1.8m，深1.0~1.2m，位置设于人行道一侧，方便人员出入。

8.1.3.4　管路和电缆敷设

电缆和管路常设在副斜井筒内，主要原因是检修方便；副井比主井提升频率低，相对安全，对生产影响要小。其敷设要求与平巷相同。当斜井倾角小、长度大时，为节省电缆和管路，有的矿井采用垂直钻孔直接送至井下。这时应对地面厂房、管线等都应该做出全面规划。

8.1.3.5 轨道铺设

斜井轨道铺设的突出特点是要考虑防滑措施。这是因为矿车或箕斗运行时，迫使轨道沿倾斜方向产生很大的下滑力，其提升速度大小、提升质量、道床结构、线路质量、底板岩石性质、井内涌水和斜井倾角等都与其密切相关，其中主要因素是斜井倾角。当倾角大于20°时，轨道必须采取防滑措施。采取防滑措施就是将钢轨固定在斜井底板上。最常见的是每隔30~50m，在井筒底板上设置一根混凝土防滑底梁，或用其他方式的固定装置将轨道固定，以达到防滑目的，如图8-4、图8-5所示。

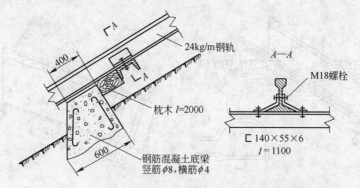

图8-4 京西门头沟铁矿龙门主坡道采用的防滑装置

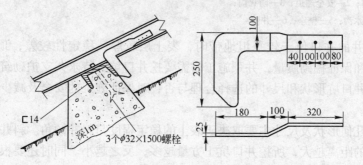

图8-5 淮南李郢孜1号箕斗斜井采用的防滑装置

8.2 斜井掘砌

斜井的井筒是倾斜的巷道，当倾角较小时，其施工方法与平巷掘砌基本相同；而倾角大于45°时，又与竖井掘砌相类似。本节重点仅叙述其井筒的施工特点。

8.2.1 斜井的井颈施工

斜井的井颈是指地表出口处的一段井壁加厚井筒，由加厚井壁与壁座组成，如图8-6所示。

在表土（冲积层）中的井颈，从井口至基岩层3~5m内应该采用耐火材料支护并露出地面，井口标高应该高出当地最高洪水位 1.0m 以上，井颈内设置坚固的金属防火门或防爆门以及人员的安全出口通道。安全出口通常通道也兼作管路、电缆、通风道或暖空气输送道。在井口周围应修筑排水沟，防止地面水流入井筒。为了使工作人员、机械设备不受气候影响，在井颈上可建井棚、走廊和井楼。通常井口建筑物与构筑物的基础不要与井颈相连。

井颈的施工方法，根据斜井的井筒倾角、地形和岩层的赋存状况而定。

（1）当斜井井口位于山岳地带的坚硬岩层中，有天然的山冈及山崖可利用时，只需进行一些简单的场地整理后即可进行井颈的掘进。在这种情况下，井颈施工比较简单，井口前的露天工程量小。在山岳地带开凿斜井（图 8-7），斜井的门脸必须要用混凝土或坚硬石材砌筑，并需在门脸的顶部修筑排水沟，以防雨季和汛期山洪水涌入井筒内，影响施工，危及安全。

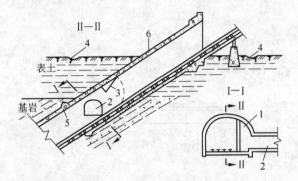

图 8-6　斜井的井颈结构　　　　　　　　　图 8-7　山岳地带斜井的井颈
1—人行间；2—安全通道；3—防火门；
4—排水沟；5—壁座；6—井壁

（2）当斜井的井口位于较平坦地带时，表土层较厚，稳定性较差，顶板不易维护，为了安全施工和保证掘砌质量，井颈施工时需要挖井口坑，待永久支护砌筑完成后再将表土回填夯实。井口坑形状和尺寸的选择合理与否，对保证施工的安全及减少土方工程等有着直接的影响。

井口坑的几何形状及尺寸主要取决于表土的稳定程度与斜井倾角。斜井倾角越小，井筒穿过表土段的距离越大，所挖井口坑土方量越多，反之越小。同时还要根据表土层的涌水量、地下水位及施工速度等因素综合确定。

直壁井口坑（图 8-8）用于表土层薄或表土层虽厚，但土层稳定情况；斜壁井口坑（图 8-9）用于表土不稳定的情况。

8.2.2　斜井的基岩掘砌

斜井基岩施工的方式、方法及工艺流程基本与平巷相同，但由于斜井具有一定的倾角，因此也有某些特点，如选择装岩机时，必须适应斜井的倾角；采用轨道运输，必须设有提升设备，以及提升设备运行过程中的防止跑车安全设施；因向下掘进，工作面常常积水，必须设有木排设备等。此外，当斜井（或下山）的倾角大于45°时，其施工特点与竖井施工方法相近似。

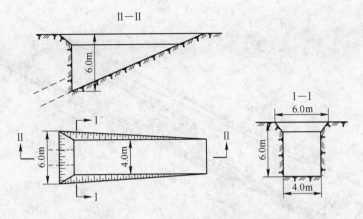

图 8 - 8　直壁井口坑开挖法示意图

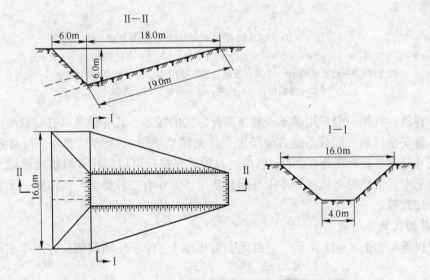

图 8 - 9　斜壁井口坑开挖法示意图

8.2.2.1　装岩工作

斜井施工中装岩工序占掘进循环时间约 60% ~ 70% 。如要提高斜井掘进速度，装载机械化势在必行。推广使用耙斗装岩机，是迅速实现斜井施工机械化的有效途径。耙斗装岩机在工作面的布置如图 8 - 10 所示。

我国斜井施工，通常只布置一台耙斗机。当井筒断面很大，而掘进宽度又超过 4m 时，可以采用两台耙斗机，其簸箕口应该前后错开布置。

耙斗装岩机具有装岩效率高，结构简单，加工制造容易，便于维修等优点。近几年来我国创造的几个斜井快速施工纪录，无一例外都是使用的耙斗装岩机。但它仍有一些缺点，需要改进。

8.2.2.2　提升工作

斜井掘进的提升工作对成井速度有重要影响。一般根据井筒的斜长、断面和倾角大小

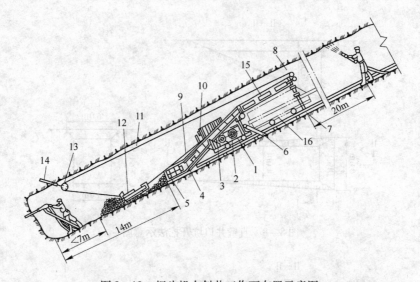

图 8 - 10　耙斗机在斜井工作面布置示意图

1—绞车绳筒；2—大轴轴承；3—操纵连杆；4—升降丝杆；5—进矸导向门；6—大卡道器；

7—托梁支撑；8—后导绳轮；9—主绳（重载）；10—照明灯；11—副绳（轻载）；12—耙斗；

13—导向轮；14—铁楔；15—溜槽；16—箕斗

选择提升容器。我国一般采用矿车或箕斗提升方式的较多。箕斗提升具有装载高度低，提升连接装置安全可靠，卸载迅速方便等优点。尤其是使用 4t 大容量箕斗，可有效增加提升量。当井筒浅，提升距离在 200m 以内时，用矿车提升可以简化井口临时设施。但在我国斜井施工中，常把耙斗机与箕斗提升配套使用。箕斗有三种类型：前卸式、无卸载轮前卸式、后卸式等。

A　前卸式箕斗卸载

前卸式箕斗如图 8 - 11 所示。它由无上盖斗厢 1、位于斗厢两侧长方形牵引框 2、卸

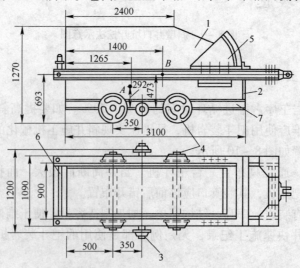

图 8 - 11　2m³ 前卸式箕斗构造

1—斗厢；2—牵引框；3—卸载轮；4—行走轮；5—活动门；6—转轴；7—斗厢底盘

A—空箕斗重心；B—重箕斗重心

载轮3、行走轮4、活动门5和转轴6组成。牵引框2通过转轴与斗厢相连，活动门5与牵引框铆接。

卸载时，箕斗前轮沿标准轨行走（图8-12），而卸载轮进入向上翘起的宽轨，箕斗后轮被抬起脱离原行轨面，使斗厢前倾而卸载。

前卸式箕斗构造简单，卸载距离短，箕斗容积大，并可提升泥水。但标准箕斗的牵引框较大，斗厢易变形、卸载时容易卡住和不稳定。

B 无卸载轮前卸式箕斗及其卸载

它是在前卸式箕斗的基础上制成的新型箕斗，其特点是将前卸式箕斗两侧突出的卸载轮去掉，在卸载口处配置了箕斗翻转架，其卸载方式如图8-13所示。当箕斗提至翻转架时，箕斗与翻转架一起绕回转轴旋转，向前倾斜约51°卸载。箕斗卸载后与翻转架一起靠自重复位，然后箕斗离开翻转架退入运行轨道。

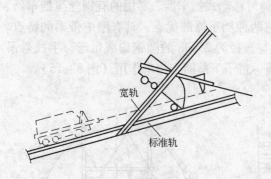

图8-12 前卸式箕斗卸载示意图

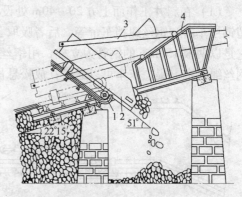

图8-13 无卸载轮前卸式箕斗卸载示意图
1—翻转架；2—箕斗；3—牵引框架；4—导向架

两者相比，由于去掉了卸载轮，可以避免运行中发生碰撞管、线、设备与人员事故，扩大了箕斗的有效装载宽度，提高了断面利用率，提高了卸载速度（每次仅7~11s）。缺点是，箕斗提升过卷距离较短，仅500mm左右，所以除了要求司机有熟练的操作技术以外，绞车要有可靠的行程指示装置，或者在导轨上设置过卷开关。

斜井提升的钢丝绳、容器、绞车选择基本与竖井相同，所区别的是多一个提升倾角，这里就不再叙述。

8.2.3 斜井防止跑车的安全设施

斜井施工时，提升容器上下频繁运行，一旦发生跑车事故，不仅会损坏设备，影响正常施工，而且还会造成人身安全事故。为此必须针对跑车的原因，采取行之有效的措施，以便确保安全施工。

8.2.3.1 井口预防跑车的安全措施

井口预防跑车的安全措施如下：

（1）按规定使用钢丝绳，定期检查。由于提升钢丝绳不断磨损、锈蚀，使钢丝绳断面减少，在长期荷载作用下，会产生疲劳破坏；由于操作或急刹车造成冲击荷载，可能酿成断绳跑车事故。为此要按规定使用钢丝绳，经常上油，地滚安设齐全，建立定期检查制度。

（2）使用合格插销，提高铺轨质量。钢丝绳连接卡滑脱或轨道铺设质量差，串车之间插销不合格等，都可能造成脱钩跑车事故。为此，应该使用合格插销，提高铺轨质量，用绳套连接。

（3）井口应该设逆止阻车器或安全挡车板。由于井口把钩工疏忽，忘记挂钩或挂钩不合格常发生跑车事故。为此，斜井的井口应该设逆止阻车器或安全挡车板等挡车装置。

逆止阻车器加工简单，使用可靠，但要人工操作，其工作如图 8 - 14 所示。这种阻车器设于井口，矿车只能单方向上提，只有用脚踩下踏板后才可向下行驶。

8.2.3.2　井内阻挡已跑车的安全措施

井内阻挡已跑车的安全措施如下：

（1）在斜井工作面上方 20 ~ 40m 处设各种可移动式挡车器。常用的有钢丝绳挡车器、型钢挡车器和钢丝绳挡车帘等。后者吸取了前两种挡车器的优点，具有刚中带柔的特点。它是以两根 150mm 的钢管为立柱，用钢丝绳与直径为 25mm 的圆钢编成帘形，手拉悬吊钢丝绳将帘上提，矿车可以通过；放松悬吊绳，帘子下落而起挡车作用（图 8 - 15）。

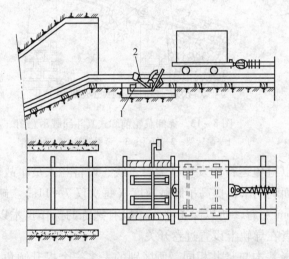　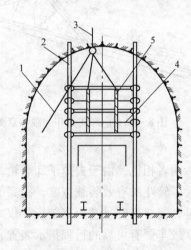

图 8 - 14　井口逆止阻车器　　　　　　　　图 8 - 15　钢丝绳挡车帘
1—阻车位置；2—通车位置　　　　　　　　1—悬吊绳；2—立柱；3—锚杆式吊环；
　　　　　　　　　　　　　　　　　　　　　4—钢丝绳编网；5—圆钢

（2）在斜井筒中部设固定式挡车器——悬吊式自动挡车器（图 8 - 16）。它是在斜井断面上部安装一根横梁 7，其上固定一个小框架 3，框架上设有摆杆 1。摆杆平时下垂到轨道中心位置上，距离巷道底板约 900mm，提升容器通过时能与摆杆相碰，碰撞长度约 100 ~ 200mm。当提升容器正常运行时，碰撞摆杆 1 后，摆动幅度不大，接触不到框架上横杆 2；一旦发生跑车事故，脱钩的提升容器碰撞摆杆后，就可将通过牵引绳 4 和挡车钢轨 6 相连的横杆 2 打开，8 号铁丝失去拉力，挡车钢轨一端迅速落下，起到防止跑车的作用。

其实，无论哪种挡车器，平时都要经常检修、维护和定期试验。只有这样，一旦发生跑车才能确实发挥它们的保安作用。上述几种安全挡车装器，按其作用来说，或为预防提升容器跑入井内，或为阻挡已跑入井内的提升容器继续闯入工作面，因此都是必需的；但

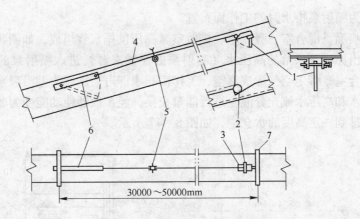

图 8-16　悬吊式自动挡车器
1—摆杆；2—横杆；3—固定小框架；4—牵引绳；
5—导向轮；6—挡车钢轨；7—横梁

更主要的是不让矿车或箕斗发生跑车事故。故在组织斜井施工时，要严格遵守操作规程，严禁违章作业，提高安全意识，加强对设备、钢丝绳及挂钩等连接装置的维护检修，避免跑车事故的发生，确保施工安全。

8.2.4　斜井掘进排水

斜井掘进时，工作面在下方，当井筒中有用水时，多集中到工作。工作面有水就会严重影响凿岩爆破和装岩工作，使井筒的掘进速度下降。因此，必须针对水的来源和大小，采取不同的治理措施和排水方法。

8.2.4.1　斜井掘进排水治理的措施

斜井掘进排水治理的措施如下：

（1）避。井筒位置的选择要尽可能避开含水层。

（2）防。为了防止地表水流入或渗入井筒，设计时必须使井口标高高出历年最大洪水位，并在井口周围挖掘环形排水沟，及时排水。

（3）堵。在过含水层时，可以采取工作面预注浆的方法堵水。

（4）截。当剩余水量沿顶板或两帮下流时，应在底板每隔 10~15m 挖一道横向水沟，将水截住，引入纵向水沟中，汇集井底排出。

（5）排。工作面的积水需要根据水量的大小采取不同的排水方式。

8.2.4.2　斜井掘进的排水方法

A　提升容器配合潜水泵排水

当工作面水量小于 $5m^3/h$ 时，利用风动潜水泵将水排到提升容器内，随岩石一起排出井外。

B　水力喷射泵排水

当工作面水量超过 $5m^3/h$ 时，可以采用喷射泵做中间转水工具，减少卧泵移动次数。

图 8 – 17 所示为喷射泵排水时的工作面布置。

　　喷射泵由喷嘴、混合室、吸入室、扩散室、高压供排水管组成，如图 8 – 18 所示。其工作原理是：由原动泵供给的高压水（喷射泵的能量来源）进入喷射泵的喷嘴，形成高速射流进入混合室，带走空气形成真空，工作面积水即可借助压力差沿吸水管流入混合室中。于是吸入水和高压水流充分混合进行能量交换，经扩散器使动能变为驱动力，混合水便可经排水管排到一定高度的水仓中，如图 8 – 17 所示。

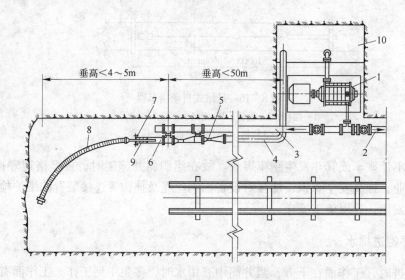

图 8 – 17　喷射泵排水工作面布置

1—原动泵兼水仓排水泵；2—主排水管；3—高压排水管；4—喷射泵排水管；
5—双喷嘴喷射泵；6—伸缩管；7—伸缩法兰盘；8—吸水软管；9—填料；10—水仓

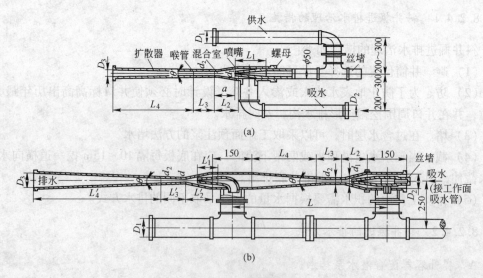

图 8 – 18　喷射泵构造

（a）单嘴喷射泵；（b）双嘴喷射泵

　　喷射泵本身无运转部件，工作可靠，构造简单，体积小，制作安装及更换较方便，又可以排泥沙、积水，所以现场采用较多。它的缺点是需要高扬程、大流量的原动泵，并且由于吸排一部分循环水，所以效率低，电耗大。一般一台喷射泵的扬程仅有 $20 \sim 25m$ ，二台联用也只能在 $50m$ 左右，所以只能做中间排水之用。

　　C 卧泵排水

　　当工作面涌水量超过 $20 \sim 30m^3/h$ 时，常在工作面直接设离心泵排水。

　　排水设备布置如图 $8-19$ 、图 $8-20$ 所示。

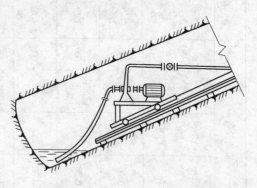

8.2.5 斜井支护施工

　　斜井支护施工在井筒倾角大于 $45°$ 时，与竖井较相似；当倾角小于 $45°$ 时，与平巷基本相同。但因斜井有一定倾角，要注意支

图 $8-19$ 水泵台车工作示意图

护结构的稳定性。常用斜井永久支护有现浇混凝土和喷射混凝土两种，料石支护已不多见。

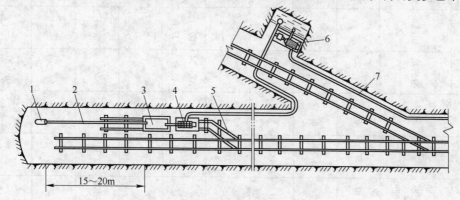

图 $8-20$ 田湖铁矿排水示意图

1—JBQ $-2-10$ 潜水泵；2—排水管；3—矿车代用水厢；4—80D12×9卧泵及台车；

5—浮放道岔；6— $+165m$ 中段固定泵站；7—排水管

8.3 斜井的机械化快速施工

　　我国斜井施工技术已经取得了许多新成就，施工速度已名列世界前茅，自 20 世纪 70 年代以来，逐步形成了具有我国特点的施工机械配套方案。早在 1974 年就创造了月掘进705.3m 的优异成绩。现将国内斜井的快速施工情况见表 $8-4$ 。我国斜井掘进速度虽然较高，但工效比较低，这说明斜井施工还必须充分发挥机械设备的效率。

8.3.1 斜井施工机械的配套

　　近年来，我国斜井施工技术有了新的发展，逐步形成了具有我国独特风格的斜井施工配套设备。根据国产设备与不同的施工条件，形成了多种施工机械的配套方案，其中最普遍的是采用多台气腿式凿岩机钻孔，耙斗装岩机装岩，箕斗提升，风动潜水泵排水，激光指向，远距离输料喷射混凝土等的配套方案。实践表明，这种配套方案简单易行，经济合理，效果显著。根据井筒断面、坡度及岩石坚固性系数不同，该方案又可分成表 $8-5$ 所示的三种情况。

表 8-4 国内斜井快速掘进施工情况

施工单位	施工地点	施工时间/年	施工时间/月	最大月进尺/m	净断面/m²	掘进断面/m²	喷射混凝土厚度/mm	斜井倾角	岩石坚固性系数f	凿岩机	电钻	耙斗装岩机型号	耙斗容积/m³	电动机功率/kW	箕斗卸载形式、容积/m³	机距/m	绞车筒直径/m	电动机功率/kW
湖南煤建二处	石坝矿主副斜井	1971	12	363.2	5.3	8.1	80~100	27°	6~8	ZY-25		ZYP-17	0.30	17	前卸式 2.0	600	主井 2.5	
湖南煤建三处	利民煤矿三号风井	1972	5	364.5		5.8	30	21°30'	8~12	ZY-25 12台		ZYP-17	0.30	17	前卸式 2.5	600	1.6	125
陕西铜川基建公司四处	陈家山二区主斜井	1973	9	452.1	6.5	7.3	70	15°	3~5		MZ-1.2	ZYP-17 上海造	0.30	17	前卸式 2.5	600	1.6	130
辽宁阜新矿务局工程处	东梁六井副井	1974	10	499.3	7.9	8.27	100	21°	4~6			ZYPD-1/30	0.70	30	后卸式 3.6	762		
陕西铜川基建公司三处	下石节皮带暗斜井	1973	11	504.5	7.7	8.9		16°30'	4~6	ZY-24 12台	MZ-1.2	ZYP-17	0.35	17	前卸式 3.0	900	1.6	115
河北开滦406斜井掘进队	赵家庄煤矿皮带井	1973	11	532.5		11.3			中等									
陕西铜川基建公司四处	陈家山矿二区斜井	1974	3	605.2	6.5	7.5	70~100	12°30'	3~6	7655	MZ-1.2	ZYP-17 上海造	0.40	17	前卸式 3.5	900	1.6	130
陕西铜川基建公司二处	下石节二区回风井	1974	12	705.3	7.4	9.23	100~150	14°47'及19°	3~6	ZY-24	MZ-1.2	ZYPD-1/30	0.70	30	后卸式 4.0	900	1.6	185
山东某铜矿		1970	9~11	月均 100~200		5.83			硅化石墨大理岩	01-30 2台		人工装岩不支护						

表8-5 斜井掘进机化配套方案

掘进断面/m²		≤8	9～12	>12
坡度/(°)			≤30	
钻孔设备	种类		$f≤4$ 的页岩中用电钻, $f>4$ 的岩石中用气腿式凿岩机	
	数量/m²·台⁻¹		软岩2～2.5台，中硬岩1.5～2台，坚硬者<1.5台	
装岩设备	型号	PY-35型、P-30B型耙斗装岩机	PY-36型、P-60B型、PY-60型耙斗装岩机	PY-90型耙斗装岩机
	斗容/m³	0.3 或 0.35m³	0.35～0.6m³	0.9m³
提升容器		2～3m³ 箕斗	3～4m³ 箕斗	3～5m³ 箕斗（或双箕斗）
排水设备			喷射泵或潜水泵排水，配合分段排水	

8.3.2 斜井快速掘进实例

铜川煤炭基建公司在掘进下石节平硐二采区回风斜井中，曾经创造出最高705.3m/月的世界纪录。该回风斜井是二采区的主要回风井，设计全长1100m，坡度14°47′，井口以下430m以后变为19°，掘进断面9.32m²。该斜井穿过的岩层为三迭纪延长群砂岩、砂泥岩和侏罗纪花斑泥岩，岩层倾角20°左右，基岩涌水不大，永久支护采用150mm厚的喷射混凝土。所采取的机械化配套和措施是：

（1）多台凿岩机钻孔，自行改制 ZYPD-1/30 型平巷斜井两用耙斗机装岩（斗容积0.6～0.7m³，实际能达100～140m³/h），自行设计制造4m³前卸式无卸载轮箕斗运输岩石，10m³双闸门滑坡矸石仓。地面环形排矸道，用0.8m³矿车排渣。

（2）双机多管路喷射混凝土与掘进平行作业，喷射混凝土紧跟工作面，配合锚杆作临时支护，喷射混凝土远距离输料。

（3）两台激光仪指示斜井中腰线。

（4）小三角柱状楔形混合掏槽，同时采用全断面一次爆破。

（5）组织综合工作队，实现多工序平行交叉正规循环作业。

复习思考题

8-1 斜井的断面形状有哪些，其断面尺寸又由哪些因素确定？

8-2 斜井筒内的主要设施有哪些，常用的布置方式有哪几种？

8-3 斜井掘砌的基本工艺是什么，它与平巷掘进有哪些异同点？

8-4 斜井掘进提升方式有几种，它与竖井提升相比有哪些不同？

8-5 为固定斜井的提升运行轨道，常采取哪些防滑措施？

8-6 何谓斜井的井颈，其门脸的施工又有哪些要求？

8-7 斜井掘进的排水治理措施有哪些？

8-8 目前国内斜井快速掘进施工的水平情况是怎样的？

8-9 根据我国实情，斜井施工机械的配套情况大概是怎样的？

9　竖井的结构与掘砌施工

【本章要点】：竖井的组成结构、断面尺寸、施工方法、掘砌工艺、凿井设备、井筒延深。

9.1　竖井的结构和断面尺寸

9.1.1　竖井的分类及结构

竖井是地下矿山的咽喉工程。在生产期间，它为矿井提升矿石、运送材料、升降人员、通风排水，一旦受阻，就会停止生产。所以，竖井是地下开采工程的重要通道。

9.1.1.1　竖井的分类

竖井按其用途不同可分为：

（1）主井。主井是主要提升矿石的井筒。由于提升容器常用箕斗，有时也称为箕斗井（图 9-1）。井筒内部有的设有梯子间，有的设有延深间。

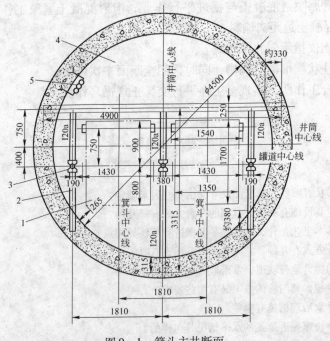

图 9-1　箕斗主井断面

1—箕斗；2—金属罐梁；3—钢轨罐道；4—延深间；5—电缆架

（2）副井。副井是专为上下人员，提升矸石、设备与材料的井筒，其提升容器为罐笼。井内设有梯子间和管路等，它可以同时兼作矿井通风系统的入风道，如图9-2所示。

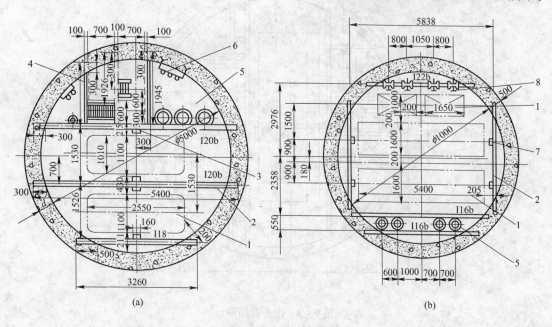

图9-2　罐笼副井断面

（a）侧面罐道布置图；（b）端面罐道布置图

1—罐笼；2—金属罐梁；3—木罐道；4—梯子间；5—管路间；6—电缆架；7—组合罐道；8—钢轨罐道

（3）风井。风井是专为井下通风用的井筒。在一般情况下不设提升间，但是有的矿山为了挖掘潜力也增设了提升间，以作临时提升或备用。

除上述情况外，有的矿山还在一个井内，同时安装箕斗和罐笼这两套提升系统，兼有主井和副井的功能，这类竖井称为混合井，它在许多中小型矿山应用较多，如图9-3所示。

9.1.1.2　竖井的组成结构

竖井的组成结构除风井以外，一般都是从横向和纵向两个方面来看。

（1）竖井的横断面结构。从图9-1～图9-3中可见，井筒的横断面是由各种格间（提升间、梯子间、管线间）、罐道与罐道梁按设计的要求而排列组成。其间隔应该按《安全规程》的要求确定；而井筒的方位主要按井下开拓需要决定。由于地面各种系统的布置与横断面的方位密切相关，所以有时也要兼顾地面的要求来确定井筒方位。

（2）竖井纵向结构。整个井筒从上到下由井颈、井身和井底三部分组成（图9-4）。

1）井颈。井颈是指井筒的最上段部分，即从地表至第一个壁座间的一段井筒。它的深度一般为10～30m。此段根据生产需要经常开有多种硐口，有的还设有防火门等。

井颈的深度和井壁厚度要看具体条件，一般根据设计计算确定。常使用的形式和具体适用条件如图9-5所示。

图9-5（a）适用于井颈穿过土层厚度小于20m，并且土层稳定情况；

图9-5（b）适用于岩层风化、破碎及有特殊外加侧压力时；

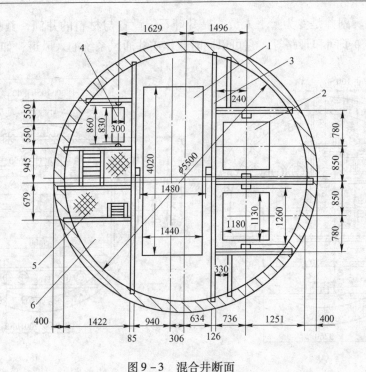

图 9-3　混合井断面

1—罐笼；2—箕斗；3—金属罐梁；4—罐笼配重；5—梯子间；6—管路间

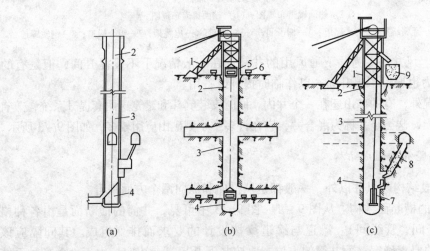

(a)　　　　　　　(b)　　　　　　　(c)

图 9-4　竖井的纵向结构示意图

(a) 一般井筒结构；(b) 罐笼井结构；(c) 箕斗井结构

1—井架；2—井颈；3—井身；4—井底；5—罐笼；6—矿车；7—箕斗；8—地下矿仓；9—地面矿仓

图 9-5 (c) 适用于表土厚度大于 30m；

图 9-5 (d) 适用于地质条件复杂（如流沙层）的厚表土，并且采用冻结法施工两次砌井壁的条件下；

图 9-5 (e) 地质条件复杂（如喀斯特溶洞等）井塔放置在井颈上；

图 9-5 (f) 岩层坚硬、稳定，井架（或井塔）基础不设在井颈上；

图 9-5 (g)、图 9-5 (h) 适用于厚表土情况。

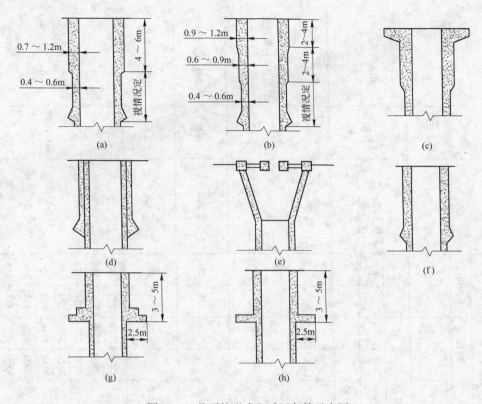

图 9 – 5 井颈的形式和适用条件示意图

2）井身。从井颈以下至竖井最低中段（水平）井底车场标高以上的井筒距离，就称为井身。它是竖井的主体部分。井身大部或全部位于基岩中，深度不一。井身与各中段水平相连通，以便运出各中段矿石或将地面设备、材料和人员送往各中段。

3）井底。井底是指从竖井最低水平中段以下的井筒段。罐笼井的井底作用是积存井帮淋水，万一出现提升过卷还可以起缓冲作用。箕斗井或绳罐道提升时，井底还有供存放尾绳及绳罐道的拉紧装置；这时的井底深度可达 40 ~ 75m 左右，一般为 35 ~ 65m。为了方便于今后的井筒延深，在井底端部可以设置壁座或井圈。设计中，一般是将井底端面设计成球面，其球面内径 10m，球面混凝土厚度通常取 150mm。

9.1.2 竖井的井筒装备

井筒装备是指安设在整个井筒内的空间结构物。它主要包括罐道、罐道梁、井底支承结构以及过卷装置、托罐梁、梯子间等。其中罐道和罐道梁是井筒装备的主要组成部分，它们的作用是消除提升容器运行时的摆动，保证容器安全运行，并阻止提升容器坠落。井筒装备按罐道结构不同可分为刚性装备或柔性装备。

9.1.2.1 井筒刚性装备

A 刚性罐道

刚性罐道用方木、钢轨或型钢等制成，固定在井筒横断面内的水平罐道梁上。刚性罐道特征见表 9 – 1。按提升钢丝绳终端荷重和提升速度的不同，可以选用不同材质和不同

表9-1 刚性罐道特征

罐道断面	罐道名称	罐道特征 尺寸 $b \times h \times d \times s$	形式	单重 /kg·m⁻¹	长度 /m	惯性矩 J_x/cm⁴	J_y/cm⁴	截面模数 W_x/cm³	W_y/cm³	罐道梁型号	罐道与罐道梁的固定方式	备注
(1)	木罐道	140×160	矩形		20.25					I 18　I 20　I 22　 匚18　匚20　匚22	螺栓	冶金部竖井装备节点标准图集
		160×180	矩形		20.25							
		180×200	矩形		20.25							
(2)	钢轨罐道	38kg/m 钢轨 114×137×27.7	工字形	38.733	12.5	1204.4	209.3	180.6	36.7	I 18　I 20a₁　I 22b₁　I 25a I 22a₁　I 25b　I 28a₁ I 28b　I 32c I 32a₁　I 32b₁　I 32c	罐道卡	冶金部竖井装备节点标准图集
		43kg/m 钢轨 114×140×32.4	工字形	44.653	12.5	1489	260	217.3	45			
(3)	槽钢组合罐道	2匚16b 160×170×8.5	两根槽钢立放成矩形	55.7	12.5			327	294	匚28a	螺栓	开滦荆州各庄副井
		2匚16b 180×110×8.5	两根槽钢卧放成矩形	59.7	12.5			314	400	匚32c	压板	红阳二矿副井
(4)	空心矩形钢管罐道 方形钢管罐道	160×160×10	方形	47	12.5	2280	2280	285	285	矩形钢管	螺栓压板	新武设计热轧型钢，已批量生产
		160×160×12		55.8		2610	2510	326	326			
		170×170×10		50.2		2750	2750	324	324			
		170×170×12		59.5		3220	3220	379	379			
		180×180×10		53.5		3340	3340	370	370			
		180×180×12		63.5		3900	3900	434	434			
		200×200×10		59.6		4530	4580	458	158			
		200×200×12		71.5		5330	5330	533	533			

续表 9-1

罐道断面	罐道名称	尺寸 b×h×d×s	形式	单重 /kg·m⁻¹	长度 /m	J_x /cm⁴	J_y /cm⁴	W_x /cm³	W_y /cm³	罐道梁型号	罐道与罐梁的固定方式	备注
(5)	金属罐道 盘形弯曲槽钢罐道	160×160×60×10	开口方形	44	12.5	2041	3874	255	298	矩形钢管	螺栓	
		160×160×60×12		52		2318	4650	290	358			
		180×180×60×10		48.6		2854	5166	316	369			
		180×180×60×12		57.5		3204	6200	357	442			
		200×200×70×10		55		4032	7625	403	476			
		200×200×70×12		65		4590	8700	459	544			
(6)	内弯曲弯曲槽钢罐道	180×180×55×10	开口方形	45.7	12.5	2888	3255	320	362	U形钢管	螺栓	
		180×180×55×12		53.8		3268	3718	363	413			
		200×200×65×10		50.8		3967	4553	396.7	455.3			
		200×200×65×12		61.34		4533	5265	453	526.5			
		220×220×75×10		58.4		5385	6176	490	560			
		220×220×75×12		69		6091	7186	552	563			
(7)	潘集一号副井热轧罐道方案	180×180×60×12	⊓形	57.7		3279.5	5340.5					$i=0.6\%$，$r=15\text{mm}$
	国外资料	150×150×60×10		41.0		1970	2268					$i=0.6\%$，$r=15\text{mm}$
		160×160×60×10		43.4		2447	2711					$i=0.6\%$，$r=15\text{mm}$
		180×180×60×12		57.7		4550	4510					$i=0.6\%$，$r=15\text{mm}$
		200×200×60×15		79.2		8290	7600					$i=0.6\%$，$r=15\text{mm}$

断面形状的罐道。常用的刚性罐道有木罐道、钢轨罐道、型钢组合罐道、整体轧制罐道。

　　a　木罐道

　　木罐道是矩形断面，断面尺寸 160mm×180mm 左右。材质要求强度大，木质致密，并作防腐处理；每根长度为 6m，布置在三层罐道梁上，罐梁的层间距为 2m。一般用于中小型金属矿山。常用的接头连接方式，如图 9-6 所示。罐道与罐道梁的连接尺寸见表 9-2。

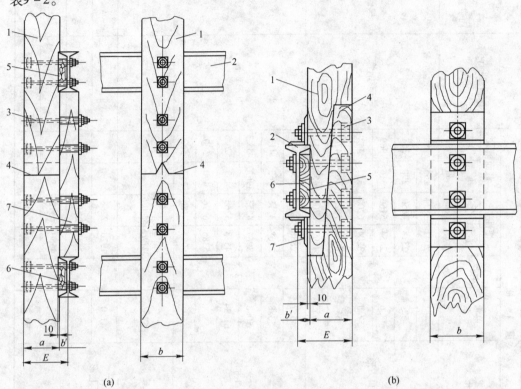

(a)　　　　　　　　　　　　　　　　(b)

图 9-6　木罐道与罐道梁的连接

(a) 对接示意图；(b) 搭接示意图

1—罐道；2—罐梁；3—连接螺栓；4—罐道接头；5—木垫；6—罐道凹槽；7—接头木或防滑角钢

表 9-2　木罐道与罐道梁连接尺寸　　　　　　　　　　　　　　　　（mm）

罐道梁规格尺寸	罐道规格 a×b								
	140×160			160×180			180×200		
	a(a')	b'(b")	E	a(a')	b'(b")	E	a(a')	b'(b")	E
⊏18	140	68	208	160	68	228	180	68	248
⊏20	140	73	213	160	73	233	180	73	253
⊏22	140	77	217	160	77	237	180	77	257
I18	130	94	224	150	94	244	170	94	264
I20	130	100	230	150	100	250	170	100	270
I22	130	110	240	150	100	260	170	110	280

　　注：a'、b"为槽钢罐道梁连接尺寸（图略）。

b 钢轨罐道

钢轨罐道多用于箕斗井和钢丝绳防坠器的罐笼井。常用规格为 38kg/m、33kg/m 或 43kg/m，标准长度 12.5m，一般布置在四层罐道梁内。罐道连接处留有 4.5mm 伸缩缝，罐梁层间距 4.168m。钢轨罐道的特征见表 9-1 中工字形罐道的说明。罐道与罐梁的连接常用普通罐道固定（图 9-7），也有用罐道卡固定的（图 9-8）。钢轨罐道与罐梁的连接尺寸见表 9-3。

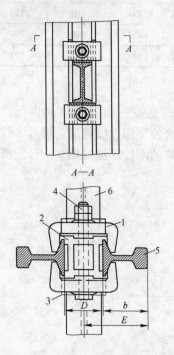

图 9-7 双面钢轨罐道与罐道梁固定

1—罐道卡；2—卡芯；3—垫板；
4—螺栓；5—罐道；6—罐道梁

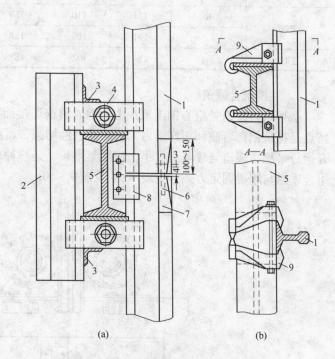

(a)   (b)

图 9-8 单面钢轨罐道与罐道梁固定

（a）普通罐道卡固定；（b）带钩单面罐道卡固定

1—罐道；2—伪罐道；3—角钢；4—罐道卡；5—罐道梁；
6—接头销；7—罐道消尖；8—铁夹板；9—带钩罐道卡

表 9-3 钢轨罐道与工字钢罐道梁连接尺寸

罐道梁类型	工字钢代号	罐 道 类 型					
		38kg/m			43kg/m		
		h	D	E	h	D	E
工32	c	134	142	205	140	142	211
	b	134	140	204	140	140	210
	a	134	138	203	140	138	209
工28	b	134	132	200	140	132	206
	a	134	130	199	140	130	205
工25	b	134	126	197	140	126	203
	a	134	124	196	140	124	202

罐道梁类型	工字钢代号	罐 道 类 型					
		38kg/m			43kg/m		
		h	D	E	h	D	E
Ⅰ22	b	134	120	194	140	120	200
	a	134	118	193	140	118	199
Ⅰ20	b	134	110	189	140	110	195
	a	134	108	188	140	108	194
Ⅰ18		134	102	185	140	102	191

c　型钢组合罐道

型钢组合罐道是空心钢罐道，由槽钢或角钢焊接而成，见表 9 - 1 的第 3 种断面。其特点是抵抗侧向弯曲和扭转阻力大，罐道刚性增强，可配合使用弹性胶轮滚动罐耳，故提升运行平稳，罐道与罐耳磨损小，使用年限长，是一种较好的刚性罐道（图 9 - 9）。槽钢组合罐道与罐梁固定方式，见表 9 - 4 及图 9 - 10。

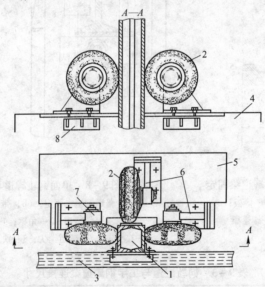

图 9 - 9　槽钢组合罐道

1—槽钢组合罐道；2—橡胶滚轮；3—罐道梁；4—罐笼；5—滚轮罐道耳底座
（固定在罐笼上）；6—滚轮支座；7—轴承；8—支撑角钢

d　整体轧制罐道

整体轧制罐道在目前已经定型生产，国外应用较多。这种罐道有型钢组合罐道的优点，并胜过它的性能，能保证质量，且质量小，还节省了加工费用等。其形状见表 9 - 1 中第 (4) ~ 第(7) 种断面，其中以方管形截面更好，因为它们是封闭型，比其他截面的使用寿命更长。

B　罐道梁

在井筒内为固定罐道而设置的水平梁，简称罐梁。最常用的为金属罐梁，也有钢筋混凝土罐梁的；中小金属矿山的方井中，个别还有用木罐梁的。

表 9－4　槽钢组合罐道与罐道梁连接尺寸

（mm）

罐道梁类型		普通罐道及 T 形压板固定												普通螺栓固定							
		$h=160$			$h=170$			$h=180$			$h=200$			$h=160$		$h=170$		$h=180$		$h=200$	
		D/2	20	E	D/2	20	E	D/2	20	E	D/2	20	E	D/2	E	D/2	E	D/2	E	D/2	E
I 32	c	71	20	251	71	20	261	71	20	271	71	20	291	71	231	71	241	71	251	71	271
	b	70	20	250	70	20	260	70	20	270	70	20	290	70	230	70	240	70	250	70	270
	a	69	20	249	69	20	259	69	20	269	69	20	289	69	229	69	239	69	249	69	269
I 28	b	66	20	246	66	20	256	66	20	266	66	20	286	66	226	66	236	66	246	66	266
	a	65	20	245	65	20	255	65	20	265	65	20	285	65	225	65	235	65	245	65	265
I 25	b	63	20	243	63	20	253	63	20	263	63	20	283	63	223	63	233	63	243	63	263
	a	62	20	242	62	20	252	62	20	262	62	20	282	62	222	62	232	62	242	62	262
I 22	b	60	20	240	60	20	250	60	20	260	60	20	280	60	220	60	230	60	240	60	260
	a	59	20	239	59	20	249	59	20	259	59	20	279	59	219	59	229	59	239	59	259
I 20	b	55	20	235	55	20	245	55	20	255	55	20	275	55	215	55	225	55	235	55	255
	a	54	20	234	54	20	244	54	20	254	54	20	274	54	214	54	224	54	234	54	254
I 18	b	51	20	231	51	20	241	51	20	251	51	20	271	51	211	51	221	51	231	51	251

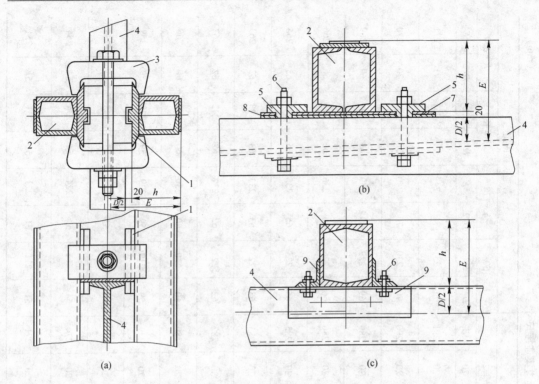

图 9 – 10　槽钢组合罐道与罐道梁的固定方式

（a）普通罐道卡固定；（b）T 形压板螺栓固定；（c）普通螺栓固定

1—连接短料；2—槽钢组合罐道；3—普通罐道卡；4—罐道梁；5—T 形压板；

6—螺栓；7—铁垫板；8—焊在罐道梁上的铁板；9—角钢

由于金属罐梁具有强度大，易于加工，服务年限长，占用井筒的断面小以及施工安装方便等优点，国内矿山使用最多。常用金属罐梁的断面特征见表 9 – 5。

表 9 – 5　罐道梁横断面特征

罐梁断面	断面名称	钢材型号	断 面 特 征								
			h /mm	b /mm	d /mm	F /mm²	$P^{①}$ /kg·m⁻¹	J_x /cm⁴	J_y /cm⁴	W_x /cm³	W_y /cm³
	工字钢梁	Ⅰ18	180	94	6.5	30.6	24.1	1660	122	185	26
		Ⅰ20a	200	100	7	35.5	27.9	2370	158	237	31.5
		Ⅰ20b	200	102	9	39.5	31.1	2500	169	250	33.1
		Ⅰ22a	220	110	7.5	42	33	3400	225	309	40.9
		Ⅰ22b	220	112	9.5	46.6	36.4	3570	239	325	42.7
		Ⅰ25a	250	116	8	48.5	38.1	5023.54	280.46	401.883	48.283
		Ⅰ25b	250	118	10	53.5	42	5283.965	309.297	442.717	52.423
		Ⅰ28a	280	122	8.5	55.45	43.4	7114.14	345.051	508.153	56.656
		Ⅰ28b	280	124	10.5	61.05	47.9	7480.006	379.496	534.286	61.209
		Ⅰ32a	320	130	9.5	67.05	52.7	11075.525	459.929	692.202	70.758
		Ⅰ32b	320	132	11.5	73.45	57.7	11621.376	501.534	726.333	75.989

续表9－5

罐梁断面	断面名称	钢材型号	断面特征								
			h/mm	b/mm	d/mm	F/mm²	$P^{①}$/kg·m⁻¹	J_x/cm⁴	J_y/cm⁴	W_x/cm³	W_y/cm³
(2)	角钢焊成梁	2L12.5/8	125	80	10	39.4	31	800	371	123	93
		2L14/9	140	90	10	44.5	34.9	1148	544	164	121
		2L16/10	160	100	10	50.6	39.7	1638	702	205	140
		2L18/11	180	110	10	56.7	44.5	2454	1082	273	197
(3)	槽钢焊成梁	2〔16a	160	136	5	39	30.6	1646	1056	206	115
		2〔20	200	152	5.2	46.8	36.8	3040	1658	304	218
		2〔20	200	160	5.2	50.4	39.6	3340	1926	334	240
		2〔24	240	180	5.2	62	48	5800	3066	483	341
(4)	矩形钢管		125	100	10	—	32.2	857	593	137	118
			150	100	10		36	1350	695	180	139
			180	80	10		37.6	1825	480	203	120
			180	100	10		40.7	2130	816	237	163
			200	100	10		43.9	2780	898	278	179
			250	100	10		51.8	4890	1100	391	220
			300	100	10		59.5	7880	1300	525	260
			360	125	10		73	14310	2580	796	412

①每1m梁的质量。

　　过去最常用的防坠器是卡在木罐道上，因而罐梁要承担垂直方向上的动荷载，故选用工字钢断面。随着提升设备的发展、完善和钢绳防坠器的广泛使用，罐梁和罐道都不承担由断绳产生的垂直动荷载，只承担提升容器运行中因摆动而作用于罐道正面和侧面的水平力；所以采用工字钢断面，侧向的抗弯曲和抗扭转能力小不合理。这时常采用空心封闭形断面（表9－5中（2）~（4））。

　　罐梁的固定方式，有梁窝埋设、预埋件固定或锚杆固定三种。

　　（1）梁窝埋设。梁窝埋设的具体做法是：在井壁上先凿或预留梁窝，将罐梁安在梁窝内，最后用混凝封固。通常要求罐梁埋入井壁的长度不得小于井壁厚度的2/3，这种方式的施工速度慢，耗费工时和材料，破坏井壁的整体性，容易造成井壁漏水。

　　（2）预埋件的固定方式。预埋件的固定方式的具体做法是：将焊有生根钢筋的钢板，按设计要求的位置与井壁浇灌在一起，而后将罐梁固定在钢板上。这种方式常用于冻结表土段的施工。

　　（3）锚杆固定方式。锚杆固定方式的具体做法是：将锚杆预先安装固定在井壁内，再将罐梁或罐道的托架固定在井壁上，最后把罐梁或罐道固定在托架上。树脂锚杆因为具有承载快、锚固力大、安装简便等特点；而金属矿山使用砂浆锚杆固定，对解决砂浆的高强度、快凝等问题积累了些经验。这两种固结材料都是近些年来应用得比较好的。

　　C　罐梁、罐道的布置

　　按提升容器与罐道位置的关系，将罐道的布置分为双侧布置、单侧布置、端面布置和对角布置这四种，从图9－11中可见，单侧布置显然比双侧布置用的罐梁少，常用于钢轨罐道的罐笼井。端面布置时，层格结构简单，容器间紧凑，井筒断面利用好，通风阻力小，但各出车水平处罐道要断开，要改为双侧或四角罐道，所以多水平提升中采用这种布置的较少。

　　罐梁的层格结构布置，国内多用通梁（图9－11（a）、图9－11（b）、图9－11（c））和山形（图9－11（d））层格结构。

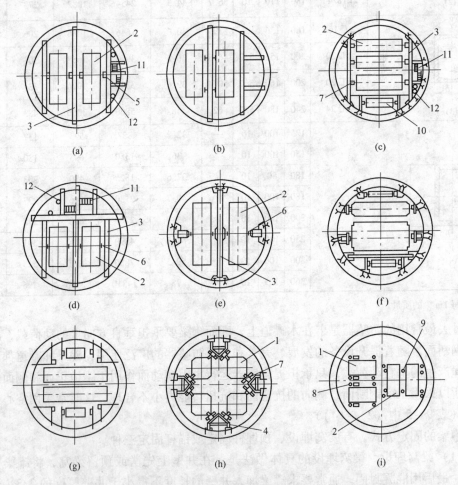

图9－11　罐梁、罐道布置形式示意图

（a）通梁双侧罐道；（b）通梁单侧罐道；（c）通梁端面罐道；（d）山形罐梁层格，双侧罐道；
（e）悬臂支撑架层格双侧罐道；（f）无罐梁层格端面罐道；（g）悬臂角架式层格布置单侧罐道；
（h）A型装配式组合架层格，对角罐道；（i）双侧钢丝绳罐道
1—箕斗；2—罐笼；3—罐梁；4—托架；5—木罐道；6—金属罐道；7—矩形罐道；
8—钢丝绳罐道；9—防撞钢丝绳；10—平衡锤；11—梯子间；12—管路电缆间

9.1.2.2 井筒柔性装备

用钢丝绳作为提升容器的罐道称为绳罐道，它与刚性装备对应称为井筒柔性装备。柔性装备系统包括作为罐道的钢丝绳（一端设有固定装备，另一端设拉紧装置）和提升容器上设导向器；另外，为进出车辆在各中段水平所设的刚性罐道和摇台等均包括在柔性装备系统内。

经我国实践证实，绳罐道比刚性罐道具有以下突出优点：

（1）绳罐道不用罐梁，可以节省大量钢材，降低建井投资；

（2）结构简单，安装、维修方便，换绳的生产影响小，使用寿命长；

（3）绳罐道有柔性，提升平稳，能改善提升系统受力状况，减少卡罐；

（4）井内无罐梁，可减少通风阻力，保持井壁的整体性，减少井壁漏水。

但是，绳罐道也有不足之处：如安全间隙比刚性罐道大，因而井筒断面要相应大一些；井架要悬吊罐道绳会增加井架负荷；井底又要设拉紧装置，也要增加井筒深度，加大了井筒工程量。

总之，随着井型、井深增大的要求，采用绳罐道的优越性是明显的。当采用多绳提升、喷射混凝土井壁支护时，其优点更突出。

9.1.3 井筒的横断面布置

井筒的断面形状主要依据井筒的用途、服务年限、穿过岩层性质、所用的支护材料等因素来确定。大部分矿井都采用混凝土砌筑的圆形断面。井筒的断面是由各种格间构成，现分别叙述提升间、梯子间、管线间的布置和尺寸确定方法。

9.1.3.1 提升间的布置

A 提升容器的类型及选择

竖井提升容器主要有罐笼和箕斗两类。从提升绳数量看，可分为单绳提升（提升绳吊挂一个提升容器）和多绳提升（几根提升绳共同吊挂一个提升容器）；从提升容器的数量又分单罐笼（一般配平衡锤）提升和双罐笼提升（或双箕斗提升）。单绳提升所需要的钢绳直径及提升设备都较大。多绳提升与单绳提升比较，具有提升安全、钢丝绳直径小和其分摊的提升少等优点；不足之处是要建井塔，费用高，工期长，多水平提升时作双容器提升有困难。

对于多中段开采的金属矿开采井，罐笼提升一般用单容器，箕斗提升一般用双容器。

主井选择罐笼或者箕斗作为提升矿石的容器，需经多方面比较后才能确定。一般金属矿山，井深400m左右，日产量小于800t，多用罐笼提升矿石；日产量大于1000t，井深大于500m时，多采用箕斗提升。箕斗的容积和规格，主要按矿井年产量、井筒深度及矿井年工作天数来确定。

罐笼既可提升矸石、升降人员、运材料及设备，又可提升矿石，所以罐笼作主、副井提升均可。罐笼的选择，首先应根据矿井所选定的矿车规格进行初选，然后再根据设计规范要求，按最大班工人下井时间和最大班净作业时间验算，并要考虑运送井下最大设备和最重部件的要求，逐项验算都应符合要求。金属矿用标准箕斗和罐笼数据可在有关产品规格中查取。单绳罐笼的技术规格见表9-6。

表 9 - 6　金属矿山常用的

罐 笼 类 型	最大载重/kg	自重/kg	钢绳最大终端荷载/kg	钢绳直径/mm	同时乘罐人数/人	底板尺寸/mm	
						a	b
1 号罐笼	1200	1155	2355	φ20	6	1300	930
2 号罐笼	2000	1988	4000	φ23	9	1800	1080
2 号罐笼	1800	1390	3380	φ23.5 (φ21.5)	9	1800	1080
2 号罐笼（减轻型）	1850	1090	3000	φ23	9	1800	1080
2 号双层罐笼（减轻型）	3760	2074	5834	φ25	18	1800	1080
3 号罐笼	2500	2096	4596	φ28	10	2000	1180
3 号双层罐笼	4020	2231	6251	φ37	20	2000	1180
3 号双层罐笼	4950	3950		φ31	20	2000	1180
4a 号罐笼	2500	2749	5250	φ31	15	2500	1280
4 号罐笼	3820	3400		φ34	15	2500	1280
5a 号罐笼					20	3200	440
5 号双层罐笼	5700	4700	10400	φ37	40	3200	1440
5 号双层罐笼	6100	8170	14500	φ46.5	40	3200	1440
4000×1476 罐笼	4000	4135	8135	φ43.5 (φ34)	30	4000	1476
绳索制动双层罐笼		8455	16950	φ55	54	4000	1460
4000×1476 罐笼	3970	4682		φ34	28	4000	1476
4500×1440 罐笼	4000	5049		φ34	30	4500	1440
1800×1080 罐笼	1850	1496		φ20	8	1800	1080
单层单车用罐笼	2500	2096			10	1860	1180
单层单车用罐笼	4200	2800			16	2360	1400
罐　笼	3000	3889		φ34	15	2500	1280
罐　笼	3900	4664	8564		15	2500	1280
2800×1280 罐笼	2400	2356	4800	φ25	17	2800	1280
0.6m³ 矿车用罐笼	1700	2600		φ26.5	17	3100	1330
2m³ 矿车用罐笼（减轻型）	4500	3714	8220	φ37	20	3200	1440

单绳罐笼技术规格

矿车类型	罐笼全高包括夹绳/mm	罐道规格							图例
		木罐道或钢轨罐			钢绳罐道				
		罐道尺寸/mm		间距P/mm	钢绳直径/mm	钢绳根数	钢绳间距		
		m	n				E	F	
0.35m³ 翻斗车	4640	木140	150	1020					
JG-0.7-600，JF-0.5-600	2300				φ30	4	1350	1165	
0.7m³ 固定式，0.5m³ 翻斗式	5010	木150	180	1120					
0.7m³ 固定式，0.5m³ 翻斗式	4760	木150	180	1120					
0.7m³ 固定式	7650	木150	180	1120					
0.75m³ 翻斗式	5530	木150	180	1220					
0.75m³ 翻斗式2辆	7500	木150	180	1220					
0.75m³ 翻斗式2辆	7955	木150	180	1220					
0.75m³ 翻斗式	5870	木150	180	1320					
0.75m³ 翻斗式	5900	180	200	1320					
JC-2.5-750 空车，JF-0.7-750		木150	180	1480					
0.55m³ 翻斗车4辆	8980	木180	200	1480					
JF-2.0-600 重车1辆 或JC-0.5-600 重车4辆	9835	钢轨	38 kg/m	1480					
JF-0.7-750 重车2辆 或JC-2.5-750 空车1辆	6880	木180	200	1480					
2m³ 固定式或0.75m³ 翻斗式	9980	钢轨	38 kg/m	1590					
0.7m³ 翻斗车2辆	6880	200	200	1560					
0.7m³ 翻斗车2辆	7000	180	200	1480					
0.55m³ 翻斗车	4990				φ32	4	1232	1180	
0.7m³ 或0.75m³ 矿车1辆	5530	150	180	1220					
1.2m³ 矿车1辆	5750	150	180	1440					
0.75m³ 翻斗车（900mm 轨距）	6100				φ32	4	1900	1380	
1.5m³ 固定矿车（600mm 轨距）	6950				φ32	4	1300	1370	
0.5m³ 矿车2辆，1.2m³ 固定式空车1辆	5645	150	180	1320					
0.6m³ 矿车	5145	160	230	1350					
2m³ 固定式矿车	6868	木150	180	1480					

B　提升间的布置必须注意的几个方面

（1）提升间的布置必须符合《安全规程》的规定；

（2）双箕斗提升时，两个箕斗必须并列布置；

（3）箕斗口要与井下装载硐室及地面矿仓位置相对应；

（4）罐笼间的布置要和井底车场及地面车场出车方向一致；

（5）罐笼间的出车口，不能对准梯子间，而梯子间应该紧靠罐笼间，以便在提升人员时，因中途停电而人员容易从梯子间出井。

9.1.3.2　梯子间的布置

《安全规程》规定：作为安全出口的竖井必须设梯子间，主要作为井下发生事故和停电时的安全出口，平时作为检修井筒装备和处理提升设备或容器故障用。

梯子间由梯子、梯子平台、梯子梁构成。通常布置在井筒一侧，并用隔板（或隔网、隔板）与提升间、管线间隔开。梯子间的布置，按上下梯子安设的相对位置可分为并列、交错及顺列三种形式，如图 9-12 所示。图 9-12（b）属交错布置，较常用。布置要求梯子倾角一般不大于 80°，相邻两梯子平台的距离不大于 8m，通常按照罐梁层间距大小而定；平台的梯子孔口尺寸不小于 0.6m×0.7m，相邻两梯子平台的孔口应相互错开；梯子上端应伸出平台 1m；梯子下端离开井壁不得小于 0.6m，梯子宽度不得小于 0.4m，梯子平台最小面积 $S_{小}$ 见图 9-12 的标注。

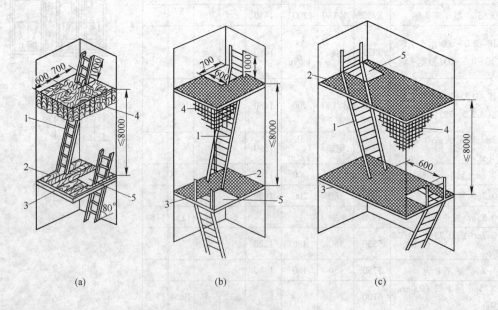

图 9-12　梯子间梯子布置形式

（a）并列布置（$S_{小} = 1.3m×1.2m$）；（b）交错布置（$S_{小} = 1.3m×1.4m$）；（c）顺列布置（$S_{小} = 1m×2m$）

1—梯子；2—梯子平台；3—梯子梁；4—隔板（网）；5—梯子口

梯子间按所用材质分为金属梯子间和木梯子间这两类。目前，主要采用金属梯子间，国内基本定型化，有资料可供选用。

9.1.3.3　管路间的布置

管路间主要用于布置各种用途的管路（排水管、压风管、供水管、下料管等）和电缆（动力、通信、信号等）。通常布置在副井内，并靠近梯子间。管路用 U 形卡或钩型螺栓卡固定在管子梁（或梯子梁或罐梁）上，如图 9 - 13 所示。

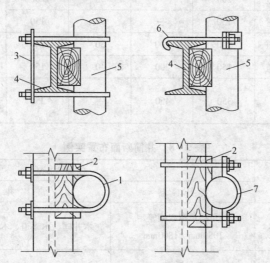

图 9 - 13　管路与罐道梁的固定结构
1—ϕ16mmU 形螺栓管子卡；2—木垫；3—10mm×15mm 扁钢；4—罐道梁；
5—管路；6—ϕ16mm 的钩形螺栓管子卡；7—8mm×50mm 扁钢

压风管布置应考虑地面压风机房位置，尽量缩短管路，减少弯头，降低压风损失。排水管的布置要与井下水泵房管道配合。管路的数目根据井下涌水量大小而定，但不少于两路：其中一路工作，另一路备用。管子间距除了按最大尺寸考虑外，应方便安装、检修。井筒内的动力、照明、通信电缆等也要用支架固定在靠近梯子间的井壁上。

线缆的位置也应该使得进线和出线方便。动力电缆与信号、通信电缆最好分别布置在梯子间的两侧，如受条件限制必须要布置在同侧时，两者间距要大于 0.3m。

总之，井筒断面布置，主要根据提升容器类型、数量、规格尺寸，井筒装备的类型、规格、最小允许间隙以及井筒的用途和梯子间的平面尺寸等来确定。

9.1.3.4　提升容器与罐梁和井壁之间的间隙

提升容器与罐梁和井壁之间的间隙，是井筒布置与其断面设计的重要参数，可按《安全规程》规定选取，见表 9 - 7。提升容器的罐耳与罐道边的间隙，钢轨罐道每侧都不得超过 5mm；木罐道每侧都不得超过 10mm；组合罐道附加的安全滑动罐耳，每侧间隙 10～15mm，钢丝绳罐道的滑动套直径不大于罐道绳直径 5mm。

9.1.3.5　井筒布置实例

由于提升容器和井筒装备的不同，井筒断面的布置形式也有多种多样，部分矿山的竖井筒布置，见表 9 - 8 及图 9 - 14。这五种情况，以供设计断面布置的参考。

表 9 - 7　竖井内提升容器与井筒内装置之间的最小间隙　　　　　　　　（mm）

罐道和罐梁布置		容器和井壁之间	容器和容器之间	容器和罐道之间	容器和井梁之间	备　注
罐道布置在容器一侧		150	200	40	150	罐耳与罐道卡间距为200
罐道布置在容器两侧	木罐道	200	—	50	200	有卸载滑轮的容器，滑轮和罐梁间隙增加25
	钢罐道	150	—	40	150	
罐道布置在容器正面	木罐道	200	200	50	200	
	钢罐道	150	200	40	150	
钢丝绳罐道		350	450	—	350	设防撞绳时，容器之间的最小间隙为200

表 9 - 8　井筒断面布置实例

图　号	井筒尺寸/m	布　置　内　容	
		提　升　容　器	井　筒　装　备
9 - 14a	4.94×2.7	单层单车双罐笼 1080mm×1800mm	木井框、木罐道、木罐梁
9 - 14b	φ4.0	5 号罐笼 3200mm×1440mm×2385mm	双侧木罐道，钢罐梁匚27a，金属梯子间
9 - 14c	φ6.5	一对1t矿车双层四车加宽罐笼	悬臂罐梁树脂锚杆固定，球扁钢罐道，端面布置，金属梯子间，设管线间
9 - 14d	φ6.5	两对12t箕斗多绳提升	2匚22b组合罐梁，树脂锚杆固定，球扁钢罐道，端面布置
9 - 14e	φ6.5	一对16t箕斗多绳提升	钢丝绳罐道，四角布置

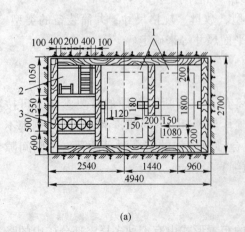

(a)

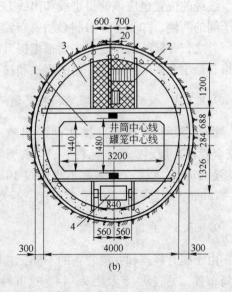

(b)

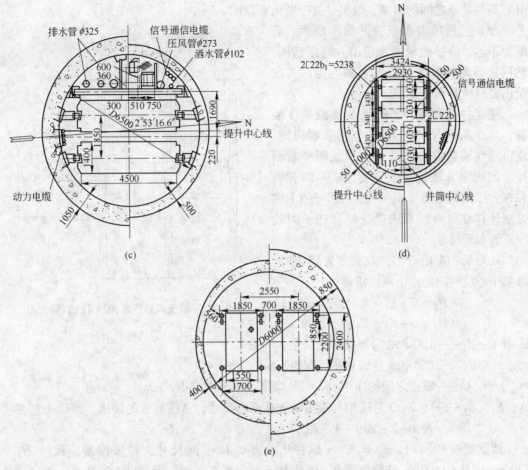

图 9 – 14　五种井筒断面的布置实例
1—提升间；2—梯子间；3—管线间；4—平衡锤间

9.1.4　井筒断面尺寸的确定

9.1.4.1　井筒净断面尺寸的确定

井筒净断面尺寸主要依据提升容器的大小和数量、井筒装备类型、井筒布置应满足的多种安全间隙要求等进行初步确定，最后用允许通过的风速校核。

一般的设计顺序如下：

（1）按照井筒用途选出提升设备类型、规格尺寸，确定梯子间最小尺寸，初选罐道、罐道梁的型号和尺寸、提升容器之间、容器与井壁之间的安全间隙。

（2）确定提升和梯子间、管路、电缆的断面布置关系，用作图法或解析法求出井筒直径的近似值；然后按 0.5m 的进级，初步确定井筒净直径（6.5m 以上的井筒可不受0.5m 进级的限制，可根据实际需要确定）。

（3）根据初步确定的井筒净直径及罐梁层间距，验算初选罐道、罐梁型号尺寸，然后正式确定罐道、罐梁型号和尺寸。

（4）按正式确定的罐道和罐梁，核算和调整断面内安全间隙和梯子间尺寸或调整提升容器与井壁之间的间隙，绘出井筒净断面布置图。

（5）按通风要求校核井筒净断面。若
断面不够，应按通风要求定出井筒净断面，
然后重新调整断面布置及各种间隙，再次
绘出井筒净断面布置图。

罐笼井或箕斗井、刚性装备或柔性装
备，其净断面尺寸的确定方法基本相同。
现以刚性装备的罐笼井为例来说明净断面
尺寸的确定方法。当罐笼类型、井筒装备
和布置形式确定后（图9－15）就可用下述
方法计算井筒净断面内提升间和梯子间的
净断面布置尺寸。

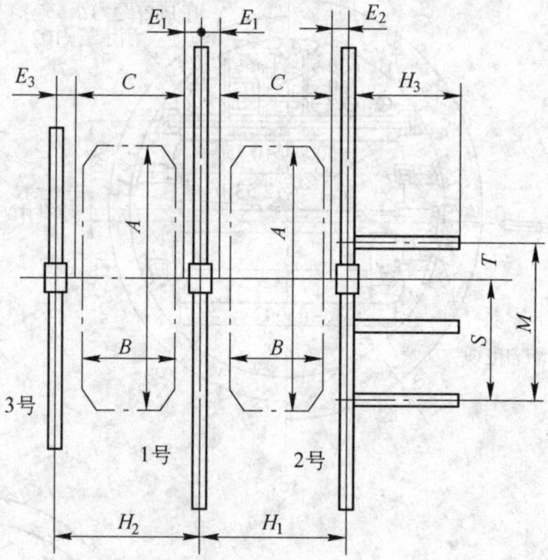

从图9－15中看出，双侧布置罐道时，
罐梁中心线的间距由下两式求得：

$$H_1 = C + E_1 + E_2 \qquad (9-1)$$
$$H_2 = C + E_1 + E_3 \qquad (9-2)$$

图9－15　罐笼井筒净断面尺寸计算示意图

式中　　H_1——1号和2号罐梁中线间距，mm；

H_2——1号和3号罐梁中线间距，mm；

C——罐道之间的净距离，可从罐笼规格表中查得，mm；

E_1，E_2，E_3——1、2、3号罐梁与罐道的连接部分尺寸，常按初选的罐道、罐梁类型参考
表9－2～表9－4选取。

罐梁规格相同时，$E_1 = E_2 = E_3$；$H_1 = H_2$。梯子间尺寸，初步按最小尺寸$H_3 = 1300$mm，$M = 1400$mm选定。图9－15中梯子间布置在一侧，管道可布置在另一侧，这是
一种常用的布置方式。

通常梯子间的中梁（或边梁）布置要与罐道中心线位置错开一个T的距离，以免影
响井筒装备，一般$T = 200 \sim 400$mm，则$S = M - T = 1400 - (200 \sim 400) = 1200 \sim 1000$mm。

提升和梯子间尺寸及其相对位置确定后，可用解析法或作图法求得近似的井筒直径，
获得罐笼在井筒中的具体位置。解析法计算烦琐，调整结果时，还要重复计算，精度虽
高，但不常用。作图法精度虽然不太高，但能满足设计要求，调整也方便，通常用作图法
设计，最后用解析法验算安全间隙f_1和梯子间尺寸H_3（图9－16）。

作图法的设计工作步骤如下：

（1）将计算的提升间和梯子间尺寸，按比例（1：20或1：50）绘出断面布置图（图
9－16）。

（2）因井筒断面是圆形，只需在轮廓布置图上找出三个特征点，就能找出井筒中心。
显然，图中梯子间的特征点可定C'点，另外两个特征点A'与B'点只能从靠近井壁的罐笼
两个拐角处去寻找。通常从罐笼轮廓线靠近井壁的拐角处45°角方向取A_1A'（或A_2A'）等
于提升容器到井壁的最小安全距离f_1（图中A'局部放大图），A'即为第二个特点（A_1是有
倒角的特征点，A_2是圆弧倒角的特征点）。同理可得B'为第三个特征点。

（3）作$\triangle A'B'C'$的外接圆，取$\triangle A'B'C'$中任意两边作垂直平分线，其交点O就是井筒

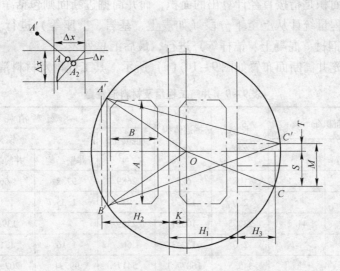

图 9 – 16　用作图法确定井筒直径示意图

中心，其半径 $R = OA' = OB' = OC'$ 为所求的井筒近似半径。井筒中心至 1 号罐道中心线的距离 K 值，可从图中量取获得。

（4）求得近似直径 D 后，按 0.5m 进级来取整数，即为初步井筒净直径。为施工方便，K 取整数，然后按下式核算和调整安全间隙 f_1 及梯子间尺寸 H_3 值。

$$f_1 = R + \Delta r - \sqrt{\left(\frac{A}{2}\right)^2 + \left(K + E_1 + \frac{C}{2} + \frac{B}{2}\right)^2} \geqslant 200 \text{mm} \tag{9-3}$$

$$H_3 = \sqrt{R^2 - T^2} - (H_1 - K) \geqslant 1300 \text{mm} \tag{9-4}$$

式中　R——用作图法初定的井筒半径，mm；

　　　Δr——罐笼倒角收缩值，$\Delta r = 0$ 时为直角（无倒角），mm；

　A，B——分别为罐笼的长度和宽度，可从罐笼规格表中查得，mm；

　　　K——调整后的井筒中心线到 1 号罐梁中心线的距离，mm。

若不能满足要求，适当调整 K 值，再按上式核算，直至满足 f_1 及 H_3 要求为止。

（5）经上述校核调整后求得的满足要求的井筒净直径，还需要用风速进行验算；若满足通风要求，才是最后决定的井筒净直径。通风要求按式（9–5）验算：

$$v = \frac{Q}{S_0} \leqslant v_允 \tag{9-5}$$

式中　v——井筒中的风速，m/s；

　　　Q——通过该井筒风量，m^3/s；

　　　S_0——有效的断面积，m^2，$S_0 = 0.8S$；

　　　S——井筒净断面，m^2；

　　　$v_允$——《安全规程》规定井筒中允许的最大风速，见表 3 – 6。

9.1.4.2　绘制井筒施工图并编制井筒工程量及材料消耗量表

井筒净直径、井壁结构和厚度确定后，即可计算井筒掘砌工程量和材料消耗，并汇总成表。井筒净断面积是指按直径计算出的面积，而井筒掘进断面则包括净断面积与支护面积之和。井筒工程量统计从上至下分段（如表土、基岩、壁座等）进行。材料消耗的统计也分段分项（钢材、混凝土、锚杆等）进行，最后汇总列表。

现将某矿罐笼井筒断面布置如图 9 – 14（c）所示，其工程量及材料消耗量见表 9 – 9。

表 9 – 9　井筒工程量及材料消耗量

工程名称	面积/m²		长度 /m	掘进体积 /m³	材料消耗			
	$S_净$	$S_掘$			混凝土 /m³	钢材/t		
						井壁结构	井筒装备	合　计
冻结段	33.2	58.1	108	628	2689	97.2	66	163.2
壁座			2.0	159.3	93	1.35	1.14	2.49
基岩段	33.2	44.2	233.5	10321	2569		139.6	139.6
壁座			2.0	132.3	66	1.16	1.14	2.30
合　计			345.5	16877.1	5417	99.71	207.88	307.59

井筒施工图包括井筒的横断面图和纵断面图。各部分尺寸确定后，按尺寸大小和井筒装备布置情况，用 1:20 或 1:50 比例尺绘制横断面施工图（图 9 – 14）。

井筒纵断面施工图主要反映井筒装备的内容。通常绘制提升中心线和井筒中心线方向的剖面图，图中对井筒装备的结构尺寸及构件安装节点也要表达清楚。施工图应该能反映井筒装备全貌，达到指导施工的目的。

9.2　竖井施工方法

9.2.1　竖井施工方法概述

竖井是地下矿山主要工程。它在采用竖井开拓、平硐和竖井联合开拓的矿山中，竖井施工不仅决定矿山建设时期的长短，而且竖井工程进展的快慢将直接影响整个矿山的施工进度计划和后续工程开工的时间，对矿山能否早日投产影响很大。

国内部分金属矿山的统计表明，竖井在矿山建设中占有较大的比重，其中：竖井开拓占 50%，平硐和竖井联合开拓占 15%；另外，随着地下采矿业的发展和开采深度的不断增加，以及由露天转入地下开采等原因，竖井的数量将会不断增长。

竖井施工，就其难易程度来讲，它比其他巷道工程困难得多、工程复杂得多。所以竖井工程是整个矿山建设时期的重点工程，应该给予足够的重视。

竖井施工一般是独头，施工条件比较困难，施工技术水平要求高，尤其是井筒通过深厚软岩及表土层时，施工难度更大；井筒施工的工期也较长。

竖井施工的特点是工作面狭小，井筒内吊挂设备较多，工作转换频繁，安全条件较差，施工组织复杂；再加上井筒所穿过的岩层地质、水文地质条件一般较为复杂，因此，施工前必须要编制好施工组织设计，全面考虑有关问题，选用合理的作业方式和先进的施工技术，采取有效的安全措施，实行严密的施工组织管理。在施工过程中，还要经常进行检查，及时总结，不断改善工作，从而确保井筒工程高质量、快进度、低消耗、低成本的安全施工。

竖井工程按开凿方法不同分为普通凿井法和特殊凿井法两类。当井筒所穿过的岩层稳定具有一定强度，水文地质条件不太复杂，井筒涌水量又较小（$40m^3/h$ 以下，用一台吊泵能排除井底积水），采用一般的机械设备和掘砌方法即可施工的称为普通凿井法。图 9 – 17 所示为竖井掘进法施工示意图。如果井筒所穿过松散、软弱含水岩层，或者岩层虽然坚硬，但含水丰富，而用一般的掘进机械设备和掘砌方法难以施工的，称为特殊凿井法，如冻结法、注浆法、沉井法、钻井法、混凝土帷幕法等。本节只介绍普通凿井法。

竖井施工的主要凿井结构和掘进施工设备包括：凿井架、卸矸台、固定盘、吊盘、提升绞车和抓岩机等。各种施工结构物的布置如图 9 – 17 所示。

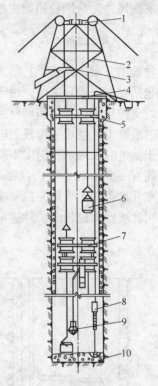

图 9 – 17 竖井掘进施工示意图
1—天轮；2—凿井架；3—卸矸台；4—封口盘；
5—固定盘；6—吊桶；7—吊盘；8—吊泵；
9—抓岩机；10—掘进工作面

9.2.2 普通凿井法的施工方案

普通凿井法的竖井施工，通常是将整个井筒划分为若干井段，由上向下逐段施工。每个井段高度的大小，取决于井筒所穿过的围岩性质及稳定工程程度、涌水量大小、施工设备条件等，通常分为 2 ~ 4m（短段），30 ~ 40m（长段），最高的可达100m 以上。施工内容包括掘进、砌壁（井筒永久支护）和井筒安装（安装罐道梁、罐道、梯子间、管线间或安装钢丝绳罐道）这三项主要工作。当井筒掘砌到底后，一般先自上向下安装罐道梁，然后自下而上安装罐道，最后安装梯子间及各种管缆；也有一些竖井在施工过程中，掘进、砌壁、井筒安装三项工作分段互相配合，同时进行，井筒到底时，掘、砌、安三项工作也都完成。根据掘进、砌壁、安装三项工作在时间和空间上的施工顺序，以及所采用的井段高度大小，分成以下几种不同的竖井施工方案。

9.2.2.1 长段掘、砌单行作业

将井筒全长划分为30 ~ 40m 高的若干个井段，在各个井筒内，先掘进后砌壁，完成这两项工作后，再开始下一井段掘进和砌壁，直至井筒全深，最后进行井筒的安装工作。根据施工材料和方法不同，永久性支护分别采用现浇混凝土、喷射混凝土等方式。为了维护井帮的稳定，保证施工人员安全，在砌筑永久支护之前可采用井圈背板或厚度为70 ~ 100mm 的喷射混凝土，破碎岩层适当增加锚杆和金属网。砌壁时先将井圈背板拆除，或者在已喷的混凝土上再加喷混凝土至设计厚度，如图 9 – 18 所示。当围岩坚固而且稳定时，可不用临时支护，即通常所说的光井壁施工。井段高度可根据围岩稳定程度而定，但对井帮必须经常进行严格检查，清理井帮浮石、危岩，确保施工安全。

长段单行作业在我国使用广泛，有的还取得了较好成绩，如徐州的权台煤矿主井和金山店铁矿西风井，分别曾用此法施工创出了月成井 160.92m、93.61m 的进尺。

9.2.2.2　短段掘砌（喷）单行作业和短段掘砌混合作业

这种施工方案的特点是：每次掘砌的段高仅 2~4m。掘进和砌壁先后顺序完成，砌壁工作是包括在掘进循环之中。由于掘砌的段高小，无需临时支护，从而省去了长段单行作业的临时支护挂圈、背板和砌壁后清理井底的工作。如果砌壁材料不是现浇混凝土，而是采用喷射混凝土，就成了短段掘进与喷射混凝土作业。

由于掘进时采用炮孔深度不同，井筒每次爆破的进尺也不同。根据作业方式及劳动力组织不同有一掘一砌（喷）、二掘一砌（喷）、三掘一砌（喷）几种施工方法。

广东凡口铅锌矿采用一掘一喷的方法，就曾经获得月成井 120.1m 的进尺；湖南桥头河二井用此法施工也创造了月进 174.82m 的纪录（图 9-19）。

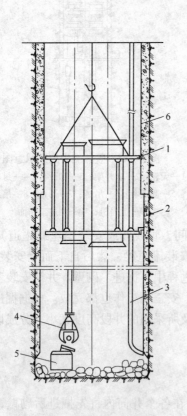 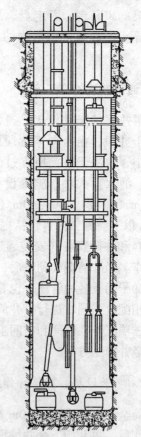

图 9-18　喷锚临时支护的长段掘、砌单行作业　　图 9-19　湖南桥头河二井短掘短喷单行作业
1—吊盘；2—临时支护；3—喷管；
4—抓岩机；5—吊桶；6—混凝土壁

若掘进与砌壁工作在一定程度上互相混合进行，例如在装岩工作的后期，暂时停止抓岩工作，待组立混凝土模板后，再同时进行抓岩及浇灌永久支护，则称为混合作业，实质上属于短段掘砌作业而又有所发展，目前这种方式还有继续发展的趋势。

9.2.2.3 长段掘砌反向平行作业

将井筒同样划分为若干个井段，段高视岩层的稳定程度划为 30～40m。在同一时间内，下一井段由上而下掘进，而在上一井段中由下向上进行砌壁工作。这样，在相邻的不同井段内，掘进和砌壁工作都是同时而反向进行的。当整个井筒掘砌到底后，再进行井筒安装。

红阳煤矿二矿主井净直径 6m，井深 653.4m，永久性井壁为混凝土整体浇灌，壁厚 400mm，用井圈背板作临时支护（图 9－20），该矿创月成井 134.28m，且连续三个月平均月成井 102.69m。

9.2.2.4 短段掘砌同向平行作业

随着井筒掘进工作面的向下推进，浇灌混凝土井壁的工作也由上向下在多层吊盘上同时进行，每次砌壁的段高与掘进的每一循环进度相适应。此时吊盘下层盘与掘进工作面始终保持一定距离，由挂吊盘下层盘下面的柔性掩护筒或刚性掩护筒作为临时支护，它随吊盘的下降而紧随掘进工作面前进，从而节省了临时支护时间。

贵州老鹰山副井用钢丝绳柔性掩护筒做临时支护，整体门扉式活动模板砌墙，两个月达到成井 94.17m 和 105.46m（图 9－21）。

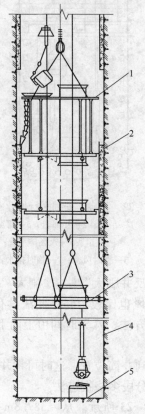

图 9－20 长段掘砌反向平行作业
1—砌壁吊盘；2—井壁；3—稳绳盘；
4—临时支护；5—工作面

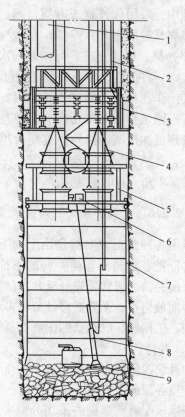

图 9－21 短段掘砌平行作业
1—风筒；2—混凝土输送管；3—门扉式模板；
4—风压管；5—吊盘；6—气动绞车；
7—金属掩护网；8—抓岩机；9—吊桶

9.2.2.5　掘进、砌墙、安装一次成井

这种施工方案的特点是：在每一个井段内，不但完成掘进和砌墙工作，同时也完成井筒的安装工作，井筒掘进到底后，三项工作也全部完成。根据掘进、砌筑、安装工作的不同而有下列三种方式：

（1）掘、砌、安顺序作业一次成井。在每个井段内，先掘进，后砌墙，再安装。三项工作顺序完成后，再进行下一井段的掘进、砌墙、安装工作，以此循环，直至建成整个井筒。辽宁大隆矿风井采用这种方法，曾经达到月进尺 49.80m 的成井进度，铜陵地区的铜矿掘进中，采用此法施工成井速度也达到 30～35m/月。

（2）掘砌和掘安平行作业一次成井。这种作业方式的特点是：考虑到砌墙的速度快于掘进速度，当下一井段进行掘进工作时，上一井段先砌墙，砌完墙后再安装，即使掘进先与砌墙平行，后与安装平行，砌、安所需工时与掘进工时大致相等。鹤壁梁一矿就在净直径为 6m，深为 291m 的副井中，采用此种施工方案，掘、砌、安一次成井最高月进尺达到了 97.3m（图 9-22）。

（3）掘、砌、安三平行作业一次成井。在深井施工中，将掘进、砌墙工作采用短段平行作业，而安装工作在吊盘上同时进行。因此要求安装与掘进、砌墙工作相互密切配合，并且劳动组织与施工管理更加严密。国外捷克斯台里克 3 号主井用此法，曾达到掘进、砌墙、安装三平行作业一次成井 321.9m/月的高速度。

9.2.2.6　"反井刷大"与分段多头掘进

以上各种施工方案都是由上向下开凿的。当有条件能把巷道送到新建井筒的下部时，可从下

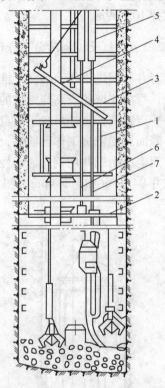

图 9-22　掘砌、安掘平行作业一次成井
1—吊盘；2—稳绳盘；3—罐梁；
4—罐道；5—永久排水管；
6—临时风管；7—临时排水管

向上开凿井筒。通常是先开反井，然后刷大，这就是"反井刷大"法。"刷大"时，可利用天井溜放岩石，无需抓岩设备和排水设备，爆破、通风也比较容易。此法具有设备少、速度快、工期短、成本低的优点。易门凤山竖井采用此方法，八天时间由上向下"刷大"了 103m 井筒。

如井筒深度较大，在施工中有几个中段巷道都可送到井筒位置，这时可将井筒分成若干段，由各段向上或向下掘进井筒，这就形成了井筒的分段多头掘进法。

杨家杖子岭前矿副井采用分段多头掘进情况如图 9-23 所示。从 -387.8m 水平把整个井筒分成上、下两部分。下部井筒，向下掘进；上部井筒又分四段。除第三段上半部采用由上向下掘进外，其他部分先打反井然后从上向下刷大。这样上下两部分井筒平行进行施工，既缩短了工期，而且可利用小型提升设备凿井。

选用井筒施工方案应该是技术上可行，经济上合理，施工速度快，容易保证施工安全和掘进质量。

每个方案都适合于一定条件，都要根据矿井的具体条件，对各种影响因素进行分析对比后作出。施工的方案一经确定并付诸实施后，一般不宜再变动。同时也因为各种施工方案所用的机械设备在井内和井口地面的布置方法而有所不同，变动起来也很不容易。所以对竖井施工方案的确定，应认真分析，慎重对待，合理选择，切不可草率。

我国竖井施工中，以长段单行作业为主，短段单行作业（短掘短砌或短掘短喷）近年来有逐渐增长的趋势。长段或短段平行作业使用的数量不多。但应指出，随着今后井筒深度的增加，井径的加大，施工组织管理水平的提高，以及机械化施工设备配套的进一步改善，长段或短段平行作业方式，甚至掘进、砌墙、安装一次成井，将会在加快建井速度、缩短建井工期方面，进一步发挥作用。

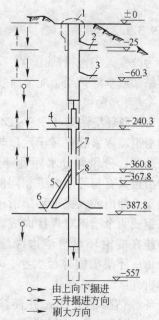

图 9-23　井筒分段多头掘进
1—提升机室；2—25m 平硐；
3—60.3m 平硐；4—水平巷道通往总排风井；
5—斜溜井；6—井底车场；7—天井；8—岩柱

9.3　竖井掘进的凿岩爆破

普通凿井法的凿岩爆破是井筒基岩掘进的主要工序；约占掘进循环工时的 20% ~ 30%，直接影响到成井速度和井筒的质量规格。良好的凿岩工作是打出的炮孔在直径、深度、方向与布置上都符合设计要求，方便清理孔内岩粉，凿岩速度快等；而良好的爆破工作能保证炮孔利用率高，爆下岩块均匀、底部岩面平整，井筒成形规整，不超欠挖，省工时、劳力、材料消耗少等。

为了满足上述要求，必须正确选取凿岩机具和爆破器材，合理确定爆破参数，以及采取行之有效的劳动组织形式和提高工人的熟练操作技术。

9.3.1　凿岩工作

根据井筒工作面大小、炮孔数目、深度等因素来选择凿岩机具，布置供风、供水管路系统，以及采取防水降压措施等。

9.3.1.1　凿岩机

2m 以下的浅孔，可采用手持凿岩机钻孔，如改进的 01 – 30、YT – 24、YT – 23、YTP – 26 等型号。一般工作面每 2 ~ 3m² 配备一台。钎头用一字形、十字形或齿形钎头，钎头直径一般 38 ~ 42mm。如用大直径药卷，则凿出的炮孔直径应比药卷直径大 6 ~ 8mm。手持凿岩机钻孔劳动强度大，凿岩速低，不能钻凿深孔；所以，多用在井筒深度不大、断面小的竖井掘进中。

9.3.1.2　凿井钻架

为改变人工抱机钻孔，实现钻凿深孔、大孔，加快凿岩速度，现在国内已经推广使用环形钻架或伞形钻架、配合高效率的中型或重型凿岩机，可以钻凿 4～5m 以下的炮孔。

A　环形钻架

FJH 型环型钻架（图 9－24）由环形滑道、外伸滑道、撑紧装置（千斤顶与撑紧汽缸）和悬吊装置、分风与分水环管等主要部件组成。外伸滑道具有与环形滑道相同的弧度，可绕各自的支点伸出或收拢于环形滑道之下。滑道由工字钢或两个槽钢对焊接而成。凿岩机通过气腿吊挂在能沿环形滑道边缘滚动的双轮小车上。每一环架根据外径大小，可挂 12～14 台凿岩机。

环形钻架的外径比井筒净直径小 300～400mm，用三台 2t 的气动绞车通过悬吊装置悬吊在吊盘上。钻孔时环架下放到距工作面约 3m 处，爆破前提到吊盘下方。钻孔时为了固定环形钻架，用套筒千斤顶撑紧汽缸固定在井帮上。环形滑道上方装有环形风管与水管，以供风水。

环形钻架结构简单，制作容易，维修方便，造价低廉。不足是：它仍然使用气腿推的轻型凿岩机，其钻速和孔深都受到一定限制。此种钻架的技术性能见表 9－10。

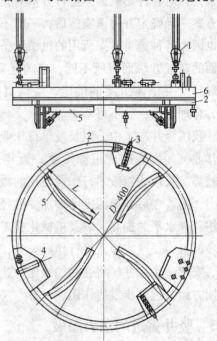

图 9－24　FJH 型环形钻架
1—悬吊装置；2—环形滑道；3—套筒千斤顶；
4—撑紧汽缸；5—外伸滑道；6—分风分水环管

表 9－10　FJH 型环形钻架技术性能

项　目	钻架型号				
	FJH5	FJH5.5	FJH6	FJH6.5	FJH7
适用井筒净直径/m	5.0	5.5	6	6.5	7
环形滑道外径/mm	4600	5100	5600	6100	6600
外伸滑道数目/个	4	4	5	6	6
外伸滑道长度/mm	1350	1600	1850	2100	2350
使用凿岩机台数	12	12～16	16～20	20～24	20～24
质量（不包括凿岩机和气腿）/kg	2740	3000	3470	3980	4170
跑道宽度/mm	180				
推荐使用的凿岩机型号	YTP－26				
推荐使用气腿型号	FT－170				
钻孔深度/m	3～4				
悬吊钢丝绳直径/mm	15.5				

B　伞形钻架

伞形钻架是一种风液联动并配备有高频凿岩机的凿井设备，其外貌和组成结构如图 9-25 所示。

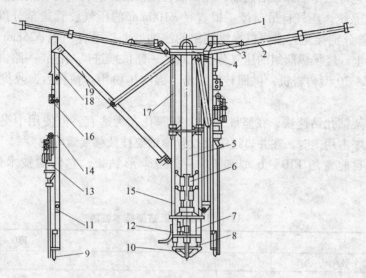

图 9-25　FJD-6 型伞形钻架

1—吊环；2—直撑臂油缸；3—升降油缸；4—顶盘；5—立柱钢管；6—液压阀；7—调离器；8—调离器油缸；
9—活尖顶；10—底座；11—操纵阀组；12—风马达及油泵；13—YGZ-70 凿岩机；14—滑轨；
15—滑道；16—推进风马达；17—动臂油缸；18—升降油缸；19—动臂

FJD-6 型伞形钻架是由中央立柱、支撑臂、动臂、推进器、液压系统与压气系统等组成。

（1）中央立柱。中央立柱是伞形钻架的躯干，上面安装有 3 个支撑臂、6 个（或 9 个）动臂和液压系统。立柱钢管兼作液压系统的油箱。在立柱底盘上的 3 个同步调高器油缸，可在工作面不平时调整伞形钻架的高度。顶盘上的吊环和下端底座用来吊运、停放和支撑伞钻。

（2）支撑臂。支撑臂由三组升降油缸、支撑臂油缸组成，它与立柱顶盘羊角座构成转动杆机构。由升降油缸将支撑臂油缸从收拢位置（垂直向下）拉到工作位置（水平向上 $10° \sim 15°$）。然后将中央立柱底座置于井筒中心，调整 3 个支撑臂油缸，调直立柱后，使其支脚牢固地支撑在井壁上。

（3）动臂。在中央立柱周围对称布置 6 组（或 9 组）相同的动臂。动臂与滑道、滑块、拉杆组成曲柄摇杆机构。用动臂油缸推动滑道中的滑块，使动臂运动，从而使与动臂铰接的推进器做径向移动。此外，动臂能沿圆周转动，可使安置在推进器上的凿岩机在 $120°$ 扇形区域内凿岩。

（4）推进器。在 6 个或 9 个动臂上分别装有 6 组（或 9 组）推进器，每组由滑轨、风马达、升降汽缸、活顶尖等组成。当动臂把推进器送到要求的位置后，升降汽缸把滑轨放下，并使活顶尖顶紧在工作面上，以保持推进的稳定。滑轨上装风马达，带动丝杠旋转，丝杠与安装凿岩机的滑架螺母咬合，从而使滑架连同凿岩机上下移动。压气和给水由安设在滑轨一侧的操纵阀组控制。

（5）液压系统。液压系统由油箱、油泵、油缸、液压阀（包括手动换向阀、单向节流阀、溢流阀）和管路组成。风动马达驱动油泵。油泵打出的高压油，经各种阀到达油缸，推动活塞进行工作。卸载后的油，经回油管流回油箱进行过滤，组成油路循环。

（6）压气系统。压气自吊盘经一根直径 $\phi 100mm$ 的压气胶管送至分风器后，再用 6 条 $\phi 38mm$ 胶管分别接至各凿岩机操纵阀组的注油器上，另有一条 $\phi 25mm$ 胶管接至油泵风马达注油器上。经操纵阀组的压气分成五路：一路供推进风马达；一路供升降汽缸；另外三路接 YGZ - 70 型凿岩机，供回转、冲击、强吹排粉用。钻孔后，收拢伞钻，提至井口安放。

用伞形钻架钻孔钻速快，在坚硬岩层中打深孔尤为适宜。但使用中提升、下放、撑开、收拢等工序占用工时，在井口还需要设置伞钻架挂放移装置等。

金属矿山目前常用 FJD - 6 型和 FJD - 9 型伞形钻架，它们的技术性能指标见表 9 - 11。

表 9 - 11 FJD 型伞形钻架技术性能

项　目	FJD - 6 型	FJD - 9 型
支撑臂个数/个	3	3
支撑范围（直径）/m	5.0 ~ 6.8	5.0 ~ 9.6
动臂个数/个	6	9
动力形式	风动 - 液压	风动 - 液压
油泵风马达功率/kW	6	6
油泵工作压力/MPa	5	5.5
推进形式	风马达 - 丝杠	风马达 - 丝杠
配用凿岩机型号及台数	YGZ - 70 型 6 台	YGZ - 70 型 9 台
使用风压/MPa	0.5 ~ 0.6	0.5 ~ 0.7
使用水压/MPa	0.45 ~ 0.5	0.3 ~ 0.4
最大耗风量/m³·min⁻¹	50	90
适用井筒直径/m	5 ~ 6	5 ~ 8
收拢后外形尺寸/m	4.5（高），1.5（直径）	5.0（高），1.6（直径）
总质量/kg	5000	8500

9.3.1.3 供风、供水

保证足够的风量与风压和适当的水量与水压，是快速凿岩的重要条件。风水管通常由地面稳车悬送至吊盘上，再由吊盘的三通及其高压软管分别送至工作面向手持凿岩机供风、供水。分风分水器的形式很多。图 9 - 26 所示为某铁矿主井分风分水器的结构。它有体积小、风水绳不易互相缠绕、升降迅速等优点。

伞钻架与环钻架的供风、供水，只需要将风水干管与钻架接通后，即可使用。

9.3.2 竖井掘进的爆破工作

竖井掘进的爆破工作主要包括爆破器材选择、参数确定、编制图表、起爆方法与网路设计等。

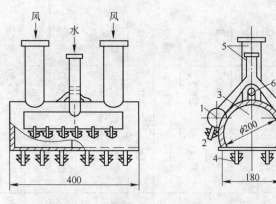

图 9-26 某铁矿主井分风分水器的结构
1—分水器；2—供水接头；3—分风器；4—通风接头；
5—通风、供水钢管与法兰；6—吊环

9.3.2.1 爆破器材的选择

用于竖井掘进的炸药，主要有 2 号和 4 号抗水岩石硝铵炸药或在硝铵炸药中加入一定分量的梯恩梯、黑索今或铝粉而制成的高威力炸药。

硝化甘油炸药虽然具有稳定性高、防水性能好、密度大和可塑性强等优点，但它的机械感度高，使用不太安全；因而用得不太多。乳化炸药是新产品。实践表明，它比现用的 2 号岩石炸药、浆状炸药以及水胶炸药都具有更大的优越性。

炸药的选择是根据岩石的坚固性、防水性、孔深等条件，以达到较高爆破效率和较好的经济效益为原则。据我国竖井掘进作业的经验，可参考以下几点：

(1) 在中硬度以下的岩石，涌水量不大和孔深小于 2m 的情况下，可选用 2 号或 4 号抗水岩石硝铵炸药。涌水量稍大时，可采取涂蜡或加防水套等措施。

(2) 在 2.5~5.0m 的孔中爆破作业，不论岩石条件和涌水量大小，均应选用高威力炸药（包括胶质炸药）。硝铵类炸药由于抗水性差；因此，要视岩石条件和涌水量大小，采取与胶质炸药混合装药或有严格的防水措施。

(3) 乳化炸药是竖井爆破作业的理想炸药。但炸药的威力尚不能适应中硬度以上岩石的深孔爆破作业的需要，应进一步研究解决。

目前适用我国金属矿山竖井掘进的起爆破材料主要有：秒延期电雷管、毫秒延期电雷管、毫秒（或半秒）非电塑料导爆系统、抗杂散电流电雷管（简称"抗杂电雷管"）及导爆索等。在竖井掘进中采用毫秒雷管起爆，具有爆破效率高、爆破后的岩块小而均匀（能提高装岩效率）、拒爆事故减少、有利于推广光面爆破技术等优点。非电半秒导爆管是竖井掘进爆破的理想起爆器材。它除了抗水性能好、成水低、操作简单安全等优点外，还可用较少的电雷管起爆，从而使得爆破网路有足够的起爆电流，保证起爆的可能性。

9.3.2.2 爆破参数与炮孔布置

正确选择凿岩爆破参数，对提高爆破效率减少超挖，保证掘进质量和工作安全，提高掘进速度，降低成本有重要意义。国内过去部分井筒掘进的凿岩爆破参数，列于表 9-12，仅供参考。

表 9－12　部分快速掘进井筒的凿岩爆破参数

项　目	凡口矿 主井	金山店 铁矿西风井	程潮铁矿 西副井	五苗冲 风井	红阳二矿 主井	徐州 权台主井	桥头河 二矿主井	凡口矿 新副井	铜山矿 新大井	凤凰山 新副井	万年矿 主风井
掘进断面/m²	26.4	24.6	15.48	16.6	36.3	22.1	26.4	27.33	29.22	26.4	26.4
岩石稳固性系数 f	8～10	10～14	12	8～10	4～8	4～8	6～8	8～10	4～6	6～10	4～6
炮孔数目/个	63	64	36	36	60	24～40	65	80	62	104	56
单位炮孔数目/个·m⁻²	2.4	2.6	2.35	2.17	1.65	1.08～1.8	2.47	2.93	2.12	3.93	2.12
掏槽方式	锥形	锥形	锥形	垂直	垂直	垂直	锥形	锥形、角柱	垂直	复式锥形	垂直漏斗
炮孔深度	1.3	1.5	2.0	1.6	1.5	1.7	1.83	2.7	3～4.0	3.76	4.2～4.4
爆破进尺/m	1.1	1.11	1.74	1.28	1.3	1.5	1.6	2.18	3.14	2.9	3.86
炮孔利用率/m	0.85	0.85	0.93	0.8	0.87	0.88	0.875	0.81	0.84	0.77	0.89
连线方式	并联	并联	并联	并联	并联	并联	并联	并联	并联	并联	并联
炸药种类	硝铵	硝铵	甘油	62%甘油	40%甘油	35%甘油	40%甘油	甘油、硝铵	铵梯	铵、黑、梯	铵、黑
药包直径/mm	32	32	35	35	35	40	35	32	32	32	45
雷管种类	秒差	毫秒差	秒差	毫秒差	毫秒差	秒差	毫秒差	毫秒差	毫秒差	毫秒、秒差	毫秒差
单位炸药消耗量/kg·m⁻³	1.7	1.75	1.22	1.48	1.48	1.07	1.97	1.96	1.67	3.14	2.28
凿岩设备	01-03	01-03	01-03	01-03	01-03	01-03	红旗25	环钻YT-30	环钻YT-30 环钻YT-30	环钻YT-30	伞型钻
最高成井速度/m·月⁻¹	68.11	93.6	70.67	130.07	134.3	160.92	174.82	120.1	113	174.82	174.82
创纪录时间	1966年9月	1972年11月	1966年5月	1970年5月	1970年7～9月	1958年	1973年7月	1976年11月	1975年10月	1977年7月	1977年12月～1978年2月

A　单位炸药消耗量

单位炸药消耗量是衡量爆破效果的重要参数。装药量过少，岩石的块度大，爆破效率低，井筒成形差；装药量过大，既浪费炸药，又破坏围岩的稳定性，造成井筒大量超挖，还可能飞石过高，打坏井筒内的设备。

炸药消耗量的确定，一是参考经验公式进行计算（但这些公式常因工程条件变化使计算结果有出入）；二是按炸药消耗定额（表9-13）或实际统计数据确定。

表9-13　竖井掘进原岩的炸药消耗定额　　　　　　　　　　　（kg/m³）

井筒直径		4m	4.5m	5m	5.5m	6m	6.5m	7m	7.5m	8m
	<3	0.15	0.71	0.68	0.64	0.62	0.61	0.60	0.58	0.57
	4~6	1.25	1.71	1.11	1.01	1.05	0.99	0.95	0.92	0.91
岩石稳固性系数 f	6~8	1.63	1.53	1.16	1.41	1.39	1.32	1.28	1.24	1.23
	8~10	2.01	1.89	1.8	1.74	1.72	1.65	1.61	1.56	1.55
	10~12	2.31	2.2	2.13	2.04	2.0	1.92	1.88	1.81	1.78
	12~14	2.6	2.5	2.46	2.34	2.27	2.18	2.14	2.05	2.0
	15~20	2.6	2.76	2.78	2.67	2.61	2.53	2.5	2.38	2.3

注：1. 表中数据系指62%硝化甘油炸药消耗量。若用1号岩石抗水硝铵炸药，需乘以1.03，若用2号岩石抗水硝铵炸药，则乘以1.13，采用三号岩石抗水硝铵炸药，需乘以1.29。

　　2. 涌水量调整系数，涌水量 $Q<5m^3/h$ 时为1；$Q<10m^3/h$ 时为1.05；$Q<20m^3/h$ 时为1.12；$Q<30m^3/h$ 时为1.15；$Q<50m^3/h$ 时为1.18；$Q<70m^3/h$ 时为1.21。

光面爆破炮孔的装药量，一般是以单位长度装药量计。"陶二矿"用2号岩石硝铵炸药，在中硬度以下的岩石中掘进，炮孔深度为2.5~3.0m时，每米炮孔的装药量150~200g；铜山新大井孔深3.5~4.6m时，每米炮孔装药量为300~400g。

B　炮孔直径

药卷直径和其相应的炮孔直径，是凿岩爆破中另一重要参数。最佳的药卷直径应以获得较优的爆破效果，同时又不增加总的凿岩时间作为衡量标准。许多实例说明，使用45mm的药卷直径比使用32mm直径药卷，炮孔数可减少30%~50%，炸药消耗量可减少20%~25%，而岩石的破碎块度小，装岩生产率提高。但炮孔直径加大后，尤其是采用较深的炮孔后，凿岩效率会降低。因此，在当前技术装备条件下，综合竖井掘进的特点，掏槽孔与辅助孔的药卷直径适宜采用40~45mm，相应的炮孔直径增加到48~52mm，而周边孔采用标准直径药卷，这样既可减少炮孔数目和提高爆破效率，也便于采用光面爆破，保证井筒的规格。

C　炮孔深度

炮孔深度不仅是影响凿岩爆破效果的基本参数，也是研制钻具和爆破器材、决定循环工作组织和凿井速度的重要参数。最佳的炮孔深度应使每米井筒的耗时、耗工减少，并能提高设备作业效率，从而取得较高的凿井速度。根据我国的凿井实践，确定合理的炮孔深度要考虑下面一些主要问题：

（1）采用凿岩钻架凿岩，每一循环辅助作业时间比手持式凿岩增加一倍，为了钻架凿岩掘凿1m井筒所耗的辅助工时低于手持式凿岩，应将炮孔深度也提高一倍，即提高到2.5~4.0m以上。

（2）为了发挥大抓岩机生产能力，一次爆破的岩石量应为抓岩机小时生产能力的 3 ~ 5 倍；否则，清底时间太长。炮孔深度越大，总的抓岩时间越少。

（3）每昼夜完成的循环数，应为整数。否则，要增加辅助作业时间，不利于施工组织安排。另外，在现有的技术水平条件下，炮孔深度不宜太大。

（4）从我国现有的爆破器材的性能来看，要取得良好的爆破效果，炮孔深度也不能过大；从当前的凿岩机具性能来看，钻凿 5m 以上的深孔时，钻速降低甚多。必须进一步改革现有的凿岩机具，否则，凿岩时间要拖长。

综合上述分析目前在竖井掘进中，用手持式凿岩和 $NZQ_2 - 0.11$ 型小抓岩机时，炮孔深度为 1.5 ~ 2.0m；采用钻架和大抓岩机配套时，炮孔深以 2.5 ~ 4.5m 为宜。

D　炮孔数目

炮孔数目取决于岩石性质、炸药性能、井筒断面大小以及药卷直径等。

炮孔数目可用计算方法初算或用经验类比的方法初步确定作为布置炮孔的依据，然后再按炮孔排列布置情况，适当加以调整，最后确定并不断加以修正。

E　炮孔布置

在圆形井筒中，通常采用同心圆布置。具体布置的方法是，先定掏槽孔形式及其数目；其次布置周边孔，再次是辅助孔的圈数、圈径及孔距。

a　掏槽孔布置

掏槽孔的布置是确定爆破效果、控制飞石的关键。一般布置在易爆破和钻凿炮孔的井筒中心。掏槽形式根据岩石性质、断面大小、炮孔深度不同而分两种：

（1）斜孔掏槽。孔数 4 ~ 6 个，呈圆锥形布置，倾角一般为 70° ~ 80°。掏槽孔比其他孔深 200 ~ 300mm，各孔底间距不得小于 200mm。采用这种掏槽形式，打斜孔不易掌握角度，且受井筒断面的限制，但可使岩石破碎和抛掷较易。为防止爆破的岩石飞扬打坏井内设备，常加打一个井筒中心空孔，其孔深为掏槽孔的 1/2 ~ 1/3，借以增加岩石碎胀的补偿空间。此种掏槽形式，多适用于岩石坚硬的浅孔爆破井筒中（图 9 - 27（a））。如果岩石韧性很大，炮孔较深，单锥掏槽效果不好，则可以用复锥掏槽（图 9 - 27（b））先后分次爆破。

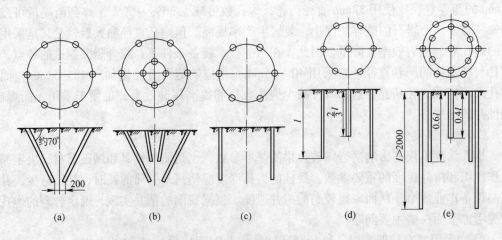

图 9 - 27　竖井掏槽方式示意图

（a）斜孔掏槽；（b）复锥掏槽；（c）直孔掏槽；（d）带中空孔的直孔掏槽；（e）二阶直孔掏槽

（2）直孔掏槽。圈径 1.2~1.8m，孔数 6~8 个。由于打直孔，方向容易掌握，也便于机械化施工。但直孔，特别是较深炮孔时，往往受到岩石的"夹制"作用而使得爆破效果不佳。为此，可采用多阶（2~3 阶）复式掏槽（图 9-27（e））。后一阶的槽孔，依次比前一阶的掏槽孔深。各掏槽孔的各圈距也较小，一般为 250~360mm，分次顺序起爆。但后面爆破的炮孔装药顶端不宜高出先爆孔底位置。孔内未装药部分，宜用炮泥填塞密实。为了改善掏槽效果，要求提高炮泥的填塞质量以增加封口阻力，而且必须使用高威力炸药。

b 周边孔布置

周边孔与井壁之间的距离一般为 100~200mm，孔距 500~700mm，最小抵抗线约700mm。如果采用光面爆破作业，必须考虑炮孔密集系数：

$$a = \frac{E}{W} = 0.8 \sim 1.0$$

式中　E——周边孔间距；

　　　W——光面爆破层的最小抵抗线。

竖井的光面爆破标准，要视具体情况而定，如井筒采用浇灌混凝土支护，且用短段掘砌的作业方式，支护可紧跟掘进工作面，则竖井光面爆破的标准可降低。过于追求井帮上的孔痕多少，会增加炮孔数目，使装药结构复杂和提高爆破成本；所以，只有在用喷锚支护或光井壁单行作业情况下，才提高光面爆破作业的标准。

c 辅助孔布置

辅助孔圈数视岩石性质和掏槽孔至周边孔间距而定，一般控制各圈距离为 600~1000mm，硬岩取小值，软岩取大值，孔距约为 800~1000mm。孔圈的直径与井筒直径之比见表 9-14。各圈炮孔数与掏槽孔数之比见表 9-15。

表 9-14　孔圈直径与井筒直径之比

井筒直径/m	圈　数	第一圈	第二圈	第三圈	第四圈	第五圈
4.5~5.0	3	0.33~0.36	0.65~0.72	0.92~0.95	—	—
5.5~7.0	4	0.23~0.28	0.5~0.55	0.65~0.72	0.94~0.96	—
7.0~8.5	5	0.2~0.25	0.4~0.45	0.6~0.65	0.65~0.72	0.96~1.98

表 9-15　各圈炮孔与掏槽孔数之比

井筒直径/m	圈　数	第一圈	第二圈	第三圈	第四圈
4.5~5.0	3	1	2	—	—
5.5~7.0	4	1	1.5~2.0	2.5~3.0	—
7.0~8.5	5	1	1.5~2.0	2.5~3.0	3.5~4.0

注：表中未列入周边孔数与掏槽孔数之比值，周边孔应考虑具体条件，按光面爆破要求确定。

9.3.2.3　爆破图表的编制

爆破图表是竖井掘进工作的技术指导文件。它包括炮孔深度、炮孔数目、掏槽形式、炮孔布置、每一个炮孔装药量、爆破网路连线方式，起爆顺序等，然后归纳成爆破作业原始条件表、炮孔布置图及其说明表、预期爆破效果三部分。岩石性质及井筒断面尺寸不同，就有不同爆破图表。

编制爆破图表前，至少应该取得的原始资料是：掘进井筒所穿过岩层的地质柱状图、井筒掘进规格尺寸、炸药种类、药卷直径、雷管种类等。

所编制的爆破图表实例见表 9－16～表 9－18 和图 9－28。

表 9－16　爆破原始条件

1	井筒断面直径	5.8m
2	掘进断面积	27.34m²
3	岩石种类	石英岩
4	岩石坚固性系数 f	8～10
5	炸药种类	高威力硝铵炸药
6	药包规格	φ32mm×200mm×150g
7	雷管种类	毫秒电雷管

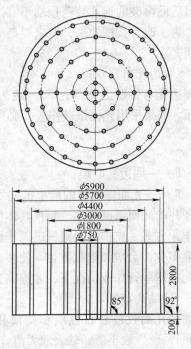

图 9－28　竖井掘进炮孔布置

表 9－17　爆破参数

炮孔序号	圈径/m	圈距/m	孔数/个	孔距/m	炮孔角度/(°)	孔深/m	孔径/mm	装药量/kg 每孔	装药量/kg 每圈	充填长度	起爆顺序	连线方式
1～4	0.75	0.375	4	0.6	90	3.0	42	1.8	7.2	0.6	I	
5～12	1.8	0.53	8	0.7	85	2.8	42	1.8	14.4	0.6	II	
13～26	3.0	0.60	14	0.67	90	2.8	42	1.5	21.0	0.8	III	分两组并联
27～46	4.4	0.70	20	0.68	90	2.8	42	1.5	30.0	0.8	IV	
47～75	5.7	0.65	30	0.60	92	2.8	42	1.35	40.5	1.0	V	
合计			76						113.1			

表 9－18　预期爆破效果

序　号	指　标　名　称	数　值
1	炮孔利用率/%	85
2	每一循环进尺/m	2.38
3	每一循环实体岩石量/m³	62.83
4	1m³ 实体岩石炸药消耗量/kg·m⁻³	1.8
5	1m 进尺炸药消耗量/kg·m⁻¹	47.52
6	1m³ 实体岩石雷管消耗量/个	1.21
7	1m 进尺雷管消耗量/个	31.93

9.3.2.4　装药、连线、爆破

炮孔装药前，应用压风将孔内岩粉吹净。药卷可以逐个装入，也可事先在地面将几个药卷装入长塑料套中或防水蜡纸筒中，然后一次装入孔内。这样可以加快装药速度，避免药卷之间因掉入岩石碎块而拒爆。装药结束后炮孔上部须用黄泥或沙子充填密实。

为了防止爆破网路被水淹没，可将联结雷管脚线的爆破母线用16~18号铁丝，架在插入炮孔中的木橛上，爆破母线可与吊盘以下爆破干线（断面 4~6mm^2）相连。吊盘以上则为爆破电缆（断面 10~16mm^2）。在地面由专用的爆破开关与220V或380V交流电源接通爆破。

竖井爆破通常采用并联、串并联网路（图9–29）。无论采用哪种连线，均应使每一发雷管获得准爆电流。采用串并联时，串联雷管的分组数，要大致相等。

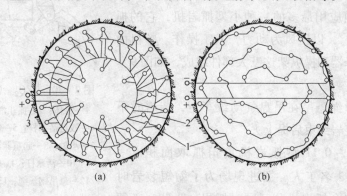

图9–29　竖井爆破网路示意图
（a）并联；（b）串并联
1—雷管脚线；2—爆破母线；3—爆破干线

9.3.2.5　爆破安全

在竖井的爆破作业中，要严格遵守《爆破安全规程》的有关规定，并同时注意以下几点：

（1）加工起爆药卷，必须在离井筒50m以外的室内进行，且只许由爆破工送到井下；同时禁止携带其他炸药同行，也不得有其他人员与携带加工起爆药卷的爆破工同时乘罐。

（2）装药前所有井内设备要提升到安全高度，非装药连线人员一律撤出井外。

（3）装药、连线完毕后，由爆破工进行严格检查；检查合格后爆破工才能将爆破母线与干线相连。此时，井内人员要全部撤出。

（4）井口爆破开关应设专门上锁箱，专人看管；连线前，必须打开爆破开关，切断通往井内的一切电源。信号箱和照明线也必须提升到安全高度。

（5）爆破前，要将井盖门打开，确认全部人员撤出后，才由专业爆破工合闸起爆。

（6）爆破后，立即拉开爆破开关，开动通风机，待工作面炮烟吹净后，方可允许班、组长及少数有经验人员进入井内作安全情况检查，清扫吊盘上的碎块和井帮浮石；待工作面已呈现安全状态后，才允许其他人员下井工作。

9.4 装岩、翻矸、排矸

9.4.1 装岩

装岩工作是井筒掘进中最繁重、最费时的工序。过去国内一直采用 $NZQ_2 - 0.11$ 型抓岩机。现在，已研制出几种不同形式的机械化操纵的大抓岩机，并与其他凿井设备配套使用，形成了具有我国特点的竖井机械化作业线。

9.4.1.1 $NZQ_2 - 0.11$ 型抓岩机

该机是我国应用最多的一种小型抓岩机，它的抓斗容积为 $0.11m^3$，以压风为动力，人工操作。整机由抓斗、汽缸升降器和操纵架这三大部件组成，如图 9 - 30 所示。

平时用钢丝绳悬吊在吊盘气动绞车上，装岩时下放到工作面；装岩结束后提上去。

一台 $NZQ_2 - 0.11$ 型抓岩机负担抓取面积 9 ~ $20m^2$，配备 2 ~ 3 名工人。掘进现场为了缩短装岩时间，普遍采用多台抓岩机分区同时抓岩。为此，必须重视抓岩机在井筒中的合理布置。

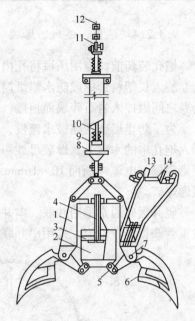

图 9 - 30　　$NZQ_2 - 0.11$ 型抓岩机

1—机体；2—抓斗汽缸；3—活塞；
4—双层活塞杆；5—链板；6—抓片；
7—小轴；8—起重器汽缸；9—活塞；
10—活塞杆；11—保护绳环；
12—悬吊钢丝绳；13，14—配气阀

该机生产率低，一般为 8 ~ $12m^3/h$（松散体积），劳动强度大，机械化程度低。但结构简单，使用方便，投资少，适用于小矿山的浅井打浅孔掘进。在大型矿井的掘进中，可配备 3 ~ 4 台机同时工作或配合大型抓岩机进行清底。

9.4.1.2 HK 型液压靠壁式抓岩机

我国从 20 世纪 60 年代就开始研制大抓岩机。国产现有的大抓岩机，按抓斗容积划分为 $0.4m^3$ 和 $0.6m^3$ 两种；按驱动动力不同分有气动、电动、液压（包括气动液压和电动液压）三种；按机器结构特点和安装方式不同有靠壁式、环形轨道式和中心回转式三种。

下面仅介绍一种使用较多的靠壁式抓岩机。

靠壁式抓岩机有 HK - 4 型和 HK - 6 型两种，分别用 10t 和 16t 稳车由地面单独悬吊。抓岩时，将抓岩机下放到距工作面约 6m 高处，用锚杆紧固在井壁上，然后将抓斗下放工作面抓岩。抓岩结束后，松开固定装置，将机器提到吊盘下面适当安全高度；然后，进行凿岩爆破或支护工作。

HK 型抓岩机由风动抓斗、提升机构、回转变幅机构、液压系统、风压系统、机架、固定装置及悬吊装置等部件组成（图 9 - 31）。各种 HK 型抓岩机的技术性能见表 9 - 19。

（1）提升机构。提升机构由提升机架、升降油缸、滑轮组和储绳筒组成。提升机架由两根 20 号槽钢焊成一个框架。升降油缸用球铰装在提升机架内。提升绳一端固定在提升机架下端的储绳筒上，然后绕过动滑轮和定滑轮，另一端与抓斗连接。油缸活塞运动带动滑轮组的运动实现抓斗提升。抓斗的下落靠本身自重实现。

（2）回转变幅机构。回转变幅机构包括回转和变幅两套机构，其作用是使抓斗在井筒中做圆周运动和径向位移运动，主要由回转立柱、变幅油缸、回转油缸及其导向装置、齿轮、齿条、支座等组成。变相油缸安装在由两条 18 号槽钢组成的立柱中。当高压油推动回转油缸移动时，镶在缸体上的齿条也随之移动，齿条再推动连于立柱上的齿轮，带动立柱及提升斜架回转，实现抓斗的圆周运动。提升斜架上端的连接座与变幅油缸活塞杆铰接，斜架中间由拉杆相连。当变幅油缸活塞杆伸缩时，提升斜架收拢和张开实现抓斗的径向运动，从而抓取井筒内任意方位的矸石。

（3）操作机构。操作机构设于机器下方司机室内，分为风动和油压系统操纵机构。

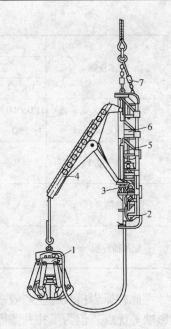

图 9 - 31　HK 型靠壁式抓岩机

1—抓斗；2—液压系统；3—回转变幅机构；
4—提升机构；5—风动提升系统；
6—机架；7—悬吊装置

表 9 - 19　抓岩机的主要技术性能

技术性能			机械化操作					人力操作	
		靠壁式		中心回转		环行轨道		长绳悬吊	NZQ₂ -
		HK - 4	HK - 6	HZ - 4	HZ - 6	HH - 6	2HH - 6	（HC）	0.11
驱动方式		风动 - 液压 电动 - 液压	风动 - 液压 电动 - 液压	风动	风动	风动	风动	风动	风动
技术生产率/m³·h⁻¹		30	50	30	50	50	80 ~ 100	50	12
抓斗	容积/m³	0.4	0.6	0.4	0.6	0.6	2×0.6	0.565	0.11
	闭合直径/mm	1296	1600	1296	1600	1500	1600	1770	1000
	张开直径/mm	1965	2130	1965	2130	2130	2130	2230	1305
提升 机构	提升能力/kg	2900	4000	2750	3500	3500	3500	10000	1000
	提升高度/m	6.2	6.8	60	60	50	50	700	40
	提升速度/m·s⁻¹	0.3	0.35	0.35 ~ 0.5	0.3 ~ 0.4	0.3 ~ 0.4	0.35	0.34	0.6
回转变 幅机构	回转角度/(°)	120	120	360	360	360	360	—	—
	径向位移量/m	4	4.3	2.45	2.45			—	—
	工作风压/MPa	0.5 ~ 0.7	0.5 ~ 0.7	5 ~ 7	5 ~ 7	0.5 ~ 0.7	0.5 ~ 0.7	0.5 ~ 0.7	0.5. ~ 0.7
	压气消耗/m³·min⁻¹	20	40	17	17	15	30	2	4 ~ 5
	功率总容量/kW	18 ~ 22	25 ~ 30	18 ~ 22	25 ~ 30	25 ~ 30			3.7

技术性能	机械化操作						人力操作	
	靠壁式		中心回转		环行轨道		长绳悬吊	NZQ$_2$ –
	HK – 4	HK – 6	HZ – 4	HZ – 6	HH – 6	2HH – 6	(HC)	0. 11
外形尺寸（长×宽×高）/mm × mm × mm	1190 ×930 × 5840	1300 ×1100 × 6325	900 ×800 × 6350	900 ×800 × 1100	—	—		6680/最高 4180/最低
机器质量/kg	5450	7340	7577	8071	7110 ~ 8580	13126 ~ 13636	10290	655
适用井筒直径/m	4 ~ 5.5	5 ~ 6.5	4 ~ 6	4 ~ 6	5 ~ 8	6.5 ~ 8	5 ~ 8	不限
配吊桶容积/m³	2	3	1.5 ~ 2.0	2 ~ 3	2 ~ 3	2 ~ 3	2	<2

此种抓岩机具有生产效率高、操作方便、结构紧凑、体积小、机器悬挂不受吊盘升降影响等优点。但为了往井壁固定机器，必须事先打好锚杆孔和安装锚杆，还要求井壁围岩坚固，以保证锚杆固定机器牢靠。

为了发挥大型抓岩机的生产能力，除抓岩机本身结构不断改进和完善以外，还须改进其他工艺条件。如加大孔深，改善爆破效果，适当增加提升能力和吊桶容积，及时处理井筒淋水，打干井和提高清底效率，从而提高抓岩机生产率。

9. 4. 2　翻矸

岩石经吊桶提到翻矸台上后，需翻卸到溜矸槽或井口矸石仓内，以便汽车或矿车运走。翻矸方式主要有人工翻矸和自动翻矸这两种基本形式。

人工翻矸是将吊桶提至翻矸台，关闭井盖门，用翻矸钢丝绳钩子钩住桶底铁环，然后放松提升钢丝绳，使吊桶缓慢倾倒，将矸石卸入溜矸槽中。倒尽矸石后，提起吊桶，卸去钩子，打开井盖门，吊桶再下到井底装矸。此种翻矸方式劳动强度大，翻矸时间长，现已淘汰。

自动翻矸有翻笼式、链球式和座钩式等几种方式，其中以座钩式的使用效果最好。图9 – 32 为座钩式自动翻矸装置。它由底部带中心圆孔的吊桶 1、座钩 2、托梁 4 及支架 6 等组成，并通过支架固定在翻矸门 7 上。

装满岩石的吊桶提升到翻矸台上方后，关上翻矸门，吊桶下落，使钩尖进入桶底中心孔内。钩尖处于提升中心线上，而托梁的转轴中心偏离提升中心线 200mm。吊桶借偏心作用开始向前倾倒，直到钩头钩住桶底中心孔边缘钢圈为止。翻矸后，上提吊桶，座钩自行脱离，并借自重恢复到原来位置。

此种翻矸装置结构简单，加工安装容易，翻矸动作可靠，翻矸时间较短，现已广泛使用。

9. 4. 3　排矸

排矸要满足适当大于装岩能力和提升能力的要求。以不影响装岩和提升工作不间断进行为原则，通常用自卸汽车排矸。汽车排矸机动灵活，能力大，可将矸石用来垫平工业广场或附近山谷、洼地等；所以多为施工现场采用。

在平原地区建井，可设矸石山。井口矸石装入矿车后，运至矸石山卸载；在山区建井，矸石装入矿车，利用自滑坡道线路，将矸石卸入山谷中。

9.4.4 矸石仓

为了调剂井下装矸、提升及地面排矸能力，应设立矸石仓（图9-33），目的是储存适当数量的矸石量，以保证即使中间某一环节暂时中断时排矸工作仍照常继续进行。矸石容量可按一次爆破矸石量的 1/10～1/5 进行设计，为 20～30m³。矸石仓设于井架一侧或两侧。为卸矸方便，溜槽口下缘至汽车箱上缘的净空距为 300～500mm，溜矸口的宽度不小于 2.5～3 倍矸石最大块径 1.7～2 倍；溜槽底板坡度不得小于 40°。

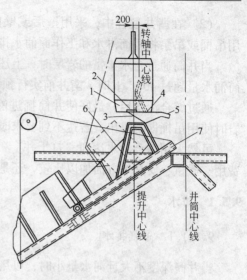

图9-32 座钩式自动翻矸结构
1—吊桶；2—座钩；3—轴承；4—托梁；
5—平衡尾架；6—支架；7—翻矸门

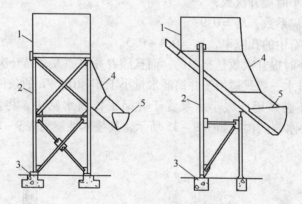

图9-33 矸石仓
1—仓体；2—立柱；3—基础；4—溜槽；5—溜槽口

9.5 排水、治水与井筒支护

在竖井施工中，地下水常给掘进砌墙工作带来不利的影响，如恶化作业条件，减慢工程进度，降低井壁质量，增加工程成本，甚至造成淹井事故，拖长整个建井工期。因此，必须对水的治理采取有效措施，将井内涌水量降低到最低限度。

井筒施工前，要打检查钻孔，详细了解井筒所穿过岩层的性质、构造及水文地质情况，含水层的数量、水压、涌水量、渗透系数、埋藏条件以及断层裂隙数、溶洞、采空区及它们与地表水的联系资料，为选择治水方案提供依据。

对水的治理，可以归纳为两类：

（1）在凿井前进行处理，设法堵塞涌水通道，减少或隔绝向井内涌水的水源（如采用地面预注浆，井外多点降水，井内钻孔泄水等），使工作面疏干。

（2）在凿井过程中，采用壁后或壁内注浆封水、截水和导水等方法处理井筒淋水，用吊桶或吊泵将井筒淋水和工作面涌水排到地面。

当井筒通过含水丰富的岩层时，上述两种方法有时同时兼用。我国建井实践表明，井筒涌水量超过 $40m^3/h$ 时，凿井前实行预注浆堵水对井筒施工有利。

通过综合治水后，最好使井筒掘进能达到"打干井"的要求，即将工作面剩水在装岩时使用吊桶即时排出。若达不到要求时，也可以使用一台吊泵就能排出。

虽然采用综合治水达到"打干井"的要求需要一定的费用和时间，但是从总的速度、费用、质量、安全等方面加以比较，还是比较有利的。

9.5.1　排水

9.5.1.1　吊桶排水

当井筒深度不大且涌水量小时，可用吊桶排水，随同矸石一起提到地面。吊桶排水能力（Q）取决于吊桶容积与每小时吊桶的提升次数。

$$Q = nVK_1K_2 \qquad\qquad (9-6)$$

式中　　V——吊桶容积，m^3；

　　　　n——吊桶每小时提升次数；

　　　　K_1——吊桶装满系数，$K_1 = 0.9$；

　　　　K_2——松散岩石中的孔隙率，$K_2 = 0.4 \sim 0.5$。

吊桶容积及每小时提升次数是有限的，而且随着井深加大，提升次数减少，其排水能力受到限制。吊桶排水一般只适用于井筒涌水量小于 $8 \sim 10m^3/h$ 的条件。

吊桶排水时，还必须用压气小水泵置于井筒工作面水窝中，将水排到吊桶中提出（图 9-34）。气压小水泵的构造如图 9-35 所示，其技术性能见表 9-20。

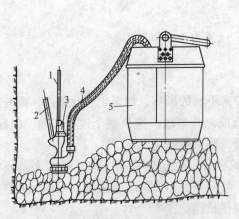

图 9-34　压气泵吊桶排水
1—进气管；2—排气管；3—气压泵；
4—排水软管；5—吊桶

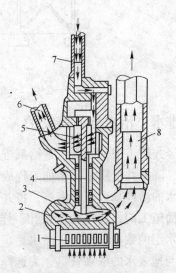

图 9-35　压气泵构造
1—滤水器；2—泵体；3—工作轮；4—主轴；5—风动机；
6—排气管；7—进气管；8—排水管（排入吊桶）

表 9 – 20 压气泵技术性能

型　　号	流量 /m³·h⁻¹	扬程 /m	工作风压 /MPa	耗风量 /m³·min⁻¹	进气管内径 /mm	排气管内径 /mm	排水管内径 /mm	质量 /kg
F – 15 – 10	15	10	>0.4	2.5	16	—	40	15
1 – 17 – 70	17	70	>0.5	4.5	25	50	40	25

9.5.1.2　吊泵排水

当井筒涌水量超过吊桶的排水能力时，须设吊泵排水。吊泵为立式泵，泵体较长，但所占井筒的水平断面积较小，有利于井内设备布置。吊泵在井内的工作状况如图 9 – 36 所示。

常用吊泵为 NBD 型及 80DCL 型多级离心泵，它由吸水笼头、吸水软管、水泵机体、电动机、框架、滑轮、排水管，闸阀等组成，在井内由双绳悬吊。NBD 型及 80DGL 型吊泵的技术性能见表 9 – 21。

当井筒排水深度超过一台吊泵扬程高时，必须采用接力排水方式。若排水深度超过扬程不大时，可用压气泵将工作面的水排至吊盘上或临时平台的水箱中，再排出地面。当排水深度超过扬程很大时，需在井筒中间设置转水站（腰泵房）或转水盘，工作面的吊泵将水排至转水站（图 9 – 37），再用卧泵排出地表。若主、副井相距不远，可共用一个转水站，即在两井筒间钻一稍微倾斜的钻孔，连通两个井，将一个井的水通过钻孔流至另一井的转水仓，再集中排出地面。

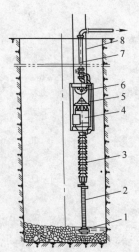

图 9 – 36　工作面吊泵排水
1—吸水笼头；2—软管；3—泵体；
4—电动机；5—框架；6—滑轮；
7—排水管；8—吊泵悬吊绳

表 9 – 21　国产吊泵技术性能

型　　号	排水量 /m³·h⁻¹	扬程/m	电机功率 /kW	转数 /r·min⁻¹	工作轮级数	外形尺寸/mm 长	宽	高	质量/kg	吸程/m
NBD30/250	30	250	45	1450	15	990	950	7250	3100	5
NBD50/250	50	250	75	1450	11	1020	950	6940	3000	5
NBD50/500	50	500	150	2950		1010	868	6695	2500	4
80DGL50×10	50	500	150	2950	10	840	925	5503	2400	6.7
80DGL50×15	50	750	250	2950	15	890	985	6421	4000	7.5

9.5.2　截水和钻孔泄水

9.5.2.1　截水

为消除淋帮水对井壁质量的影响和对施工条件的恶化，在永久性井壁上支护或永久支护前，应采用截水和导水的方法。井筒掘进时，沿临时支护段的淋水，可采用吊盘折页挡水（图 9 – 38）或者挡水板（图 9 – 39）引导致井底后排出。

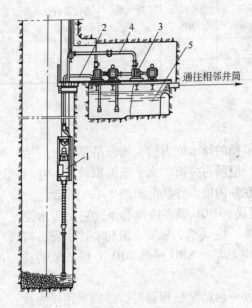

图 9 - 37　转水站接力排水

1—吊泵；2—吊泵排水管；3—卧式泵；4—排水管；5—水仓

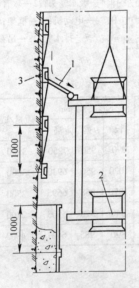

图 9 - 38　吊盘折页挡水

1—折页；2—吊盘；3—支架背板临时支护

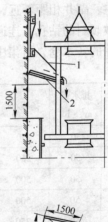

图 9 - 39　挡水板截水

1—铁丝；2—挡水板；3—木板；4—导水木条

在永久性井壁漏水严重地方应用壁后或壁内注浆封闭；剩余的水也要用固定的截水槽将水截住，并导入腰泵房或水箱中就可将水排出地面（图 9 - 40）。截水槽常设在透水层下边。在腰泵房上有淋水要设截水槽。

9.5.2.2 钻孔泄水

在开凿井筒时，如果其底部已有巷道可利用，并形成了排水系统，此时可在井筒断面内向下打一钻孔，直达井底巷道，将井内涌水泄至底部巷道排出。这样可以简化井内设备，改善作业条件，加快施工速度；在矿井改建、扩建中多应用。

泄水孔必须保证垂直，钻孔的偏斜度一定要控制在井筒轮廓线以内。

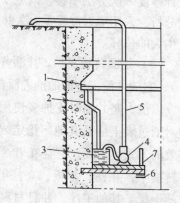

图 9 - 40　固定截水槽截水
1—混凝土截水槽；2—引水管；
3—盛水小桶；4—泵；5—排水管；
6—钢梁；7—月牙形固定盘

9.5.3 竖井支护

在竖井施工过程中，应及时支护井壁，以防止围岩风化，阻止变形破坏，从而保证生产正常进行。井筒支护分为临时支护和永久支护；而在支护材料方面：20世纪60年代以前，料石井壁占77.3%（包括混凝土块在内的混凝土井壁仅占18%）；在井壁结构方面：砌筑式井壁占88%，而整体式井壁仅占9%；随着水泥工业迅速发展，整体式混凝土井壁，得到了广泛应用。

与砌筑式井壁相比，整体式混凝土井壁强度高，封水性能好，造价低，便于机械化施工，并能降低劳动强度和提高成井速度。目前整体式混凝土井壁施工，从配料、上料、搅拌到混凝土的输送、搅拌基本上实现了机械化。整体式混凝土井壁施工所用的模板，也有了很大的改进：移动式金属模板在竖井施工中的应用日益广泛，液压滑动模板在一些竖井施工中也得到了应用。

喷射混凝土也被用作竖井的永久支护，其井壁结构和施工工艺均不同于其他类型的井壁，其明显的优点是施工简单、速度快。条件允许时可以优先采用。

9.5.3.1 临时支护

临时支护是在井筒进行施工时，为了保证施工安全，对围岩进行的一种临时防护措施。根据围岩性质、井段高度及涌水量等的不同，竖井的临时支护也分为如下几种形式：

（1）锚杆金属网支护。这种支护是用锚杆加固围岩，并挂网来阻止碎块下落。金属网通常由16号镀锌铁丝编织而成，用锚杆固定在井壁上。锚杆的直径通常为12~25mm；长度视围岩情况，多为1.5~2.0m；间距0.7~1.5m。

锚杆金属网的架设紧跟掘进工作面，与井筒的钻孔工作同时进行。支护段高一般为10~30m。锚杆金属网支护，一般运用于 $f > 5$、仅有少量裂隙的岩层条件下，并与喷射混凝土支护经常结合使用，这样既是临时支护，又是永久支护的一部分。

（2）喷射混凝土支护。喷射混凝土作临时支护，所用机具和施工的工艺均与平巷喷射混凝土永久支护相同，唯独喷射层厚度稍薄，一般为50~100mm。它具有封闭围岩，充填裂隙、增加围岩完整性、防止围岩风化的作用。

喷射混凝土临时支护，只有在采用整体式混凝土永久井壁支护时，其优越性的表现才较明显（便于采用移动式模板或液压滑动模实现较大段高的施工，以减少模板的装卸及井壁的接茬）。当永久支护为喷射混凝土井壁时，从施工角度看，宜在同一喷射段高内按设计厚度一次分层喷够，以免以后再用作业盘等设施来进行重复喷射。其次，从适应性角度分析，采用喷射混凝土永久井壁的井筒，其围岩应该是坚硬、稳定、完整的，开挖后不产生大的位移。

（3）挂圈背板支护。挂圈背板由槽钢井圈、挂钩、背板、立柱和木楔等组成（图9-41），它随井筒掘进面的推进而自上向下一层一层地吊挂。

以前，竖井临时支护多使用挂圈背板。这种临时支护对通过表土层及其他不稳定岩层，仍不失为一种行之有效的方式。然而，它存在着严重的缺点：如在掘砌工序转换中，井圈、背板、立柱等需要反复装拆、提放，这就干扰了其他工序，并且材料损耗大。因此，随着新型临时支护形式的出现，挂圈背板支护正在被其他临时支护形式逐渐取代。

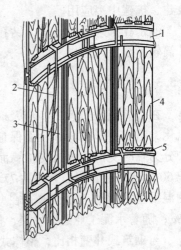

图9-41　挂圈背板临时支护
1—井圈；2—挂钩；3—立柱；
4—背板；5—木楔

（4）掩护筒。掩护筒是随井筒掘进工作面的推进，而向下移动的一种刚性或柔性的筒形金属结构。在其保护下，进行掘砌工作。掩护筒实质上只起到"掩护"作用；而不起支护作用。

国内一些竖井施工中，曾用过多种类型的掩护筒。如弓长岭铁矿曾用刚性和柔性掩护筒；贵州水城老鹰山副井和平顶山矿竖井施工，也使用了柔性掩护筒。而在国外井筒掘进工作中，掩护筒的应用却比较多。贵州水城老鹰山副井采用平行作业施工，用的掩护筒如图9-42所示。

该掩护筒以100mm×100mm×10mm的角钢为骨架，角钢间距为1m。在角钢架的外部敷设三层柔性网：第一层为直径2mm的镀锌钢丝网，网孔为4mm×4mm；第二层为直径2mm的镀锌钢丝网，网孔为25mm×25mm；第三层为经线直径9mm，纬线直径6.2mm的钢丝绳网，经线兼作悬挂钢绳。

掩护筒外径6650mm，距井帮300mm。掩护筒下部距工作面4m的地方扩大成喇叭形，底部与井帮间距为150mm，掩护筒的高度为21.6m，总质量9.9t，用96根经线钢丝绳悬挂在吊盘下层盘外沿的槽钢圈上。吊盘用25t稳车回绳悬吊。

各种掩护筒一般适用于岩层较为稳定、平行作业的快速建井施工中。

（5）光井壁施工。金属矿山竖井的围岩一般比较完整稳定，井筒开挖后的相当长时间内，地压现象不明显。有的井帮暴露一个多月，暴露距离高达40m，仍未出现岩层松动、滑移等现象；有的竖井开掘后根本未进行任何支护，却能安全地使用多年。例如，红透山铜矿在黑云母片麻岩中从未支护的副井就是一例。

光井壁的段高应由围岩的具体情况确定，而不宜过大；当遇到局部破碎岩层，还应该停止下掘，随即转入砌壁。一定要有严格的井帮管理措施，以确保安全。

光井壁施工一般适用于 $f > 8$ 的坚硬稳定围岩和致密岩层、裂隙少和涌水不大的情况。

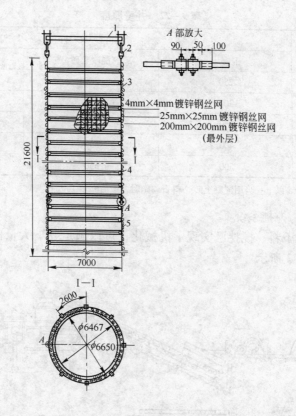

A 部放大
90　50　100

4mm×4mm 镀锌钢丝网
25mm×25mm 镀锌钢丝网
200mm×200mm 镀锌钢丝网
（最外层）

21600

7000

I—I

2600

φ6467
φ6650

A

图 9-42　柔性掩护筒支护
1—悬吊掩护筒的吊盘下盘；2—拉线绝缘子 96 个；3—φ9mm 钢丝绳；
4—100mm×100mm×10mm 角钢；5—φ12.5mm 钢丝绳

9.5.3.2　永久支护

A　混凝土永久支护

混凝土永久支护也称为现浇混凝土整体支护，它与喷射混凝土支护同为目前竖井支护的两种主要形式。混凝土整体支护由于其强度高，整体性强，封水性能好，便于实现机械化施工等优点，所以使用相当普遍，尤其是在不适合采用喷射混凝土的地层中，常用现浇混凝土作为永久支护。混凝土的水灰比应控制在 0.65 以下，所用沙子为粒径 0.15~5mm 的天然沙，所用石子为粒径 30~40mm 的碎石或卵石，并应有良好的颗粒级配。井壁常用的混凝土标号为 150~200 号。混凝土的配合比，可按普通塑性混凝土的配合比设计方法进行设计或者按有关参考资料选用。

现将混凝土井壁厚度、浇灌混凝土时所用的机具及工艺特点分别介绍如下。

a　混凝土井壁厚度的选择

在生产现场，由于地压的计算结果不太精确；因而井壁厚度只能起参考作用。设计时多按工程类比法的经验数据，并参照计算结果确定壁厚。

在稳定的岩层中，井壁厚度可参照表 9-22 的经验数据选取。

表 9－22　井壁厚度

井筒净直径/m	井壁厚度/mm		
	混凝土	混凝土砖	料　石
3.0~4.0	250	300	300
4.5~5.0	300	350	300
5.5~6.0	350	400	350
6.5~7.0	400	450	400
7.5~8.0	500	550	500

注：本表适用于 $f=4~6$ 以上；当用混凝土砖、料石砌碹时，壁后充填 100mm。

b　混凝土下料、搅拌系统

目前，混凝土的下料、搅拌已实现了机械化，可以满足井下大量使用混凝土的需要，其下料系统如图 9－43 所示。

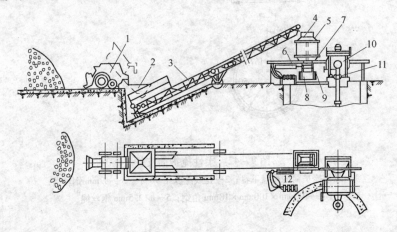

图 9－43　混凝土上料系统

1—气动铲运机；2—0.9m³ 漏斗；3—胶带机；4—储料仓间隔挡板；5—储料仓；
6—工字钢滑轨；7—沙石漏斗闸门；8—底卸式计量器；9—计量器汽缸；
10—搅拌机；11—输料管漏斗；12—计量器行程汽缸

地面设 1~2 台气动铲运机 1，将沙、石装入 0.9m³ 漏斗 2 中，然后用胶带机 3 送至储料仓中。在料仓内通过可转动的储料仓间隔挡板 4 将沙、石分开，分别导入沙仓或石子仓中。料仓、计量器、搅拌机呈阶梯形布置，料仓下部设沙石漏斗闸门 7 及底卸式计量器 8。每次计量好的沙、石可直接溜入搅拌机中。水泥及水在搅拌机处按比例直接加入。搅拌好的混凝土经溜槽进入"溜灰管"的漏斗 11 送至井下。

c　混凝土的下料系统

为了竖井支护的混凝土浇灌能够连续进行，目前多采用"溜灰管"将在地面搅拌好的混凝土直接输送到井下支护面。使用溜灰管路下料的优点是：工序简单，劳动强度小，能连续浇灌混凝土，施工速度快。

溜灰管下料系统如图 9－44 所示。混凝土经过漏斗 1、伸缩管 2、溜灰管 3 至缓冲器 6 缓冲后，再由活节管 8 进入模板中。而浇灌工作在吊盘上进行。

（1）漏斗。由薄钢板制成，其断面可为圆形或矩形，下端与伸缩管连接。

（2）伸缩管（图9－45）。在混凝土浇灌过程中，为避免溜灰管拆卸频繁，可采用伸缩管。伸缩管的直径一般为125mm，长为5～6m。上端用法兰盘和漏斗联结，法兰盘下用特设在支架座上的管卡卡住，下端插入φ150mm的溜灰管。浇灌时随着模板的加高，伸缩管固定不动，溜灰管上提，直到输料管上端快接近漏斗时，才拆下一节溜管，使伸缩管下端刚好插入下面灰管中浇灌。为使伸缩管的通过能力不致因管径变小而降低，尚有采用与溜灰管直径相等的伸缩管，溜管上端加一段直径较大的变径管，接管时拆下变径管即可（图9－46）。

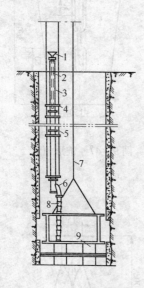

图9－44　混凝土输送管路

1—漏斗；2—伸缩管；3—溜管；4—管卡；5—悬吊钢丝绳；
6—缓冲器；7—吊盘钢丝绳；8—活节管；9—金属模板

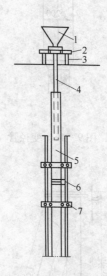

图9－45　伸缩管

1—漏斗；2，7—管卡；3—支座；4—伸缩管；
5—溜灰管；6—悬吊钢丝绳

（3）溜灰管。一般用直径150mm的厚壁耐磨钢管，每节管路之间用法兰联结。一条φ150mm的溜灰管，可供三台400L搅拌机使用。所以在一般情况下只需要设一条溜灰管。

（4）活节管。为将混凝土送到模板内的任何地点而采用的一种可以自由摆动的柔性管。

一般由15～25个锥形短管（图9－47）组成。总长度为8～20m。锥形短管的长度为360～660mm，宜采用厚度不小于2mm的薄钢板制成。挂钩的圆钢直径不小于12mm。

（5）缓冲器。用法兰盘联结在溜灰管的下部，借以减缓混凝土流速和出口时的冲击力，其下端和活节管相连。常用缓冲器有单叉式（盲肠式）、双叉式和圆筒形几种。单叉式缓冲器，如图9－48所示，由直径150mm的钢作制成。分岔角（又称为缓冲角，即侧管与直管的夹角）一般取13°～15°，以14°最佳；太大容易堵管，太小则缓冲作用不大。双叉式缓冲器（图9－49），中间短段直管（即溢流管）直径与上部直管相间，其长度以能安上堵盘为准，一般取 200mm。在混凝土通过时，此段短管全部被混凝土充实，从而减轻了混凝土对转折处的冲击和磨损。

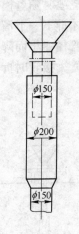

图 9 - 46　变径管

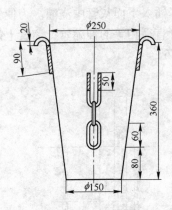

图 9 - 47　锥形短管

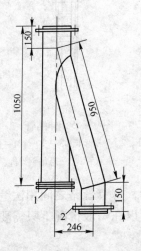

图 9 - 48　单叉式缓冲器
1—堵盘；2—松套法兰盘

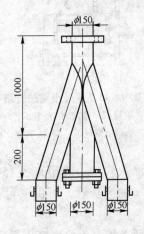

图 9 - 49　双叉形缓冲器

圆筒形缓冲器如图 9 - 50 所示，其中央为一实心圆柱，承受混凝土冲击，端部磨损后可烧焊填补。四片肋板将环形空间等分四部分。每一扇形和 φ150mm 管断面约相等。

这种缓冲器结构简单，不易堵塞、磨损。平顶山一矿井深 300m 以上，在井建的过程中只用一个圆形缓冲器，成井后尚未磨损。溜灰管输送混凝土深度不受限制。为减速而设置的缓冲器，一个够用。缓冲器的缓冲角可取定值，无需随井深而增大。

　　d　模板

模板的作用是使混凝土按井筒断面成形，并承受现浇混凝土的冲击力和侧压力。它从

材料上分有木模板、金属模板；从结构形式上分有普通组装模板、
整体式移动模板等；从施工工艺分，有在砌壁全段高内分节立模、
分节浇灌的普通模板，一次组装全段高使用的滑升模板等。

木模板重复利用率低，木材消耗量大，现已少用；金属模板
强度大，重复利用率高，所以使用广泛。大段高浇灌时多用组装
模板或滑升模板，短段掘砌多用整体式模板。

（1）组装式金属模板。这种模板是在地面先做成小块弧形
板，然后送到井下组装。每圈约由 10～16 块组成；块数由井筒
净直径大小而定，每块高度1～1.2m。弧长按井筒净周长的1/16～
1/8，以两人能抬起为准。模板用4～6mm钢板围成，模板间的联
结处和筋板用60mm×60mm×4mm 或 80mm×80mm×5mm角钢
制成，每圈模板和上下圈模板之间均用螺栓联结。为拆模方便，
每一圈模板内设有一块小楔形模板，拆模时先拆这块楔形模板。
模板的组装如图9－51所示。

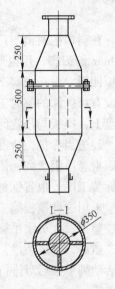

图9－50　圆筒形缓冲器

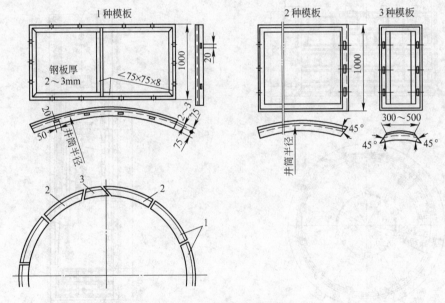

图9－51　组装式金属模板
1—弧形模板；2—单斜面弧形模板；3—楔形小块弧形模板

（2）整体移动式模板。组装式金属模板的使用，要反复组装和提放，既笨重又费时。
为了解决这一矛盾，现已使用了整体式移动金属模板。整体式移动金属模板具有节约钢
材、降低成本、简化工序、提高工效的突出优点，在实践中还在不断改进。

整体式移动金属模板有多种，现介绍门轴式移动模板的结构和使用。

门轴式移动模板（图9－52），由上下两节共12块弧形板组成。每块弧形板由六道槽
钢作骨架，骨架围上4mm厚的钢板，各弧形板用螺栓连接。模板分两扇，用门轴（铰
链）2、8联成整体。其中一扇设脱模门，与另一扇模板斜口接合，借助销轴将其锁紧，
呈整体圆筒状结构。模板的脱模是通过斜口活动门1绕门轴2转动来完成的，故称门轴

式。

在斜口的对侧与门轴 2 非对称地布置另一门轴 8，以利用脱模收缩。模板下部为高
200mm 的刃脚，用以形成接茬斜面。上部设 250mm×300mm 的浇灌门，共 12 个，均布于
模板四周。模板全高 2680mm，有效高度为 2500mm。为便于混凝土浇灌，在模板高 1/2
处设有可拆卸的临时工作平台。模板用 4 根钢丝绳通过四个手动葫芦悬挂在双层吊盘的上
层盘上，模板与吊盘间距为 21m。它与组装式金属模板的区别在于，每当浇灌完模板全
高，经适当养护，待混凝土达到支撑自身重量的强度时，即可打开脱模门，同步松动模板
的四根悬吊钢丝绳，依靠自重，整体向下移。使用一套模板可自上而下浇灌整个井筒，简
化拆装工序，也省钢材。

采用这种模板施工如图 9-53 所示。当井筒掘进 2.5m 后，再进行下一次爆破，留下
岩渣整平，人员乘吊桶到上段模板处，取下插销，打开斜口活动门，使模板收缩呈不闭合
状。然后，下放吊盘，模板即靠自重下滑至井底。用手拉葫芦调整模板，找平、对中、安
装活动脚手架后可进行浇灌。

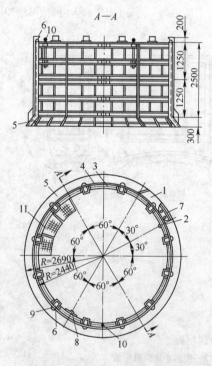

图 9-52　门轴式整体移动模板

1—斜口活动门；2，8—门轴；3—槽钢架；
4—围板；5—模板刃角；6—浇灌门；
7—刃角加强筋；9—预留下井段浇灌孔盒；
10—模板悬吊装置；11—临时工作台

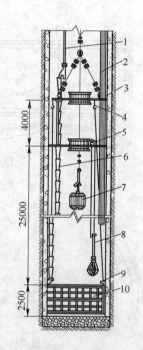

图 9-53　短段掘砌的混凝土井壁施工

1—下料管；2—胶皮风管；3—吊盘；4—手拉葫芦；
5—抓岩机风动绞车；6—金属活节下料管；7—吊桶；
8—抓岩机；9—浇灌孔门；10—整体移动式金属模板

这种模板是直接稳定放在掘进工作面的岩渣上浇灌井壁，因此只适用于短段掘砌的施
工方法。模板高度应配合掘进循环进尺来考虑浇灌方便而定。

这种模板拆装和调整较方便，因此应用较多，效果也好。但变形较大，接茬较多，井

壁封水性较差。

e　混凝土井壁的施工

（1）立模与浇灌。在整个砌壁过程中，以下部的第一段井壁质量（与设计井筒同心程度、壁体垂直度与壁厚）最为关键，因此对立模工作必须给予足够的重视。根据掘砌施工程序的不同，分掘进工作面砌墙和高空砌壁两种。

在掘进工作面砌壁时，先将矸石大致平整并用沙子找平，铺上托盘，立好模板；然后，用横撑木将模板固定于井帮（图9-54）。立模时要按中、边线立正找平，确保井筒设计的规格尺寸。

当采用长段掘砌反向平行施工需要高空浇灌井壁时，可在稳绳盘或砌壁工作盘上安设砌壁底模及模板的承托结构（图9-55），以承担混凝土尚未具有强度时的重量。待其具有自重的支撑强度后，即可在其上继续浇混凝土，直到与上段井壁接茬为止。浇灌和捣固时要对称分层连续进行，每层厚250～300mm。人工捣固时，要出现薄浆；用振捣器捣固时，振捣器要插入混凝土内50～100mm。

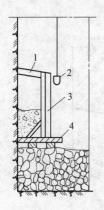

图9-54　工作面筑壁立模板

1—横撑木；2—测量边线；3—模板；4—托盘

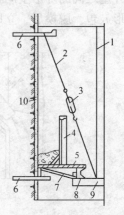

图9-55　高空浇灌井壁示意图

1—稳绳盘悬吊绳；2—辅助吊挂绳；3—紧绳器；
4—模板；5—托盘；6—托钩；7—稳绳盘折页；
8—找平槽钢圈；9—稳绳盘；10—喷射混凝土井壁

（2）井壁接茬。下段井壁与上段井壁接茬必须严密，并防止杂物、岩粉等掺入，使上下井壁结合成一个整体，无开裂及漏水现象。井壁接茬方法主要有以下三种：

1）全面斜口接茬法（图9-56）。它适用于上段井壁沿井筒全周留有刃脚状斜口，斜口高为200mm。当下段井壁最后一节模板浇灌至距斜口下端100mm时，插上接茬模板，一边插入一边浇灌混凝土，一边向井壁挤紧，完成接茬工作。

2）窗口接茬法（图9-57）。它适用于上段井壁底部沿周长上每隔一定距离（小于2m）留有300mm×300mm的接茬窗口。混凝土从此窗口灌入，分别推至窗口两侧捣实，最后用小块木模板封堵即可。也可

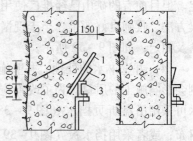

图9-56　全面斜口接茬法

1—接茬模板；2—木楔；3—槽钢碹骨圈

用混凝土块砌实，或以后用砂浆抹平。

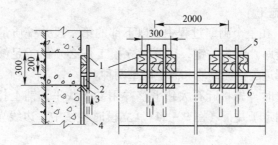

图 9 - 57　窗口接茬法

1—小模板；2—长 400mm 插销；3—木垫板；

4—模板；5—窗口；6—上段井壁下沿

3）倒角接茬法（图 9 - 58）。将最后一节模板缩小成圆锥形，在纵剖面看似一倒角。通过倒角和井壁之间的环形空间将混凝土灌入模板，直至全部灌满，并和上段井壁重合一部分形成环形鼓包。脱模后，立即将鼓包刷掉。

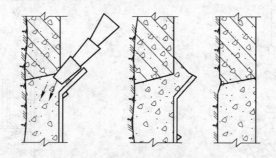

图 9 - 58　倒角接茬法

这种方法能保证接茬处的混凝土充填饱满，从而保证接茬处的质量，施工方便，在使用移动式金属模板时更为有利，但增加了一道刷掉鼓包的工序。

（3）采用刚性罐道时，可以预留罐道梁窝，在梁窝位置上预先埋好梁窝木盒子，盒子尺寸视罐道梁的要求而定。以后井筒安装时，可拆除梁窝盒子，插入罐道梁，用混凝土浇灌固定。但目前有的矿山已经推广使用树脂锚杆在井壁上固定罐道梁方法，收到良好效果。至于现凿梁窝，现已不多用。木梁窝盒及固定，如图 9 - 59 所示。

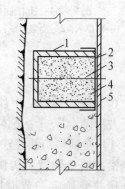

图 9 - 59　木梁窝盒及固定

1—梁窝盒；2—油毡纸；3—铁丝；

4—木屑；5—钢模板

（4）井壁淋水的处理。井壁施工，井帮淋水对混凝土的冲刷会影响施工的质量。为了改善施工条件和保证质量，处理淋水可采用吊盘折页挡水（图 9 - 38），即将折页搭在井圈上铺帆布；或者采用挡水板（图 9 - 39）挡水，可收到同样效果。

B　喷射混凝土支护

喷射混凝土支护在竖井工程中得到了广泛的应用。采用喷射混凝土井壁可减少掘进量和混凝土量，简化工序，提高成井速度。在 20 世纪 70 年代国内创造的高纪录成井速度，大多是采用了喷射混凝土支护井壁。

喷射混凝土支护虽有着明显的优越性，但在设计和施工中也存在着一些具体问题。喷射混凝土支护存在着适应性问题，对竖井工程更是如此。金属矿山井筒的围岩一般比较坚硬、稳定，因此，采用喷射混凝土井壁的条件要稍微好一些。

a 喷射混凝土井壁的结构类型及适用范围

（1）喷射混凝土井壁结构的主要类型有：喷射混凝土支护；喷射混凝土与锚杆联合支护；喷射混凝土和锚杆、金属网联合支护；喷射混凝土加混凝土圈梁支护。

喷锚和喷锚网联合支护用在局部破碎、围岩稳定性稍差地段混凝土圈梁除了起加强支护作用外，还用于固定钢梁和起截水作用。圈梁间距一般为 5 ~ 12m。

喷射混凝土井壁厚度的确定，一般采用类比法视现场具体条件而定。如地质条件好，岩层稳定，喷射混凝土厚度可取 50 ~ 100mm；在马头门的井壁应适当加厚或加锚杆。如果地质条件稍差，岩层的节理裂隙发育，但地压不大岩层较稳定的地段，可取 100 ~ 150mm；地质条件较差，风化严重破碎面大的地段，喷射混凝土应加锚杆、金属网或钢筋等，喷射厚度一般 100 ~ 150mm。表 9 - 23 可作为设计参考。

表 9 - 23　竖井锚喷支护类型和设计参数

掘进直径 D/m		$D > 5$	$5 \leq D < 7$
围岩类别	Ⅰ	100mm 厚喷射混凝土； 必要时，局部设置 1.5 ~ 2.0m 的锚杆	100mm 厚喷射混凝土，设置 2.0 ~ 2.5m 的锚杆； 或 150mm 厚喷射混凝土
	Ⅱ	100 ~ 150mm 厚喷射混凝土； 设置 1.5 ~ 2.0m 的锚杆	100 ~ 150mm 厚钢筋网喷射混凝土，设置 2.0 ~ 2.5m 锚杆； 必要时，加混凝土圈梁
	Ⅲ	150 ~ 200mm 厚钢筋网喷射混凝土，设置 1.5 ~ 2.0m 的锚杆； 必要时，加混凝土圈梁	150 ~ 200mm 厚钢筋网喷射混凝土，设置 2.0 ~ 3.0m 锚杆； 必要时，加混凝土圈梁

注：1. 井壁采用喷锚支护作为初期支护时，支护设计参数可适当减少；

　　2. Ⅲ类围岩中井筒深度超过 500m 时，支护设计参数应该适当增大；

　　3. 围岩类别见第 5 章喷锚支护围岩分类表 5 - 16。

（2）竖井喷射混凝土井壁适用范围为：

1）一般在围岩稳定、节理裂隙不发育、岩石坚硬中，可用喷射混凝土井壁。

2）当井筒涌水较大、淋水严重时，不宜采用喷射混凝土井壁；但局部渗水或少量集中流水，在采取适当的封、导水措施后，仍可考虑采用喷射混凝土井壁。

3）当井筒的围岩破碎、节理裂隙发育、稳定性差、f 值小于 5，则不宜采用喷射混凝土井壁；但可采用喷锚或喷锚网作临时支护。

4）松软、泥质、膨胀围岩和含有蛋白石的围岩，均不宜采用喷射混凝土井壁。

5）就竖井的用途而论，风井、服务年限短的竖井，可采用喷射混凝土井壁；但对主井、副井，特别是服务年限长的大型竖井，不宜全部采用喷射混凝土井壁。

b 喷射混凝土机械化作业线

喷射混凝土按工艺流程主要包括：计量、搅拌、上料、运输、喷射等工序。其机械化作业线是根据工艺流程、结合工程对象、地形条件以及所用设备的性能、数量而做出来的。图9-60为平地机械化作业线的布置方法。图9-61为某铜矿竖井掘进的布置实例，它较好地利用了地形，节省了部分输送设备。这两条作业线机械化程度较高，同时能够满足两台喷枪同时进行井筒支护作业。

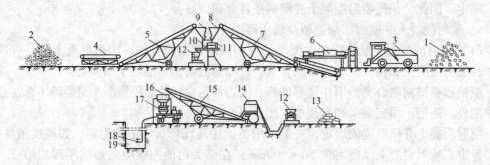

图9-60　喷射混凝土机械化作业线设备布置

1—碎石堆；2—沙堆；3—铲运机，4，5—运沙胶带机；6—石子筛洗机；7—石子输送机；
8—碎石仓；9—沙仓；10—混合仓；11—计量秤；12—侧卸车；13—水泥；14—搅拌机；
15—胶带输送机（运拌和料）；16—混凝土储料罐；17—喷射机；18—喷枪；19—井筒

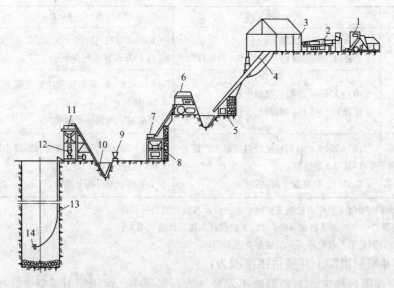

图9-61　某铜矿竖井喷射混凝土机械化作业线

1—铲运车；2—石子筛洗机；3—沙石料棚；4—沙石漏斗；5—水泥车；
6—搅拌机；7—振动筛；8—小料仓；9—0.55m³ 矿车；10—提升斗车；
11—储料仓；12—喷射机；13—输料管；14—喷头

c　喷射混凝土作业方式

（1）"长段掘喷"单行作业。所取段高一般为10～30m。混凝土喷射作业在段高范围内自下而上在操作盘上进行。当设计有混凝土圈梁时，可在井底岩堆上浇灌，也可采用高空打圈的方法施工。这种方法在竖井掘进前期使用较多。

（2）"短段掘喷"作业。所采用的段高一般在2m左右，掘、喷的转换视炮孔的深度、装岩能力的不同，可采用"一掘一喷"或"二掘一喷"。桥头河两个井筒采用每小班完成"一掘一喷"，成井1.6m的组织方式；广东凡口新副井使用大容积抓岩机及环形凿岩钻架等机械化配套设备，采用两小班完成"一掘一喷"的组织方式，平均循环进尺达到2.18m。为了减少爆破作业对喷射混凝土井壁的影响，喷射前井底应留一茬炮的岩渣，喷射作业一般于每次爆破作业后在渣堆上进行。

这种作业方式的主要优点是：充分发挥喷射混凝土支护的作用，能及时封闭围岩，使围岩起支撑作用。节省喷射作业盘，减少喷射前的准备工作，工序单一，便于管理，管路、吊盘等可随工作面的掘进而逐步加长、下落，无需反复拆装、起落；省去喷射后集中清理吊盘及井底的工序。湖南桥头河两个竖井采用这种作业方式和地面搅拌系统的机械化、自动化相结合，创月成井174.82m的纪录。

9.6　掘砌循环与劳动组织

影响竖井快速施工的主要因素有技术性的，也有施工组织与劳动管理方面的。采用新技术、新设备、新工艺、新方法是技术性的；实行科学的施工组织与管理，就必须编制合理的循环图表、确保正规循环作业来实现相应的劳动组织形式。

9.6.1　井筒掘砌循环作业图表

在竖井掘进过程中，以凿岩装岩为主体的各工序，在规定时间内，按一定顺序周而复始地完成规定工作量，称为掘进循环作业。同样在砌墙过程中，以组装和拆出模板、浇灌混凝土为主要工序，周而复始进行的，就称为砌墙循环作业。如果采用"短掘"短喷（砌），则喷射（砌）混凝土工序，一般都包括在一个"掘喷"（砌）循环之内，这就称为"掘喷"（砌）循环作业。

组织循环作业的目的是把各工种在一个循环中所担负的工作量和时间、先后顺序以及相互衔接的关系，周密地用图表形式固定下来，使所有施工人员心中有数，一环扣一环进行操作，并在实践中调整，改进施工方法与劳动组织，充分利用工时，将每个循环所耗用的时间压缩到最小限度，从而提高井筒施工速度。

在规定的循环时间内，完成了各工序所规定的工作量，取得预期的进度的，称为正规循环作业。正规的循环率越高，施工越正常，进度越快。

抓好正规循环作业，是实现持续快速施工和保证施工安全的重要措施。

一个月中实际完成的循环数与计划的循环数之比值，称为月循环率。一般月循环率为80%~85%，施工组织管理得好的，可达90%以上。

循环作业一般以循环图表的形式表示出来。竖井施工中，有以8h为一个小班的工作制和以6h为一个小班的工作制两种。在一昼夜中，完成一个循环次数的，称单循环作业；完成两个以上循环次数的，称为多循环作业。每一昼夜的循环次数，应该是工作小班的整倍数：即以小班为基础来组织循环。如一个班、二个班、三个班、四个班（一昼夜）来组织一个循环。

每个循环的时间和进度是由岩石性质、涌水量大小、技术装备、作业方式和施工方法、工人技术水平、劳动组织形式以及各工序的工作量等因素来决定。

编制循环图表的方法和步骤为：

（1）根据建井计划要求和矿井具体条件，确定月进度L；

（2）根据所选定的井筒作业方式，确定每月用于掘进的天数N_1。平行作业，掘进天数约占掘进和砌墙总共时间的 60% ~ 80%；而采用平行作业或"短段"单行作业，每月掘进天数为 30 天。

（3）根据月进度要求，确定炮孔深度 l，即：

$$l = \frac{L}{N_1 n_1 m \eta} \tag{9-7}$$

式中　n_1——每天完成的循环数；

　　　m——正规循环率，可取 80% ~ 85%；

　　　η——炮孔利用率可取 80% ~ 90%。

（4）根据施工设备的配备、机械效率和工人技术水平，确定每一个循环中各工序的时间，其中包括：t_1、t_2、t_3、t_4 和 T。

1）凿岩时间 t_1：

$$t_1 = \frac{N_2 l}{Kv} \tag{9-8}$$

式中　N_2——炮孔数；

　　　K——凿岩机平均同时工作台数；

　　　v——凿岩机每台平均生产率，m/h。

2）装岩时间 t_2：

$$t_2 = \frac{Sl\eta K_1}{n_2 P} \tag{9-9}$$

式中　S——井筒掘进面积，m^2；

　　K_1——岩石松散系数，可取 1.6 ~ 1.8；

　　n_2——同时工作抓岩机台数；

　　P——每台抓岩机的平均生产率，m^3/h。

3）支护时间 t_3。当采用"短掘短喷"作业时：

$$t_3 = \frac{S_z l \eta}{P_z} \tag{9-10}$$

式中　S_z——支护断面积，m^2；

　　P_z——支护生产率，m^3/h，P_z 由供料情况、喷枪台数及能力确定。

当采用"短掘短砌"且模板高度为一定时：

$$t_3 = \frac{S_z h}{P_z} \tag{9-11}$$

式中　h——移动式模板高度，$h = 2 ~ 2.5m$。

4）辅助掘进循环时间 t_4。应组织多工序平行交叉作业，尽量不占用或少占用循环时间，但有一部分辅助工序须单独占用时间，如交接班、装药连线、爆破通风、安全检查等。此类辅助作业时间约占掘进循环时间的 15% ~ 20%。

5）确定掘进循环时间。当支护与掘进平行作业时：

$$\begin{aligned} T &= t_1 + t_2 + t_4 \\ &= \frac{N_2 l}{Kv} + \frac{Sl\eta K_1}{n_2 P} + t_4 \end{aligned} \tag{9-12}$$

当掘进与支护在同一循环内完成时，如一掘一喷（砌），则

$$T = t_1 + t_2 + t_3 + t_4$$

$$= \frac{N_2 l}{Kv} + \frac{Sl\eta K_1}{n_2 P} + \frac{S_z h}{P_z} + t_4 \tag{9-13}$$

计算出来的循环时间，应略小于或等于规定的循环时间，否则应考虑增加施工设备，或改进工作组织，或减少日循环次数，或减少炮孔深度等办法进行调整。

砌墙循环作业图表一般是根据施工定额、实际工效和掘进与砌壁配合要求采编制的，如要求一个小班内完成一节或几节模板高度的混凝土砌墙任务。编制的依据和方法与掘进循环图表相类似。采用掘砌平行作业和"短段掘砌"顺序作业施工时，通常编制掘砌循环图表 9-24、表 9-25；采用掘砌单行作业时，通常分别编制掘进循环图表 9-26 和砌壁循环图表 9-27。

表 9-24 某矿主井平行作业掘砌循环图表

组别	工序内容	时间		小班时间					
		h	min	1	2	3	4	5	6
掘进组	交接班		10						
	通风		10						
	绞车调绳		10						
	安全检查		10						
	连接抓岩机		5						
	装岩	4	35						
	架圈		30						
	钻孔	1	30						
	装药爆破		30						
砌壁组	下井		20						
	拆临时井圈	1	20						
	组立模板	1	20						
	起吊盘		20						
	浇灌混凝土	2	10						
	拆下面模板	1	00						
	上井		10						

表 9-25 某矿新副井顺序作业掘砌循环图表

工序内容	时间		时间顺序											
	h	min	1	2	3	4	5	6	7	8	9	10	11	12
交接班与钻孔准备		30												
钻孔	2	30												
钻孔收尾		20												
装药爆破	1	00												
通风		10												
喷混凝土前安全处理		30												
喷射混凝土	1	30												
出渣准备与交接班		30												
装岩出渣	4	30												
清底		30												

表 9 – 26　某矿西侧风井单行掘进作业循环图表

工序内容	时间		小班时间					
	h	min	1	2	3	4	5	6
交接班		10						
安全检查		10						
下放设备		10						
装岩	3	15						
钻孔	1	30						
下放炸药		10						
装药爆破		30						
通风		15						

表 9 – 27　单行砌墙作业循环图表

工序内容	时间		小班时间					
	h	min	1	2	3	4	5	6
交接班		10						
立模板	1	00						
测量		40						
浇灌混凝土	3	00						
提盘		30						
拆临时支架	1	00						
拆模板	2	00						

9.6.2　施工劳动的组织管理

竖井施工中的劳动组织形式主要有综合组织、专业组织两种，包括有掘进工、砌壁工、机电工、辅助工，以及技术、组织管理干部等。

竖井工作面狭小，工序多而又密切联系，循环时间也固定。如何调动各工种的积极性，统一指挥，密切配合，彼此支援，使之在规定时间内完成各项任务。

综合掘进班组是一种好的组织形式，它便于发挥一专多能，可灵活调配劳动力，可更好地实行多工序平行交叉作业，使工时得到充分利用，工作效率不断提高。但是由于各工序所需人数不同，有的差异很大，如果组织不当，易造成劳力使用不合理。一般此种组织形式在具有轻型装备的井筒中使用是比较适宜的。

近些年来，井筒施工中广泛使用各种类型的大抓斗抓岩机、环形及伞形钻架、混凝土喷射机等。这些设备要求有较高的操作技术水平，若要一名工人同时兼会这几类设备的操作会有困难，因此，常按专业内容分成凿岩组、装岩组、锚喷组。

这种组织形式专业单一，分工明确，任务具体，有利于提高作业人员的操作技术水平和劳动生产率，加快施工速度，缩短循环时间；还可以按专业工种设备，配备合理的劳动力，使操作技术特长的发挥和工时利用都比较好。但这种组织形式在各工种工作量和工作时间上存在不平衡现象，如果不能保证按照循环时间进行工作，某些工序会拖延时间，给施工组织带来不少困难，因此，在施工机械化水平较高的井筒，如能保证正规循环作业，采用专业组织形式还是比较合适的。但是施工人员应尽最大可能向一专多能、全面发展方向前进。

劳动组织中各工种工人数量，取决于井筒断面大小、工作量多少、施工方法和工人技术水平等多种因素。各矿井具体条件不一，配置人员数量也不一致。表9-28列举了几个井筒施工时的劳动力配置情况，实践中可以作为参考。

表9-28　几个竖井施工所需劳动力配置情况

竖井类别	净直径/m	井深/m	施工方法	月成井/m	凿岩/人	装岩/人	清底/人	喷射工/人	人数合计
铜山新大井	5.5	313	一掘一喷		36	22	22	24	104
凤凰山副井	5.5	610	一掘一喷	115.25	40	18	24	30	112
凡口新副井	5.5	591	一掘一喷	120.1	39	23		24	86
邯郸某风井	5.5	231.2	一掘一喷	92	16	14	20	29	79

9.7　竖井掘进的主要设备

9.7.1　竖井掘进的提升与悬吊设备

竖井施工必须提升大量的矸石、下放材料、升降人员；而完成这些任务，多用吊桶提升来完成。此外，还需要在井筒中布置和悬吊其他一些辅助设备：如吊盘、安全梯、吊泵、各种管路和电缆等，并以此来满足井筒掘进的必需。

竖井提升设备一般包括提升容器、提升钢丝绳、提升机以及提升天轮等，悬吊设备包括凿井绞车（又称稳车）、钢丝绳以及悬吊天轮等。

在竖井施工准备中，合理选择提升设备与悬吊设备也是一项非常重要的工作，它直接影响施工速度与经济效果。所以本节重点讨论其提升悬吊设备的选择问题。

9.7.1.1　提升方式

常用提升方式主要有：一套单钩提升方式、一套双钩提升方式、两套单钩提升方式、一套单钩和一套双钩提升方式。

影响提升方式选择的主要因素是井筒的断面、深度、施工方式和设备供应等。

在我国的建井工程中，采用单行作业时，大多使用一套单钩提升。采用平行作业时，有时使用一套双钩提升方式；有时使用一套单钩为掘进服务，一套单钩为砌墙服务。只有当井径很大，井筒很深时，才同时采用三套提升设备。

当井筒转入平巷施工后，在主井和副井中须有一个井筒改为临时罐笼提升，以满足平巷出渣、上下材料设备及人员需要，此时就需要用一套双钩提升。为此，在选择凿井提升方式时，还应该考虑到。

9.7.1.2　吊桶及其附属装置

A　吊桶

吊桶按用途分为矸石吊桶和材料吊桶（图9－62）。矸石吊桶用来提升矸石、上下人员、材料；材料吊桶用来向井下运送砌壁材料等。两种吊桶均已标准化、系列化（表9－29）。

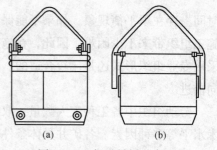

图 9 - 62　掘进吊桶示意图
（a）矸石吊桶；（b）材料吊桶

表 9 - 29　吊桶技术规格

吊桶容积与形式	全高/mm	桶身高/mm	桶直径/mm	桶口直径/mm	外径/mm	桶梁直径/mm		质量/kg	稳定系数
						d_a	d_b		
0.5m³ 矸石吊桶	1680	1100	810	730	820	40	40	188	—
1.0m³ 矸石吊桶	1865	1120	1112	1000	1150	55	53	344	1.03
1.5m³ 矸石吊桶	2140	1260	1280	1150	1320	65	65	482	1.04
2.0m³ 矸石吊桶	2270	1300	1447	1332	1500	70	70	607	1.15
3.0m³ 矸石吊桶	2660	1600	1600	1460	1680	78	82	866	1.05
4.0m³ 矸石吊桶	2920	1800	1850	—	—	—	—	—	1.03
0.5m³ 材料吊桶	1558	1100	810	800	965	62	50	225	—
0.75m³ 材料吊桶	1725	1200	912	900	1064	75	60	302	—
1.0m³ 材料吊桶	1853	1215	1012	1000	1178	80	68	383	—

注：1. 稳定系数是吊桶的外径 D 与桶身高 h 之比；

　　2. d_a 为吊桶梁在挂钩处直径，d_b 为吊桶架下部直径。

为了充分发挥抓岩机的生产能力，必须使提升一次的循环时间 T_1 小于或等于装满一桶岩石的时间 T_2：

$$T_1 \leqslant T_2 \tag{9 - 14}$$

提升一次循环时间用式（9－15）估算：

$$T_1 = 54 + 2\left[\frac{H - h}{v_{max}}\right] + \theta_1 \tag{9 - 15}$$

对于双钩提升时：

$$T_1 = 54 + \frac{H - 2h}{v_{max}} + \theta_2 \tag{9 - 16}$$

式中　H——提升最大高度，m；

　　　54——吊桶在无稳绳段运动的时间，s；

　　　h——吊桶在无稳绳段运动的距离，一般不超过40m；

θ_1——吊钩提升时吊桶摘挂钩和地面的卸载时间，$\theta_1 = 60 \sim 90\text{s}$；

θ_2——吊钩提升时吊桶摘挂钩和地面的卸载时间，$\theta_2 = 90 \sim 140\text{s}$；

v_{max}——提升最大速度，m/s，按《安全规程》规定：升降物料时，$v_{max} = 0.4\sqrt{H}$，升降人员时，$v_{max} = 0.25\sqrt{H}$。

装满一桶矸石的时间 T_2 按式（9-17）计算：

$$T_2 = 3600\frac{KV}{nP\rho} \qquad (9-17)$$

式中　V——矸石吊桶容积，m^3；

　　　K——吊桶装满系数，取 $K = 0.9$；

　　　n——同时装桶的抓岩机台数；

　　　P——多台抓岩机的生产率（松散体积），m^3/h；

　　　ρ——多台抓岩机同时装岩影响系数；如用 2 台 0.4m^3 靠壁式抓岩机时，$\rho = 0.75 \sim 0.8$；如用 $NZQ_2-0.11$ 型抓岩机，2 台时取 $\rho = 0.9 \sim 0.95$，3 台时取 $\rho = 0.8 \sim 0.85$，4 台时取 $\rho = 0.75 \sim 0.8$。

由式（9-14）、式（9-17）得：

$$V = \frac{n\rho PT_1}{3600K} \qquad (9-18)$$

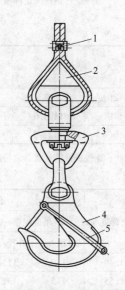

图 9-63　钩头和连接装置
1—绳卡；2—绳护环；
3—缓冲器；4—钩头；
5—保险卡

根据计算结果，在吊桶规格表中选择一个与计算相近而稍大的标准吊桶。现在常用容积为 1.5m^3、2m^3 和 3m^3。国外吊桶容积已达 $4.5 \sim 5\text{m}^3$，甚至达 $7 \sim 8\text{m}^3$。

B　吊桶附属装置

吊桶附属装置包括钩头及连接装置、滑架、缓冲器等。

（1）钩头位于提升钢丝绳的下端，用来吊挂吊桶。钩头应有足够的强度，摘挂钩应方便，其连接装置中应该设置缓冲器，以减轻吊桶在运行中与旋转。其构造如图 9-63 所示。

（2）滑架位于吊桶的上方，当吊桶沿稳绳运行时用以防止其摆动。滑架的上面设立保护伞，防止落物伤人，以保护乘吊桶人员的安全。滑架构造如图 9-64 所示。

（3）缓冲器位于提升钢绳连接装置上端和稳绳的下端两处，是为缓冲钢绳连接装置与滑架之间、滑架与稳绳下端之间的冲击力而设置的。其构造如图 9-65 所示。

钩头连接装置、滑架，缓冲器的技术规格见表 9-30 ~ 表 9-32。

9.7.1.3　钢丝绳

A　构造与规格

钢丝绳是先由一定数量的细钢丝（直径 $0.4 \sim 4\text{mm}$）捻成"股"，再由若干"股"捻

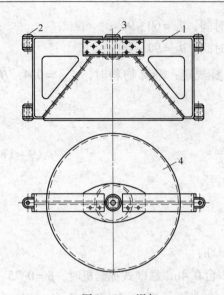

图 9 – 64　滑架

1—提升架体；2—稳绳定向滑套；

3—提升钢丝绳定向滑套；4—保护伞

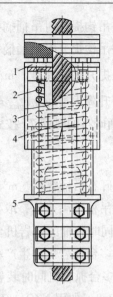

图 9 – 65　提升钢绳缓冲器

1—压盖；2—弹簧；3，4—外壳；5—弹簧座

表 9 – 30　钩头连接装置技术规格

形式	连接装置高/mm	吊钩开口直径/mm	吊钩质量/kg	总质量/kg	推力滚珠轴承牌号	适用吊桶/m³	
						矸石吊桶	材料吊桶
2t	885.5	80	9.8	28	8207	0.5、1.0	0.5、0.75
4t	1193.0	90	24.6	108	8200	1.5、2.0	1.0
6t	1423.0	90	31.0	138	8310	3.0	—

注：连接装置的高度，未将绳卡包括在内。

表 9 – 31　滑架技术规格

滑架跨度/m	适用范围			允许最大碰撞速度/m·s⁻¹	保护伞直径/mm	最大宽度 B_j/mm	总质量/kg
	吊桶规格		翻矸形式				
	容积/m³	外径/mm					
1.40	1.0	1150	非自动翻矸	3.40	1150	1470	95
1.55	1.5	1320	自动或非自动翻矸	5.00	1300	1620	104
1.70	2.0	1500	自动或非自动翻矸	5.64	1450	1770	119
1.85	3.0	1680	非自动翻矸	6.20	1600	1920	137

表 9 – 32　缓冲器技术规格

外径/mm		全高/mm		质量/kg		允许最大碰撞速度/m·s⁻¹	弹簧设计变形量/mm	适用滑架	
Ⅰ	Ⅱ	Ⅰ	Ⅱ	Ⅰ	Ⅱ			跨距/m	质量/kg
130	100			23.12	13			1.40	
130	100			24	13			1.55	
130	100	590	520	24.86	13	2	100	1.70	
130	100			24.16	13.5			1.85	

注：表中Ⅰ栏为提升钢绳缓冲器数据，Ⅱ栏为稳绳缓冲器数据，其余为通用数据。

成绳；绳的中心夹有含油麻芯，起润滑作用。钢丝绳按捻制方向的不同，而分为右捻钢丝绳和左捻钢丝绳两种。前者是将"绳股"按右螺旋方向捻制而成，后者是将"绳股"按左螺旋方向捻制而成。钢丝在"绳股"中的捻制方向和"绳股"在钢丝绳中的捻制方向相同的称为同向捻（顺捻）钢丝绳，捻向相反的则称为交互捻（逆捻）钢丝绳。同向捻制的钢丝绳比互交捻的钢丝绳柔软，接触面积较大，弯曲应力较小，使用寿命长，表面光滑，有断丝也易于发现，但它容易松脱。因此，同向捻制的钢丝绳不宜作提升和悬吊之用。

此外，还有不旋转钢丝绳，它是由多层股制成，钢丝绳各相邻层"绳股"的捻向相反，当钢丝绳承受荷载后，其内外层"绳股"的旋转为能彼此抵消一部分而旋转较小，故适于作吊桶的用绳。还有一种密封钢丝绳，绳的外面"绳股"用特殊形状钢丝捻制而成，其表面光滑、耐磨，但较硬，可作导向绳用。

钢丝绳股端面是圆形的，每股内的钢丝数目有 7、19、37 这三种，即 6 股 7 丝、6 股 19 丝和 6 股 37 丝的钢丝绳，分别用 6×7、6×19、6×37 表示。6×7 钢丝绳中的钢丝较粗而耐磨，多作稳绳用；6×19 钢丝绳比 6×7 的较柔软，多作提升、悬吊之用；而 6×37 钢丝绳，则当提升钢绳直径要求较大时用。

B　钢丝绳的选择

钢丝绳的类型可根据不同用途选择：

（1）提升钢丝绳。对提升钢丝绳要求强度大，耐冲击。最好选用多层股不旋转钢丝绳，但通常选用 6×19 或 6×37 "交互捻"钢丝绳。

（2）悬吊凿井设备用的钢丝绳。悬吊凿井设备用的钢丝绳要求强度大，但对耐磨无很高要求，可选用 6×19 或 6×37 "交互捻"钢丝绳。但双绳悬吊时应选"左捻"和"右捻"各一条，单绳悬吊，最好选用多层股（不旋转）钢丝绳。

（3）稳绳。稳绳除受一定拉力外，对耐磨要求高，可选用 6×7 同向捻或"密封股"钢丝绳。选好钢丝绳类型后，随即要选钢丝绳直径。其方法是先根据所悬吊重物的荷载和《安全规程》规定的钢丝绳安全系数，计算每米钢丝绳的质量，然后根据比质量在钢丝绳规格表中查出直径和技术特征。

9.7.1.4　提升机

建井用的提升机，除少数利用永久提升机外，一般多为临时提到机，一井建成后，又搬至他处建井继续使用。所以对临时提升机要求是：机器尺寸不能太大，安装、拆卸、运输均较方便，一般不带地下室，可减少基建工程量及基建投资。

多年来，过去建井一直使用 JK 系列提升机。该提升机是按生产矿井技术参数设计的，作为建井临时提升尚不完善。为了满足建井的要求，后研制出了 2JKZ - 3/15.5（双筒 3m）和 JKZ - 2.8/15.5（单筒 2.8m）新型专用凿井提升机。这两种提升机安装、运输、拆卸方便，适于凿井工作频繁迁移要求，同时，机器操作方便，调绳快，使用安全可靠。

选择建井用的提升机，不但要考虑凿井时的需要，还要考虑到巷道开拓期间有无改装成临时罐笼提升的需要。若有此必要，须选用双卷筒提升机。因使用临时罐笼时，一般都是双钩提升，需要双卷筒提升机。如果凿井期间只需单卷筒提升机即可满足要求时，则双卷筒提升机在凿井期间可作单卷筒提升机之用。

确定了提升机的类型后，接着就要确定提升机的卷筒直径与宽度。

A　卷筒直径

为了避免钢丝绳在卷筒上缠绕时产生过大的弯曲应力，卷筒直径与钢丝绳直径之间有一定的比值。即凿井提升机的卷筒直径 D_s 不得小于钢丝绳直径 d_k 的 60 倍，或不小于绳中钢丝最大直径 δ 的 900 倍，即：

$$D_s \geqslant 60d_k \quad 或 \quad D_s \geqslant 900\delta$$

从上面两种计算式中取一个较大值，然后到提升机产品目录中选用标准卷筒的提升机。所选的标准直径应等于或稍大于计算值。

B　卷筒宽度

卷筒直径确定后，根据已选提升机，卷筒宽度也就确定了。但是还要验算一下其宽度是否能满足提升要求：即当井筒凿到最终深度后，提升钢丝绳全长是否能够缠绕下来。缠绕在卷筒上的钢丝绳全长，由以下几部分组成：

（1）长度等于提升高度 H 的钢丝绳；

（2）供试验用的钢丝绳，长度一般为 30m；

（3）为了减轻钢丝绳固定的张力，而在卷筒上留下的 3 圈绳长；

（4）在多绳缠绕时，为避免钢丝绳由下层转到上层的折损，每个季度应将钢丝绳移动约 1/4 绳圈的位置，根据钢丝绳使用年限而增加的错绳圈数：$m = 2 \sim 4$ 圈。

由此可知，提升机应有的卷筒宽度为：

$$B = \left(\frac{H+30}{\pi D_a} + 3 + m \right)(d_k + \varepsilon) \tag{9-19}$$

式中　d_k——钢丝绳直径，mm；

　　　ε——绳圈间距，$2 \sim 3$mm；

　　　D_a——所选标准提升机卷筒直径，m。

若计算的 B 值小于或等于所选标准提升机卷筒宽度 B_a，则所选用的提升机合格；若 $B > B_a$，可考虑钢丝绳在卷筒上作多层缠绕，缠绕的层数 n 为：

$$n = \frac{B}{B_a} \tag{9-20}$$

建井期间，升降人员或物料的提升机，按规定准许缠绕两层；深度超过 400m 时，准许缠绕三层。此外，还需要验算提升机强度和对提升机功率的估算。如果提升机的卷筒直径、宽度、强度、电机功率等都满足要求，所选提升机是合适的。

9.7.1.5　稳车（慢速凿井绞车）

稳车是用来悬吊吊盘、稳绳、吊泵、管路、电缆等用的，其提升速度较慢，故称为慢速凿井绞车。稳车分单筒稳车和双筒稳车。JZ_2 型系稳车的技术特征见表 9-33。

稳车主要根据所悬吊设备的重量和悬吊方法来选定。一般单纯悬吊用单卷筒稳车，双绳悬吊用一台双卷筒的稳车，无条件也可用两台单卷筒的稳车。

稳车能力是根据钢丝绳最大静张力来标定的，因此所选用的稳车最大静张力应大于或等于钢丝绳悬吊的终端荷重与钢丝绳自重之合。选用的稳车卷筒容绳量应大于或等于稳车的悬吊深度。

表 9-33　JZ₂ 型稳车的技术特征

凿井绞车型号		JZA₂5/800	JZ₂5/400	JZ₂10/600	JZ₂16/800	JZMZ5/800A	JZ₂40/800	2JZ₂5/400	2JZ₂10/600	2JZ₂16/800
钢丝绳最大静张力/kN		49	49	98	156.9	245	392	49	98	156.9
每个卷筒的容绳量/m		800	400	600	800	800	800	400	600	800
卷筒	直径/mm	630	500	800	1000	1120	1600	500	800	1000
	宽度/mm	1000	800	1000	1250	650（950）	2000	800	1000	1250
	中心高度/mm	—	580	800	1050	—	—	590	800	1050
钢丝绳在卷筒上缠绕层数		—	6	6	7	10	10	6	6	7
钢丝绳直径/mm		28	23.5	31	40.5	52	60.5	23.5	31	40.5
钢丝绳平均速度 /m·min⁻¹	快速	12	6	6	6	6	6	6	6	6
	慢速	—	3	3	3	3	3	3	3	3
减速比	减速器 快速	—	50	63.5	77	—	—	50	63.5	77
	减速器 慢速	—	100	127	154	55	—	100	127	154
	总速比 快速	—	252.5	388	506.6	—	—	252.5	388	506.6
	总速比 慢速	—	505	776	1013.2	—	—	505	776	1013.2
电动机	功率/kW	—	11	22	30	55	—	22	40	55
	转速/r·min⁻¹	—	725	730	750	—	—	730	710	750
	电压/V	—	380	380	380	—	—	380	380	380
	型号	—	JO₃-160M-8	JO₃-200M-8	JR₃-225S-8	—	—	JO₃-200M-8	JR₃-250M-8	JR₃-250M-8
外形尺寸 /mm	长度	—	2375	3037	3358	—	—	3115	4336.5	5473.5
	宽度	—	1970	2570	3200	—	—	2579	2873	3440
	高度	—	1340	1770	2240	—	—	1300	1770	2240
总质量/kg		3000	3000	6160	11500	—	—	6000	11250	20840

注：1. 总质量不包括钢丝绳及电器设备重；
2. 型号中的 J 表示凿井绞车的"绞"字，汉语拼音字头，Z 表示"凿"字，汉语拼音字头；A 表示安全梯"安"字，汉语拼音字头，M 表示摩擦卷筒"摩"字，汉语拼音字头；2 字表示第二次修改设计。

9.7.1.6　天轮

悬吊凿井设备的钢丝绳，通过凿井井架顶部的天轮，缠绕在提升机或凿井稳车的卷筒上。天轮按用途分提升天轮与悬吊天轮两种。提升天轮作悬挂提升容器如吊桶等使用；而悬吊天轮，则作吊挂各种管路、电缆以及吊盘使用。

提升天轮按材质分为铸铁和铸钢的两种。铸钢天轮强度大，适于悬吊较重的提升容器。悬吊天轮按结构可分为单槽天轮和双槽天轮。单绳悬吊（稳绳、安全梯等）用单槽天轮，双绳悬吊采用双槽天轮或两个单槽天轮。若悬吊的两根钢丝绳距离较近，如吊泵、风压管、混凝土输送管等，可用双槽天轮；而吊盘的两根悬吊钢丝绳间距较大，只能用两个单槽天轮。

提升天轮和悬吊天轮主要根据天轮直径进行选择。选择时应考虑下列几点：

提升天轮直径不应小于钢丝绳的60倍或钢丝绳内钢丝直径的900倍，即与提升机的卷筒直径相等，悬吊天轮直径不得小于钢丝绳直径的20倍或钢丝绳内钢丝直径的300倍。根据计算值选取标准天轮。提升天轮的外形如图9-66所示，悬吊天轮的外形如图9-67所示。

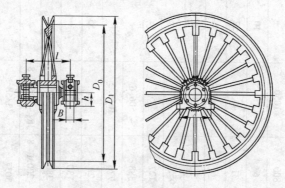

图9-66　提升天轮

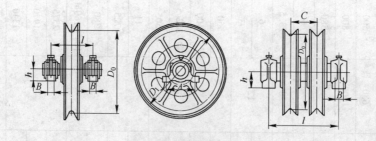

图9-67　悬吊天轮

9.7.2　建井结构物

为了满足竖井施工的需要，必须设掘进井架、封口盘、固定盘、吊盘和稳绳盘等一系列建井结构物。下面分别介绍其作用及结构特点，以便选择和布置。

9.7.2.1　凿井架

凿井架又称为掘进井架，主要是供矿山开凿竖井筒时提升矸石、运送人员和材料以及悬吊掘进设备用的。因此，它是建井工程中的重要结构物。

目前，国内在矿山竖井掘进中，由于井架上悬吊设备较多，通常要求四面出绳，因此，大多数都采用装配帐篷式钢管掘进井架。这种钢井架主要由天轮房、天轮平台、主体架、基础和扶梯等部分组成，其概貌如图9－68所示。

这种井架形式的优点是：井架在四个方向上具有相同的稳定性；结构是装配式的，可重复使用，天轮平台可四面出绳，悬吊天轮布置灵活；每个构件质量不大，便于安装、拆卸和运输；防火性能好；坚固耐用，大、中、小型矿井都可采用。

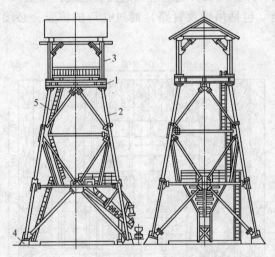

图9－68　装配式钢掘进井架示意图
1—天轮平台；2—主架体；3—天轮房；4—基础；5—扶梯

装配式钢掘进井架有Ⅰ型、Ⅱ型、Ⅲ型、Ⅳ型及新Ⅳ型、Ⅴ型井架，其适用条件与主要技术特征见表9－34，可根据不同的情况参考选用。

表9－34　凿井架的技术特征

型号	结构	角架跨距/m×m	天轮平台尺寸/m×m	天轮平台高/m	卸载平台高/m	基础规格（长×宽×高）/m×m×m	载重/t	适用条件		
								净径/m	深度/m	载重/t
Ⅰ	钢管槽钢	10×10	5.5×5.5	16.242 16.232	5.0	2.6×2.2×2.3	27.06 28.28	4.5~6.0	200	68
Ⅱ	钢管槽钢	12×12	5.5×5.5	17.250 17.240	5.8	3.2×2.8×2.3	32.4 35.02	5.0~6.5	400	115
Ⅲ	钢管槽钢	12×12	5.5×5.5	17.346 17.336	5.9	3.2×2.8×2.3	34.11 33.91	5.5~7.0	600	161
Ⅳ	钢管	14×14	7.0×7.0	21.970	6.6	4.0×3.0×2.9	50.12	6.0~8.0	800	285
新Ⅳ	钢管	16×16	7.25×7.25	26.372	10.4	4.0×3.0×2.9	82	8.0	800	331
Ⅴ	钢管	16×16	7.5×7.5	26.274	10.0	—	98	8.0	1100	427

9.7.2.2　施工用盘

在竖井施工时，特别是在井筒掘砌阶段，由于井下施工的特殊要求和施工条件的限制，必须在井口地面和井筒内设置某些施工用盘，以保证施工的顺利进行。这些施工用盘包括封口盘、固定盘、吊盘和稳绳盘。

A　封口盘和固定盘

封口盘也称为井盖，是防止从井口向下掉落工具杂物、保护井上下工作人员安全的结构物，同时又可以作为升降人员、物料、设备和装拆管路、电缆的平台。

封口盘外形一般呈正方形，其大小应能封盖全部井口。封口盘一般采用钢木混合结构，它是由梁架、盘面、井盖门及管线通过孔的盖板组成，如图 9 - 69 所示。封口盘的梁架孔格及各项凿井设施（包括吊桶及管路）通过孔口的位置，必须与井上下凿井设备布置相对应。

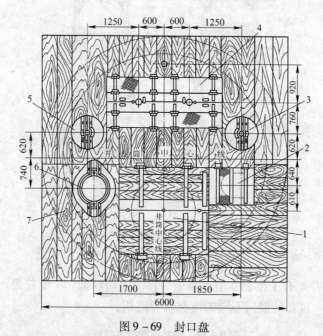

图 9 - 69　封口盘

1—井盖门；2—安全梯门；3—混凝土输送管盖门；4—吊泵门；5—风压管盖门；6—风筒盖门；7—盖板

固定盘设置在井筒内而邻近井口的第二个工作平台，一般位于封口盘下 4～8m 处。固定盘主要用来保护井下安全施工，同时还用来作为设置测量仪器，进行测量及管路装拆工作的工作台。固定盘的结构与封口盘相类似，但无井盖门，而设置喇叭口。由于固定盘承受荷载较小，因此梁和盘面板材的规格均比封口盘小。

有些矿井将井口各项工作经过妥善安排后，取消了固定盘，从而节省了人力、物力，也减少了它对井内吊桶提升的影响。

B　吊盘与稳绳盘

吊盘是竖井施工时井内的重要结构物，是用钢丝绳悬吊在井筒内，主要用作砌筑井壁工作盘，在单行作业时可兼作稳绳盘，用于设置与悬吊掘进设备，拉紧稳绳，保护工作面施工安全，还可作为安装罐梁的工作盘。

　　吊盘是圆形，有单层、双层及多层之分，其层数取决于井筒施工工艺和安全施工的需要。如工艺无特殊要求，一般采用双层吊盘。

　　吊盘的结构多采用钢结构或钢木结构（图9-70），由上层盘、下层盘和中间立柱组成。双层吊盘的上层盘与下层盘之间用立柱连接成整体。上下层之间的距离，要满足砌壁工艺的要求，与永久罐道梁的层间距相适应，一般为4~6m。

　　上下盘由梁格、盘面铺板、吊桶通过的喇叭口、管道通孔口和扇形折页等组成。上下盘的盘面布置和梁格布置，必须与井筒断面布置相适应。所留孔口的大小，必须符合《安全规程》和《矿山井巷工程施工及验收规范》的规定。

　　吊桶通过的喇叭口，多是采用钢板围成的，其高度一般在盘面以上1~1.2m，盘面以下为0.5m。其他管道的通过口也可采用喇叭口，其高度不应小于0.2m。吊泵、安全梯、测量孔口等应用盖门封闭。各层盘周围设有扇形折页，用来遮挡吊盘与井壁之间的空隙，防止向下坠物。吊盘起落时，应将折页翻放到盘面位置。折页数量根据井筒直径而定，一般采用24~28块，折页的宽度一般为200~500mm。

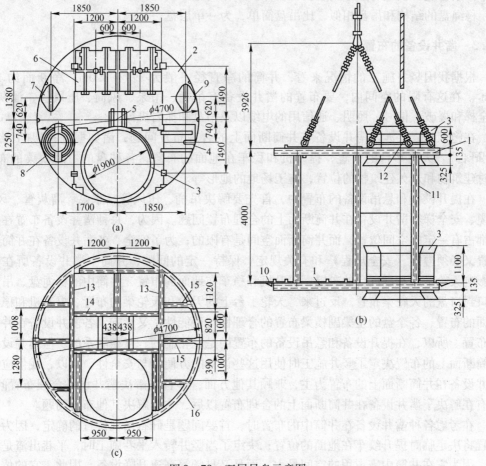

图9-70　双层吊盘示意图

(a) 双层盘平面；(b) 双层盘立面；(c) 吊盘架钢梁结构

1—吊盘架钢结构；2—吊盘面；3—吊桶喇叭口；4—安全梯盖门；5—中心测锤孔盖门；
6—吊泵门；7—风压管盖板；8—风筒盖板；9—混凝土管盖板；10—活页；11—立柱；
12—悬吊装置；13—主梁；14—承载副梁；15—构造副梁；16—圈梁

上下盘还应设置可伸缩的固定插销或液压千斤顶。当吊盘每次起落到所需位置时，这些装置用来撑紧在井帮上稳住吊盘，以防止吊盘摆动。撑紧装置的数量不应少于4个，均匀地布置于吊盘四周。连接上下层盘的立柱，一般用钢管或槽钢。立柱的数量根据下层盘的荷载和吊盘结构的整体刚度而定，一般采用4~6根，其布置力求受力合理匀称。

吊盘的悬吊方式，一般采用双绳双叉悬吊。这种悬吊方式要求两根悬吊钢丝绳分别通过钢绳保护环与两组分叉绳相连接。每组分叉绳的两端与上层盘的两个吊卡相连接，因此上层盘需要设置四个吊卡。两根悬吊钢丝绳的上端，将绕过天轮而固定在稳车上。由于吊盘采用双绳悬吊，两台稳车必须同步运转，方能保证吊盘起落时盘面不斜倒。

吊盘上除联结悬吊钢丝绳外，根据提升需要还必须装稳绳（掘砌单行作业时）。每个提升吊桶需要设两根稳绳，它们应与提升钢丝绳处在同一垂直平面内，并与吊桶的卸载方向相垂直。稳绳用作吊桶提升的导向，保证吊桶运行时的平稳。

当竖井采用掘砌平行作业时，在吊盘之下，掘进工作面上方，还应专设一个稳绳盘，用于拉紧稳绳，设置与悬吊掘进设备，保护工作面施工安全。

稳绳盘的结构和吊盘相似，比吊盘简单，为一单层盘。

9.7.3　凿井设备的布置

根据我国竖井施工的情况来看，井筒的净直径一般为3.5~8.0m，净断面约10~50m²。在这有限的空间内，要布置的凿井设备有吊桶、吊泵、风筒、压风管、溜灰管、安全梯和爆破、信号、照明、通信用的电缆以及吊盘和抓岩机等。

在施工时，要涉及凿井设备在井筒断面上的合理布置问题，诸如掘进井架的位置和"翻矸台"、天轮平台的布置，提升机和稳车在地面的布置，各种盘的主副横梁的布置，临时建筑物和永久建筑物的位置，施工场地的地形等。

在提升设备和悬吊设备的布置中，首先要解决吊桶、压风管、水泵、溜灰管、风筒、电缆、安全梯等凿井设备在井筒断面上的合理布置问题。因为，每种凿井设备布置在井筒中都占有一定的空间位置，而井筒断面空间是有限的；为了安全，各凿井设备在井筒中的布置又必须遵守《安全规程》和有关规定，保持一定的间隙；井筒中凿井设备所在位置又影响天轮平台和翻矸台的布置，提升机和稳车在地面的布置，井筒中的稳绳盘、吊盘和井口封口盘的天轮梁布置。反过来，天轮平台上的天轮和天轮梁的布置、提升机和稳车在地面的布置、各个盘的主梁副横梁布置的合理性与可能性，又影响到各凿井设备在井筒中的布置。所以，在提升设备和悬吊设备的布置中是互相制约、互相联系的。但凿井设备在井筒断面上的布置决定了竖井施工时使用这些设备的方便性与安全性。所以，我们应该以凿井设备在井筒断面上的布置为主，兼顾其他方面，即首先解决凿井设备合理布置问题。只有在解决了凿井设备在井筒断面上的合理布置以后，才能解决其他布置问题。

在考虑各种凿井设备在井筒中的布置时，首要问题是矸石吊桶位置的确定，因为它的位置将决定临时提升绞车在地面的位置；决定了当竖井转入平巷施工时，平巷出渣是否方便。因为它在井筒中需占用的空间最大，而且又是频繁高速升降设备。因此，它的位置与其他悬吊设备能否合理布置和安全等都有密切的联系。

9.7.3.1　布置矸石吊桶时的要求

布置矸石吊桶时的要求如下：

（1）当仅用一套单吊桶提升时，为了抓岩机工作方便，便于出渣，又不影响砌壁和测量井筒中心，一般布置在稍偏离井筒中心的地方。

（2）双吊桶提升时，吊桶最好偏于井筒一侧：一方面可以使其与吊泵的布置相对称，使井架受力均衡；另一方面可减少卸矸台所占的井口面积；但也不要过分靠近井壁而妨碍砌壁和抓岩机的使用。吊桶距井壁最小距离不得小于 500mm。

（3）有两套或多套提升容器时，应使布置对称，并使吊桶偏向井筒一侧。

（4）应当尽可能使吊桶布置在永久提升设备的设施内，以便井筒安装时，无需作很大改装，能利用提升钢丝绳来悬吊吊笼安装刚性罐道。

（5）最好使天轮平台上的提升天轮在开掘时改为临时罐笼提升时不需要改装，即：在以后改为临时罐笼提升时，能仍然利用提升吊桶的天轮和钢丝绳，并且与井底车场出车方向配合，使以后井下运输和装卸工作方便。

（6）吊桶在井筒中的位置，应考虑到提升机在地面有无可能安置。

图 9 - 71 所示为某矿副井筒断面布置。以此为例，检查吊桶布置的位置是否符合以上所述各点的要求。

从图 9 - 71 可以看出：吊桶的位置不在井筒中心，不会影响井筒中心的测量工作；离井壁的距离大于 500mm，对以后正常使用抓岩机和砌壁工作都没有妨碍；它现在的布置位置就在永久性提升设备的提升间内，以后临时罐笼也在这个位置，到开掘时期改为罐笼提升时，天轮平台上的提升天轮不需要全部改装。

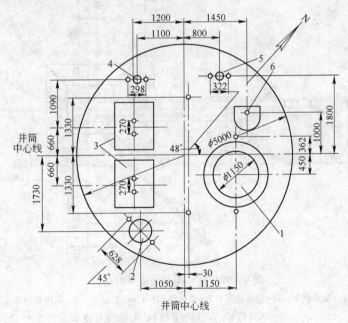

图 9 - 71　某矿副井断面布置

1—吊桶；2—风筒；3—吊泵；4—风压管；5—溜管；6—安全梯

9.7.3.2　其他凿井设备布置的注意事项

其他凿井设备布置的注意事项如下：

（1）其他凿井设备的布置，应该使吊盘、固定盘、封口盘、稳绳盘的结构合理；也就是要能合理地布置各个盘的主梁和副梁；

（2）压风管、风筒的布置，要便于检修；因此，应与吊桶适当靠近，压风管应靠近地面的压风机房一侧；

（3）吊泵与吊桶应该对称布置；

（4）其他悬吊设备距井壁距离不小于300mm；

（5）应尽可能照顾到抓岩机的位置，使得各抓岩机的工作大体相等和方便；

（6）使井架负荷尽可能对称，而且设备布置应该适合于凿井架的构造；使用装配式金属掘进井架时，只要地面条件许可，可在其四周布置提升机和稳车；

（7）地面稳车和提升机的布置，不要影响永久性建筑物的施工。

9.7.3.3　井筒断面地表布置的实例

图9-72为井筒断面布置所决定的地表平面布置。从图9-72中可看出该井筒施工时，需用15台稳车和1台提升绞车。如井筒深度为±500m时，则所需的悬吊钢丝绳就在万米左右。

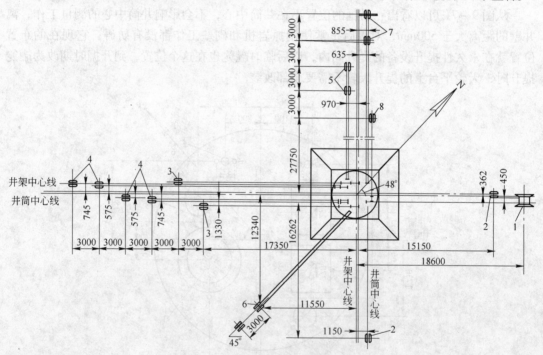

图9-72　某矿副井地表平面布置

1—提升绞车；2—稳绳稳车；3—吊盘稳车；4—吊泵稳车；5—风压管稳车；
6—风筒稳车；7—溜灰管稳车；8—安全梯稳车

9.8　竖井的延深

9.8.1　概述

一般金属矿山为多水平向下开采，特别是急倾斜矿床开采更是这样。竖井通常都不是一次掘进到最终开采深度（大型深部矿床开采更是如此），而是先掘进到上部某一水平进行采区准备，当达到"投产"标准后，矿山即可投产使用。而在开采上水平的后期，就要延深原有井筒，并及时准备出新的生产水平，以保证矿井持续均衡生产。这种向下延长正在生产井筒的工作，就是井筒延深。

竖井延深是开拓新水平的关键工程。它同新井掘进相比，在施工工艺和施工设备方面有很多共同之处；但是，也有其自身的特点。这就是除了考虑井筒延深本身的要求以外，还要考虑竖井延深工作与其上部矿井生产工作的协调问题。在竖井延深的过程中，不能中断井筒的生产提升。因此，竖井延深要注意以下问题：

（1）必须切实保障井筒工作面上的工人安全；

（2）尽量减少延深工作对矿井生产的干扰；

（3）由于井下和地面没有足够的空间用来布置掘进设备，必须掘进一些专用的巷道和硐室，但此种工程量应当降至最低的限度；

（4）由于井筒内和附近的空间特别窄小，使用的掘进设备体积要小，效率要高；

（5）要保证延深井筒的中心垂线与生产井筒的中心垂线相吻合，或者误差在允许的规定范围内，因此，必须加强延深井筒的施工测量工作。

竖井延深的方式通常分为两个大类：

（1）自下而上小断面反掘，随后"刷大"井筒；

（2）自上向下的井筒全断面延深（而每一类又有不同的延深方案）。

但无论采用哪一种延深方式，在延深井筒时，生产段和延深段之间都必须要有安全保护措施，万一上面发生提升容器坠落或其他落物时，仍能确保下段延深工作人员的安全。

保护设施有两种形式：一种是利用自然岩柱，即在延深井段与生产井段之间留有 6~10m 高的保护岩柱。岩柱的岩石应该是坚硬、不透水、无节理裂缝等。保护岩柱可能只占井筒部分断面（图 9 - 73（a）），也可以全断面预留（图 9 - 73（b））。前者适用于利用延深间或梯子间由上向下延深井筒时，后者适用于由下向上延深井筒及利用辅助水平延深井筒。为增强岩柱的稳定性，在紧贴岩柱的下方应该安装和设置护顶盘。护顶盘由两端插入井壁的多根钢托梁和密集背木板构成。

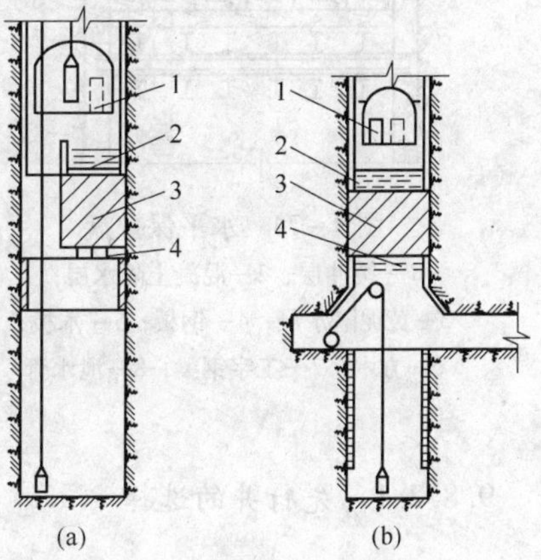

图 9 - 73 保护岩柱示意图
（a）部分断面岩柱；（b）全断面岩柱
1—生产水平；2—井底水窝；
3—保护岩柱；4—护顶盘

另一种是人工构筑的水平保护盘。水平保护盘由盘梁、隔水层和缓冲层构成（图 9 - 74）。保护盘的梁承受保护盘的自重和坠落物的冲击力。保护盘的梁由型钢构成，两端插入井壁 200mm，钢梁之上铺设木梁、钢板、混凝土、黏土等作隔水层，防止水和淤泥等流入延深工作面。缓冲层是用纵横交错的木垛、柴束和锯末组成，其作用在于吸收坠落物的部分冲击能量，减缓作用于盘梁上的冲击力。泄水管直径 50~75mm，上端穿过隔水层，下端设有阀门。

不论是保护岩柱还是人工保护盘，都必须能够承担得起满载提升容器万一从井口坠落下来时的冲击力，以确保延深工作面的人员安全。

9.8.2　利用"反井"自下向上延深

这种延深的方法在金属矿山使用最为广泛。其施工程序如图9-75所示。在需要延深的井筒附近，先下掘进一条井筒（称为先行井）到新的水平。自该井筒掘进联络道通到延深井筒的下部，再掘进联络绕道3，留出保护岩柱4，做好延深的准备工作。在井筒范围内自下而上掘进小断面的"反井"5，用以贯通上、下联络道，为通风、行人和供料创造有利条件。"反井"掘进的方法，依据施工条件有吊罐法、爬罐法、深孔爆破法、钻进法和普通法。然后"刷大反井"至设计断面，砌筑永久性井壁，进行井筒安装，最后清除保护岩柱，在此段井筒完成砌壁和安装后，井筒延深即告结束。

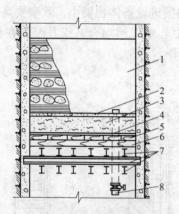

图9-74　水平保护盘

1—缓冲层；2—混凝土隔水层；

3—黄泥隔水层；4—钢板；5—木板；

6—方木；7—工字钢梁；8—泄水管

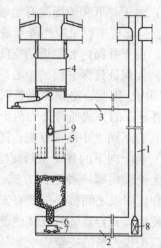

图9-75　先上掘天井后再上向

刷帮的延深方法示意图

1—盲井；2，3—联络道；4—保护岩柱；

5—反井；6—漏斗；7—矿车；

8—临时罐笼；9—吊桶

9.8.2.1　先行井的选择

采用此法的必要条件是须有一条先行井下掘到新的水平。为了减少临时工程量，这条"先行井"应该尽可能利用永久工程。例如，当采用中央一对竖井开拓时，可先自上向下"延深"其中一个井筒作为先行井，利用它自下向上"延深"另一个井筒。金属矿的中央竖井经常是一条混合井，其附近通常有溜矿井。这时可以先向下"延深"溜矿井，在其中安装施工用的提升设备，用它作为先行井，自下而上延深混合井。河北铜矿混合井延深，就利用离竖井12m的溜矿井作为先行井。红透山铜矿混合井第二系统的延深，是利用位于旁边21m处的溜矿井作为先行井。当没有永久性工程可作先行井或主、副井都想用"反井"自下向上延深时，有时可利用自生产水平下掘的盲井或下山作为先行井。

9.8.2.2　井筒"刷大"

井筒"刷大"，按其"刷大"推进方向不同，分为以下两种情况：

（1）自下向上刷大。自下向上"刷大"与"浅孔留矿法"颇为相似（图9-75）。在

"反井" 5 掘成以后,即可自下向上"刷大"井筒。为此,在井筒的底部拉底,留出底柱,扩出井筒反掘的开凿空间,安好漏斗 6。向上打垂直孔,爆下的岩石一部分自漏斗 6 放出,装入矿车 7,用临时罐笼 8 提到生产水平。其余的岩石暂时留在井筒内,便于在渣面上进行凿岩爆破,同时存留的岩石还可维护井帮的稳定。人员、材料、设备的升降用吊桶 9 来完成。待整个井筒"刷大"到辅助水平 3 后,逐步放出井筒内的岩石,同时砌筑永久性井壁。

此种井筒"刷大"方法的优点是:井筒不用临时支护;下溜岩石方便;用向上式凿岩机钻孔,速度快而省力。缺点是工人在顶板下作业,当岩石不坚固完整时,不够安全;每次爆破后,要平整场地,费时费力;井筒"刷大"前,要做出临时底柱;凿岩工作不能与出渣装车平行作业等。

(2)自上向下"刷大"。自上向下刷大如图 9-76 所示。开始"刷大"时,先自辅助水平向下扩砌 4~5m 井筒,安设封口盘,然后继续向下"刷大"井筒。"刷大"过程爆破下来的岩石,均由反井下溜到下部新水平 4,用装岩机装车运走。"刷大"后的井帮,因暴露面积较大,须用临时支护,如用锚杆、喷射混凝土或挂圈背板维护。为了防止"刷大"工作面上工人和工具坠入反井,反井口上应加一个安全格筛 2。爆破前将格筛提起,爆破后再盖上。"刷大"井筒和砌壁工作常用"短段"掘砌方式,砌壁同"刷大"交替进行。

此种井筒"刷大"方法能使井筒"刷大"的凿岩工作与井筒下部的装岩工作同时进行,加快井筒的施工速度,缩短井筒工期。

9.8.2.3 拆除保护岩柱

延深井筒装备结束和井筒与井底车场连接后,即可拆除保护岩柱(或人工保护盘),贯通井筒。此时为了保证安全,井内生产提升必须停止。因此事先要做好充分准备,并制定严密措施,确保安全而又如期完成此项工作。

A 拆除岩柱的准备工作

(1)清理井底水窝的积水淤泥;

(2)在生产水平下约 1.5m 处设保护盘,在延深水平设封口盘;

(3)拆除岩柱以下提升间的天轮托梁以及其他辅助设施。

B 拆除岩柱的方法

分为普通法和深孔爆破法两种。如果所留岩柱很厚,也可考虑使用吊罐法小井掘透然后刷砌。

a 普通法

利用延深间或梯子间延深时,可利用原有延深通道向下刷砌,如图 9-77 所示。当使用其他延深方法除去全断面岩柱时,先打钻孔或以不大于 4m² 的小断面反井,从下向上与大井凿通,然后再按设计断面自上向下刷砌(图 9-78)。

b 深孔爆破法

先在岩柱中钻孔,确定岩柱的实际厚度,泄除井底积水。在岩柱中"反掘"小断面天井,形成爆破补偿空间。然后自下向上按井筒全断面打深孔,爆破后渣石由辅助延深水平装车外运(图 9-79)。这种施工方法可免除繁重的体力劳动,无需事先清理井底,井内生产停产时间较短,因打深孔和装岩的大部分时间,生产仍可照常进行,且深孔爆破岩石的塌落速度较快。

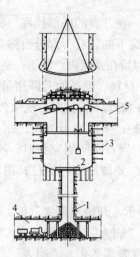

图 9 - 76　先上掘进小井然后下向
刷大的延深方法示意图

1—天井；2—格筛；3—钢丝绳砂浆锚杆；
4—下部新水平；5—上部辅助水平

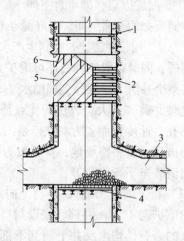

图 9 - 77　普通法掘除部分断面岩柱

1—临时保护盘；2—延深通道；3—辅助水平；
4—封口盘；5—部分断面岩柱；6—炮孔

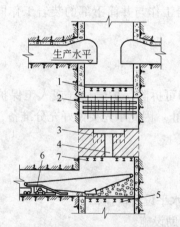

图 9 - 78　普通法掘除全断面岩柱

1—临时保护盘；2—临时井圈；
3—掘岩柱的台阶工作面；4—小断面反井；
5—封口盘；6—耙斗机；7—护顶盘

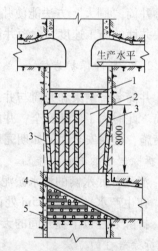

图 9 - 79　深孔爆破法拆除岩柱

1—临时保护盘；2—小断面反井；3—深孔；
4—倾斜木垛溜矸台；5—封口盘

　　利用"反井"自下向上延深的优点多。如岩石靠自重下溜装车，因而省去竖井延深中最费时费力的装岩和提升工作；整个延深过程中无需排水；采用一般的设备即可获得较高的延深速度；延深成本低。因此，凡岩层稳定，没有瓦斯，涌水不大，有可利用的先行井时，均可使用这一延深方式。其不足之处是，准备时间较长，必须首先掘进先行井和联络道通至延深井筒的下部；如果先行井断面小，用人工装岩，小吊桶提升，则掘进速度往往受到限制。

9.8.3　自下向上多中段延深

　　金属矿山尤其是中、小型有色金属矿山，通常为多中段开采，由几个中段形成一个集中出矿系统。所以竖井延深每一次就要延深几个中段，准备出一个新的出矿系统。例如，红透山铜矿、河北铜矿的混合井都是一次下延三个中段，共180m。在此情况下，如果各中段依次延深，采用通常的施工方法，势必拖长工期。为了加快井筒延深速度，在条件许可时，应组织多中段延深平行作业。此种平行作业包括两个内容，一是先行井向下掘进和各中段联络道掘进平行作业；二是竖井延深时采用反掘多中段平行作业。

9.8.3.1　先行井向下掘进和联络道掘进平行作业

确保先行井和联络道平行作业的关键是解决两者工作面同时出渣的问题。图9-80为红透山铜矿第三系统延深时，先行井（盲副井）下掘和联络道平行作业的情况。在先行井下掘过程中，采用两段提升系统。一段用吊桶将先行井下掘的岩石提升到上一联络道水平，经溜槽卸入矿车，再由先行井内设置的另一套临时罐笼，提升至上一联络道的水平后运出。在下掘盲副井的同时，在中间水平掘进通向延深井底的联络道，掘进的岩石装入矿车，也直接由临时罐笼提到上水平。这样就保证了盲副井与联络道的掘进作业同时进行。

9.8.3.2　竖井反掘多中段平行作业

竖井采用反井延深的程序是：钻凿挂吊罐的中心大孔，用吊罐法掘进反井，然后反井刷大，刷大后的井筒再砌壁。多中段同时延深井筒的实质，就是在不同的中段内，由下向上按上述顺序各进行一项延深程序，以达到各中段平行作业，缩短井筒施工期的目的。红透山铜矿混合井第二系统延深时，采用此种方式的施工情况如图9-81所示。该井净直径5.5m，延深前井深220m，竖井一次需要延深四个中段共217m。井筒穿过黑云母片麻岩，岩石致密稳定，无涌水。利用混合井旁边一条溜矿井作为先行井下掘，同时掘进各中段联络道，到达混合井的井底后，即可进行"反掘"多中段平行作业。由图可见，第Ⅰ中段集中出渣，喷射混凝土井壁；第Ⅱ中段自下向上"刷大"；第Ⅲ中段用吊罐法掘进天井；第Ⅳ中段钻进挂吊罐的中心大孔。

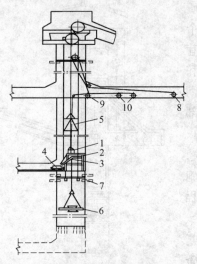

图9-80　红透山铜矿盲副井两段
提升系统出矸石示意图

1—吊桶；2—翻矸台；3—漏斗；4—矿车；5—双层罐笼；
6—掘进吊盘；7—罐底圈；8—22kW单筒提升机；
9—1t手动稳车；10—8t稳车

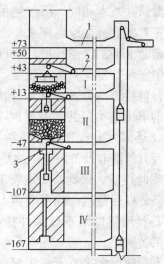

图9-81　红透山铜矿混合
井延深多中段平行施工

1—生产水平；2—延深辅助水平联络道；
3—预掘2m天井段
Ⅰ~Ⅳ—延深中段

在每一段井筒准备反掘和进行反井刷大时，要照顾上下邻近中段施工进度，搞好工序的衔接和配合。现以第Ⅱ中段为例来说明。首先，在井筒中心用吊罐法掘进断面为 2m × 2m 的天井；待与第Ⅰ中段贯通后，在第Ⅱ中段下部水平巷道顶板以上 2.5～3.0m 处，进行井筒拉底，留出临时底柱，再扩出井筒反掘的开凿空间。在天井下端安装漏斗，以便出渣装车运输。为了防止第Ⅲ中段的天井贯通爆破时崩坏漏斗，在安装漏斗前，先在天井预计贯通的地方，按其规格下掘 2m。第Ⅲ中段打上来的吊罐孔，用钢管引出，使其高出中段联络道底板标高 200mm。钢管同岩石接触处采用防水措施，以免大孔漏水，妨碍第Ⅲ中段天井掘进。预先掘进的 2m 天井，用渣石填平，将来贯通爆破作业时，可起缓冲作用，使漏斗不崩坏。

井筒反掘前，要在天井中配设 0.5m³ 的吊桶提升，用以升降人员和材料。提升绞车就利用吊罐的慢速绞车，它布置在第Ⅰ中段联络道内。

井筒反掘用的风水管、爆破器材、信号和照明电缆等均由第Ⅰ中段敷设。

在正常情况下，当第Ⅱ中段的井筒"刷大"完成时，第Ⅰ中段井筒业已放完岩石，砌好井壁。这时，可拆除第Ⅰ中段的漏斗，"反掘"该中段的临时底柱。此后，第Ⅱ中段即可投入集中出渣，砌筑井壁。如果第Ⅱ中段井筒反掘上来，而第Ⅰ中段的岩石尚未放完，则第Ⅱ中段应留 3～4m 厚的临时顶柱，暂停反掘，保护第Ⅰ中段平巷，待其出完岩石，拆除漏斗后，再继续反掘临时顶柱和底柱。

由上面叙述可知：多中段延深平行作业，能加快井筒延深速度，缩短总的施工期限。但组织工作比较复杂，通风困难，测量精度的要求高。

9.8.4　利用辅助水平自上向下井筒全断面延深

利用辅助水平延深井筒，其施工设备、工艺与开凿新井基本相同，所差别的是为了不影响矿井的正常生产，在原生产水平之下需要布置一个延深辅助水平，以便开凿，为延深服务的各种巷道、硐室和安装有关施工设备。所掘砌的巷道和硐室，包括辅助提升井（如连接生产水平和辅助水平的下山或小竖井）及其绞车房、上部和下部车场、延深凿井绞车房、各种稳车硐室、风道、料场及其他机电设备硐室。这些辅助工程量较大，又属临时性质；因此，要周密考虑，合理布置施工设备，以尽量减少临时巷道与硐室的开凿工程量，是利用辅助水平延深井筒实现快速、安全、低耗的关键。

利用辅助水平自上向下延深井筒的施工准备及工艺过程如图 9-82 所示。预先开掘下山、巷道和硐室，形成一个延深辅助水平，以便安装各种施工设备和管线工程，还要从延深辅助水平向上"反掘"一段井筒作为延深用的提升井帽，留出保

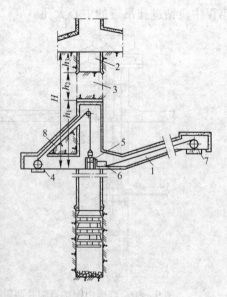

图 9-82　利用辅助水平延深井筒
1—辅助下山；2—井底水窝；3—保护柱；
4—延深用提升机；5—卸矸台；6—矿车；
7—下山出渣石提升机；8—提升绳道

护岩柱。如用人工保护盘，则将井筒反掘到与井底水窝贯通后构筑人工护盘。

随后向下掘进一段井筒、安好封口盘、天轮台与卸载台，安装凿井提升绞车设备和各种管线，完成后即可开始井筒延深。当井筒掘砌、安装完后，再拆除保护岩柱或人工保护盘。最后做好此段井筒的砌墙和安装工作。

这种井筒延深方法在煤矿使用得很多。它的适应性强，对围岩稳定性较差或有瓦斯或涌水较大的条件都可使用；延深工作形成自己的独立系统，对矿井的正常生产影响较小；井筒的整个断面可用来布置凿井设备，可使用容积较大的吊桶提升岩石，延深的速度可以提高。其缺点是临时井巷工程量大，延深准备时间长，成本较高，碎石多段提升，需用设备多。

9.8.5　利用延深间或梯子间自上而下延深井筒

此种延深的方法，是利用井筒原有的延深间和梯子间来布置和吊挂延深用的设备，从而使井筒延深工作，在不影响正常生产的情况下得以独立地顺利进行。

根据延深用的提升机和卸载平台的布置地点的不同，它又可分为以下两种：

（1）提升机和卸载平台都布置在地面（图9-83）。采用这种布置方式的优点是，延深提升矸石和下材料均从地面独立地进行，管理工作集中，井下开凿的临时工程量减到最少，利用一套提升设备可先后延深几个水平。其缺点是随着延深深度的增加，吊桶提升能力会降低，影响延深速度，特别是深井延深时更是如此；不能利用地面永久性井架为延深服务，需另行架设临时井架；工程比较复杂，如要利用梯子间延深时，梯子间的改装工程量大。如在相同的适用条件下，地面及井口生产系统改装工程量不大，便可布置井筒延深设备和堆放材料，且不影响矿井生产，但提升高度却不应大于300～500m。

（2）提升机和卸载平台都布置在井下生产水平。此种布置的优点是提升高度小，吊桶提升时间短、梯子间改装工程量小。其缺点是井下临时掘进与支护工程量较大，延深工作独立性小，提升出渣、下料等都受到矿井生产环节的影响。它适用条件是：井筒延深深度大于300～500m，并且地面缺少布置延深设备的场地。

提升机和卸载平台都布置在井下的井筒延深施工程序如图9-84所示。延深前在生产水平要开凿各种为延深服务的巷道和硐室，安装提升绞车设备，将生产水平以上17～20m的梯子间拆除，改装成为吊桶提升间，其中设天轮台，天轮台的上方设"斜挡板"以保护。排除井底水窝内的积水，清除杂物，构筑临时水窝，开凿延深通道。待延深井的通道掘进完后，开始沿井筒全断面向下掘进6～8m，砌筑此段井壁，架设保护岩柱底部钢梁，在钢梁下4～6m处安设固定盘以便布置小型提升绞车设备。同时，在生产水平设封口盘和卸载台。这些准备工作完成后，即可开始延深工作。达到延深深度后即拆除岩柱，方法同前。

利用延深间和梯子间延深井筒，虽具有延深辅助工程量少，准备工期短，施工总投资少等优点；但此方案在金属矿山却很少使用，而且只限于利用梯子间的一种形式。其原因是现有的井筒设计一般都不预留延深间，梯子间断面小，只能容纳小于$0.4m^3$的小吊桶，提升能力小，井筒延深的速度慢。

由于井筒延深是在矿井进行正常生产的情况下进行的，所以施工条件差，施工技术管理工作比较复杂。选择延深方案时，必须经过仔细的比较，才能挑选出在技术上和经济上都是最优的方案。

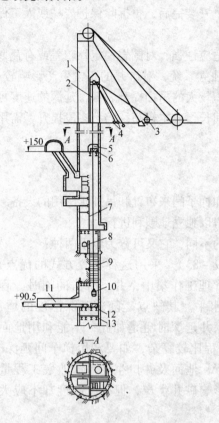

图 9-83　某矿主井延深示意图

1—永久井架；2—掘进木井架；3—提升绞车；
4—稳绳稳车；5—生产段通道；6—安全门；
7—隔板；8—隔墙；9—延深孔；10—吊桶；
11—稳车硐室；12—封口盘；13—固定盘

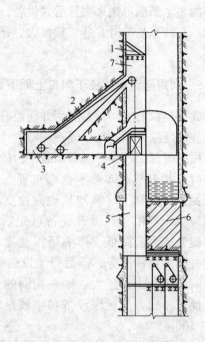

图 9-84　利用延深间或梯子间延深井筒

1—斜挡板；2—绳道；3—绞车硐室；4—卸载台；
5—延深通道；6—保护岩柱；7—原梯子间

复习思考题

9-1　竖井有哪些种类，它的纵横基本组成结构一般是怎样的？

9-2　竖井提升的罐道有哪些种类，其中的柔性罐道又有什么特点？

9-3　竖井的断面形状有哪些种类，其提升间的尺寸如何确定？

9-4　井筒中的梯子间布置有哪些方式，具体的尺寸确定有什么要求？

9-5　竖井施工方法有多少种，金属矿山凿井时多用哪些施工方案？

9-6　竖井掘进的凿岩设备有哪些，常用的凿岩深度是多少？

9-7　竖井掘进的爆破作用参数有哪些，施工中如何控制这些参数？

9-8　竖井掘进的装岩、提升设备有哪些，怎么提高它们的效率？

9-9　竖井掘进的井筒支护形式有哪些，金属矿山常用哪几种？

9-10　竖井掘进的防水和排水措施有哪些？

9-11　何为竖井掘砌的循环施工图表，它究竟有什么作用？

9-12　在一个为8m净直径的井筒施工时，如果采用一掘一喷的施工队中大约需要多少人员？

9-13　竖井施工劳动的组织管理有什么作用？

9-14　何为井筒延深，它的主要施工方法有哪些？

9-15　何为封口盘和固定盘，它在井筒延深中有什么作用？

9-16　利用延深间或梯子间自上而下延深井筒有哪些特点？

9-17　吊桶的附属装置有哪些，各自的主要作用又是什么？

9-18　竖井掘进的提升设备和悬吊设备还有哪些？

第四篇

碹岔设计与硐室施工

在金属矿床的地下开采系统网络当中，巷道与巷道之间连接工程和井筒与巷道之间的连接必不可少。因此在这些连接点上，必须要就近开掘一些特殊的井巷工程结构；所以，碹岔设计和硐室施工也是井巷工程的重要组成部分。

10 碹岔设计

【本章要点】：巷道交岔点的基本概念、碹岔类型、结构设计的尺寸计算。

巷道与巷道之间的接触施工，统称为碹岔工程；而这些部分的施工，往往会因为结构复杂使得工程难度加大。所以必须掌握碹岔类型，并做好其施工设计，以便巷道工程形成网路。

10.1 巷道交岔点与碹岔的概念

10.1.1 巷道交岔点的类型

井下巷道相交或分岔部分，称为巷道交岔点，其基本类型如图 10-1 所示。

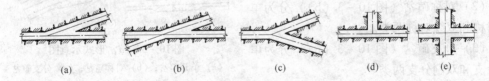

图 10-1 巷道分岔或交岔的基本类型

(a) 单开岔（包括左开岔和右开岔）；(b) 斜交岔；(c) 人字岔；(d) 丁字岔；(e) 十字岔

按支护方式不同，巷道的交岔点可分为简易交岔点和砌碹交岔点。前者长度短，跨度小，可直接用木棚或料石墙配合钢梁支护，多用于围岩条件好或服务年限短的采区巷道或小型矿井。而井底车场、主要运输巷道的石门交岔点，一般都要用喷锚支护或混凝土等料石支护。现场中的这种整体支护的交岔点，就称为碹岔。

10.1.2　碹岔的分类

碹岔设计前，应该了解碹岔在线路系统中的位置；然后选择碹岔类型，确定碹岔平面尺寸与中间断面尺寸，计算碹岔掘砌工程量，并绘制碹岔施工图。

碹岔按其结构类型不同，分为穿尖碹岔和牛鼻子碹岔，如图 10 - 2 所示。

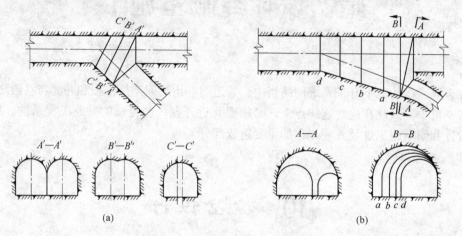

图 10 - 2　穿尖碹岔和牛鼻子碹岔
（a）穿尖碹岔；（b）牛鼻子碹岔

穿尖碹岔的优点是长度短，拱部低，工程量小，施工简单，通风阻力小，但其承载能力低，多适用于坚硬的稳定岩层，最大宽度不能大于 5m。牛鼻子碹岔适用于各类岩层中的各种规模巷道，井底车场和主要运输巷道中应用最广。牛鼻子碹岔，按照碹岔内运输线路的数目、矿车的行进方向和运输线路所选用道岔类型的不同，可归纳为以下三类：

（1）单开碹岔（图 10 - 3（a））分为单线单开和双线单开两类。

（2）对称碹岔（图 10 - 3（b））分为单线对称和双线对称两类。

（3）分支碹岔（图 10 - 3（c））分为单侧分支和双侧分支两类。

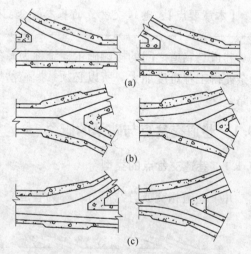

图 10 - 3　碹岔形式示意图
（a）单开碹岔；（b）对称碹岔；（c）分支碹岔

上述三类碹岔共同点是：从分岔起断面逐渐扩大，在最大断面上，即两条分岔巷的中间常常要砌筑碹垛（也叫牛鼻子）以增强支护能力；不同的地方是：单开碹岔和对称碹岔内的轨道线路用道岔连接，但分支碹岔却没有道岔，所以确定平面尺寸的方法也不相同。

10.2　碹岔设计的尺寸计算

碹岔结构设计尺寸计算包括：平面尺寸和中间断面尺寸的计算。其断面设计原则与平巷相同，区别之处在于硐岔中间断面是变化的。

10.2.1 硐岔平面尺寸计算

通常使用的三类六种硐岔形式的计算方法，都是按照几何关系推导的。现以单线单开硐岔尺寸计算为例来说明其计算方法。

设计前，先将硐岔处的轨道连线绘出。已知数据有道岔参数 a、b、α，巷道断面宽度 B_1、B_2、B_3，线路中心线距硐垛一侧墙的距离 b_1、b_2、b_3，弯道曲率半径 R（图 10-4）。

硐岔的起点就是线路基本轨起点；硐岔的终点就是从硐垛尖端 A 作垂线垂直于线路中心线所得的交点，再沿线路中心线方向延长 2m 处。图 10-4 中 TN 为硐岔最大的断面宽度（最大硐胎尺寸），TM 为硐岔最大断面的跨度（计算支护需要的值）。图中 QZ 断面为中间断面的起点，其尺寸大小就等于 B_1 断面。

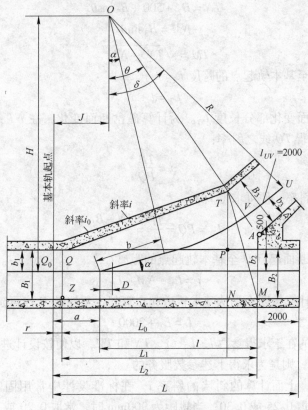

图 10-4 单线单开硐岔设计

10.2.1.1 硐岔平面尺寸的计算方法

硐岔平面尺寸的计算方法如下：

（1）确定弯道曲线半径中心 O 的位置。只有先决定 O 的位置，然后才能以 O 为圆心，以 R 为半径来画出曲线线路。O 点位置距离基本轨起点的横轴长度为 J（距离道岔中心的横轴长度为 D）、距离轨道中心的纵轴长度为 H：

$$J = a + D = a + b\cos\alpha - R\sin\alpha \qquad (10-1)$$

$$H = R\cos\alpha + b\sin\alpha \qquad (10-2)$$

注意，若 D 为正值，则 O 点在道岔中心右侧；若 D 为负值，则位于左侧。

（2）求硐岔角 θ。从曲率中心 O 点到支巷起点 T 连一直线 OT 和 O 点到主巷中心线垂线的夹角 θ 为硐岔角。

$$\theta = \arccos\frac{H - b_2 - 500}{R + b_3} \qquad (10-3)$$

注意，此处的 θ 角不是巷道规定的转角 δ。

（3）求硐垛面到岔心的距离 l。

$$l = (R + b_3)\sin\theta \pm D \qquad (10-4)$$

（4）求硐岔最大断面处宽度。图 10-4 中最大断面处的宽度 TN 及长度 NM，以及最大断面跨度 TM 的计算方法如下：

$$TN = B_2 + 500 + B_3\cos\theta \qquad (10-5)$$
$$NM = B_3\sin\theta \qquad (10-6)$$
$$TM = \sqrt{TN^2 + NM^2} \qquad (10-7)$$

（5）从硐垛面至基本轨起点的跨度 L_2。

$$L_2 = l + a \qquad (10-8)$$

（6）求硐岔断面变化部分长度 L_0。为计算硐岔断面变化，在 NT 线上截取 $NP = B_1$，做出 TPQ 三角形，得 TQ 线之斜率：

$$i = \frac{TP}{PQ} \qquad (10-9)$$

根据所选定的斜率，便可求得 L_0：

$$L_0 = PQ = \frac{TP}{i} = \frac{TN - B_1}{i}$$

（7）硐岔扩大断面起点 Q 至基本轨起点的距离：

$$r = L_2 - NM - L_0 \qquad (10-10)$$

交岔点工程的计算长度 L 是从基本轨道起点算起，至柱墩 M 点再延长 2000mm，即：

$$L = L_2 + 2000 \qquad (10-11)$$

上述计算的目的在于求得参数 l、L_0、r、TN 和 TM，以便按设计进行施工。至于参数 H、D、θ、L_2、MN，则是为求得上述参数服务的。

还应指出的是，上面计算的斜墙的斜率 i，在标准设计中常用固定斜率。当轨距为 600mm 时，斜率常取 0.25 或 0.30；当轨距为 900mm 时，常取 0.20 或 0.25，个别情况可取 0.15。

斜墙的斜率一旦选定，斜墙起点位置就确立了。

采用固定斜率的优点在于，硐岔内每米长度递增宽度一定，有利于砌硐时硐骨可以重复使用。但随着广泛使用喷锚支护交岔点，固定斜率也就不是很有必要了。

除了采用固定斜率外，也可采用任意斜率，其方法有二：

（1）以基本轨为起点作为斜墙起点，于是斜墙的水平长度为 L_0：

$$L_0 = l + a - NM \qquad (10-12)$$

（2）以道岔尖轨的尖端位置作为斜墙起点，$r = t$（t 为道岔悬距）。这时墙的水平长度最短，硐岔工程最小，即：

$$L_0 = l + a - NM - t \tag{10-13}$$

10.2.1.2 用作图法求硐岔平面尺寸

除上述计算法以外，硐岔设计还可以
用作图法直接确定交岔点平面尺寸（图
10-5）。只要严格按照比例作图，其精度
也能满足施工要求。具体做法如下：

（1）画出主巷轨道中心线，按选用道
岔尺寸 a、b 和辙岔角 α 画出道岔，得 O'、
1、2、3 点。

（2）过道岔终点 3，作 $O'3$ 的垂线，
在其上取一线段使其长度等于曲线半径 R，
得 O 点，即 $O3 = R$，O 为曲线的曲率
中心。

（3）过 O 点垂直于基本线路作 OC
线，以 O 为圆心，R 为半径，自点 3 开始
画弧线，使与 OC 线的夹角等于巷道的转
角 δ，得曲线终点。

（4）按照已知的断面尺寸 B_1、b_1、
B_2、b_2、B_3、b_3 做出巷道平面轮廓线 4—
5、6—7、8—9、10—11、12—13。

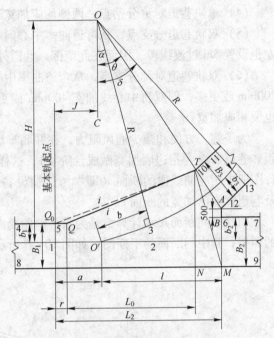

图 10-5 用作图法求硐岔平面尺寸

（5）从 6—7 量垂直距离 500mm，作 6—7 的平行线，交 12—13 线于 A 点，从 A 点作
6—7 的垂线交 6—7 于 B 点，AB 即为柱墩端面。

（6）连接 OA，与 10—11 线交于 T，T 即为扩大断面的终点。

（7）过同步基本轨起点 1 作 4—5 的垂线，与 4—5 相交于 Q_0，连接 Q_0T，Q_0T 线即
为斜墙的初定位置。

（8）计算初定斜率 i_0 值，选择与其相近的固定斜率 i 为确定斜率，并画出 Q 点，进
而可量出扩大断面部分的长度 L_0 和斜墙起点至基本轨起点的距离 r，并标注在图上。

（9）在图上量出其他所需的各参数尺寸和角度并标注在图上。

10.2.2 硐岔中间断面尺寸计算

硐岔中间点的断面宽度，取决于通过它的运输设备尺寸、道岔型号、线路连接系统的
类型、行人及错车的安全要求。考虑到运输设备通过弯道和道岔时边角将会外伸，与直线
段巷道相比，交岔点道岔处的中间断面应加宽，加宽要点如下：

（1）单轨巷道单侧分岔点，在弯道内侧加宽 100mm。其外侧外伸值不大，可不再加
宽，但若安全间隙很小，则应加宽 200mm。加宽范围为道岔转辙中心（理论中心）左边
5m 和右边 1m。

（2）双轨巷道单侧分岔点，在道岔转辙中心前 5m 一段，双轨中心线距应加宽 200mm 或

200mm 以上，并在左右各设置 5m 过渡线段，因而在此范围内，巷道外侧也要相应加宽。

（3）双轨巷道单侧分岔分支点，在道岔转辙中心前 5m 一段，双轨中心线距应加宽 300mm 或 300mm 以上，并在其左设置 5m 过渡线段，因而在此范围内，巷道外侧也要相应加宽。

（4）单轨巷道对称分岔点，两侧均应加宽。

（5）双轨巷道分支点，从弯道曲率中心向右开始加宽 200mm 或 200mm 以上，并在其左也设置 5m 过渡线段，因而在此范围，巷道外侧也要相应加宽。

（6）双轨巷道对称分支点，从弯道曲率中心向左 3m 段，两轨中心线应分别向外移动 200mm 或更多，即双轨中心线加宽 400mm 或更多，并在其左也设置 5m 过渡线段，巷道也要相应加宽。

为了施工方便和减少通风阻力，在井底车场的交岔点内，一般应不改变双轨中心线之距和巷道断面（指边墙加宽做成台阶状）。这样在设计交岔点时，中间断面应选用标准设计图册中相应曲线段的断面（即参考运输设备通过弯道或道岔时边角外伸、双轨中线距及巷道宽度已加宽的断面）。

碹岔中间断面尺寸计算，是为求各碹胎断面变化宽度，拱高和墙高，以满足制造碹胎的需要；其中间断面的平面图，如图 10－6 所示。

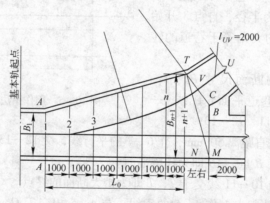

图 10－6　碹岔中间断面平面图

10.2.2.1　中间断面净宽度

在确定中间断面净宽度时，需要作如下简化：将起点 A 断面至终点 T 断面在考虑了曲线巷道的加宽要求后，连为直线 AT，使中间断面变成单侧或双侧逐渐扩大的喇叭状结构。这样可以避免弯道部分碹墙做成曲线形，从而简化了施工。

根据墙的斜率 i 求出断面变化长度 L_0，然后从变化断面起点 A 起，在 L_0 内每隔 1.0m 作一个断面，终点 TN 断面间隔不受 1.0m 限制；剩下多少，算多少。若将中间断面分为从 $1 \sim n$ 个，其净宽度，按计算确定：

$$B_n = B_1 + (n-1)i \tag{10-14}$$

10.2.2.2　中间断面拱高

随着中间断面宽度的逐渐增大，巷道断面宽度与拱高的相应比例关系不变，中间断面的拱高也逐渐增高（图10-7）。

对半圆拱硐岔，$1 \sim n$ 中间各断面的拱高值通常是按式（10-15）计算：

$$f_0^n = \frac{B_n}{2} = \frac{B_1 + (n-1)i}{2} \qquad (10-15)$$

对圆弧拱和三心拱硐岔，$1 \sim n$ 中间各断面的拱高值通常用式（10-16）计算：

$$f_0^n = \frac{B_n}{3} = \frac{B_1 + (n-1)i}{3} \qquad (10-16)$$

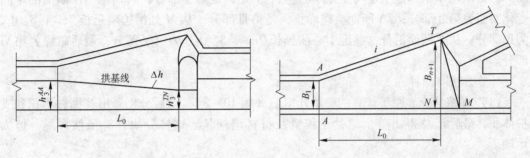

图10-7　中间断面拱高、墙高和宽度示意图

10.2.2.3　中间断面墙高

设计硐岔时中间断面的墙高除满足生产要求外，尽量让墙高按一定斜率 i 降低，使中间断面不致因断面加宽导致拱高加高后形成过大的无用空间。这不仅可以减少开拓工程量，而且有利于安全施工。一般墙高的降低值按每米巷道下降的平均值（即：斜率）Δh 计算（图10-6）：

$$\Delta h = (h_3^{AA} - h_3^{TN})/L_0 \qquad (10-17)$$

式中　h_3^{AA}——AA 断面处墙高，mm；

　　　h_3^{TN}——TN 或 TM 断面处墙高，mm，一般 T、M、N 三点的墙高均等；

　　　L_0——硐岔断面变化段的巷道长度，mm。

实际设计时，h_3^{TN} 或与 h_3^{TM} 相邻两条巷道墙高差距取 $200 \sim 500$mm，差距过大，不利于施工安全。按断面变化斜率 Δh 求算，$1 \sim n$ 中间各断面墙高为：

$$h_3^n = h_3^{AA} - (n-1)\Delta h \qquad (10-18)$$

在生产中，为了生产方便，也有不降低墙高的做法。

10.2.3　硐岔支护厚度的确定

对硐岔交岔点的巷道净宽度是由小到大渐变的，为方便施工和保证质量，在巷道宽度变化的长度内，按最大宽度 TM 选取拱壁厚度。分支巷道的拱壁厚度，按各自宽度和要求选取。

两巷道中间的硐垛，是硐岔支护中的关键部位，应认真维护好。硐垛面宽度一般取500mm，硐垛长度根据岩石性质，支护方式及巷道转角而定，一般取 $1 \sim 3$m，通常取2m。

锚喷支护交岔点属于加强支护工程，因此其锚喷支护参数值应按大断面最大宽度 TM 选取上限值。分支巷道的加强支护长度，为自柱墩面起 $3 \sim 5$m（计算交岔点工程长度时，取为 2m）。

柱墩宽度一般为 500mm，长度视岩石条件、支持方式及巷道转角而定，一般为 1~3m，通常取 2m。对采用光面爆破完整保留了原岩体的柱墩，按支护厚度考虑，不加长。

10.2.4　碹岔工程量与材料消耗量计算

计算范围一般从基本轨起点算起，到碹垛面后的主巷和支巷道各延长 2m 处计（图 10-8）。从基本轨起点至中间变化断面起点 S_1 止，是第 I 部分；从 S_1 至 TN 断面的中间变化断面为第 II 部分；TN 断面至碹垛止，是第 III 部分；从 M 处沿边墙延长 2m 至 S_4 止，为第 IV 部分；从 T 断面沿分岔巷道中心线延长 2m 至 S_5 止，为第 V 部分；最后碹垛为第 VI 部分。

计算方法有两种：

（1）将碹岔分成便于计算的简单几何形（图 10-8），而后分别算出其掘进体积和支护体积，最后汇总得出整个碹岔工程量及材料消耗量。这样分块计算虽然详尽，但太烦琐。

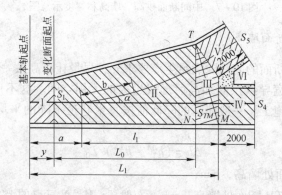

图 10-8　碹岔工程量及材料消耗量计算

（2）近似计算，其精度能满足工程要求，计算公式为：

$$V_{掘} \approx \left[1/2(L_0 + L_2)(S_1 + S_3) + 2(S_4 + S_5) + S_1 y \right] K \qquad (10-19)$$

式中　　　　　　　L_2——NM 长度；

S_1，S_3，S_4，S_5——各相应断面的掘进面积，其中 $S_3 = S_{TM}$；

K——富余系数，三心拱断面取 $K = 1.04$，半圆拱断面取 $K = 1.0$。

变换使用式（10-19）中一些符号意义，也可估算出材料消耗量。

按上述近似计算，碹垛可不再另行计算掘进工程量，将碹垛材料的消耗量加 3m³ 即可，也有的单位直接定为 4m³。

10.2.5　碹岔施工图表

碹岔施工，应采用光面爆破、锚喷支护；在条件允许时，应尽量做到一次成巷；使用砌碹支护尽量缩短间隔时间，以防止围岩的松动。但施工要用图指导，这些图一般包括：

（1）交岔点平面图。平面图常用 1:100 的比例绘制。平面图中应表示水沟位置、断面编号及有关计算尺寸；硐岔的开岔方向也应该与阶段平面图交岔点所处的位置和开岔方向一致。

（2）断面图。按 1∶50 的比例绘出主巷、支巷及 TM 断面图。在 TM 断面图（图 10 - 9）上，大断面是实际尺寸；两个连接巷道的断面和硐垛面的宽度却是投影尺寸，但是高度尺寸又是真实的。投影拱的弧线按习惯画法。尺寸在平面图上量取，无需计算。

（3）硐岔断面变化特征表、工程量及主要材料消耗量表。这些图表对于指导施工和确保工程质量必不可少。

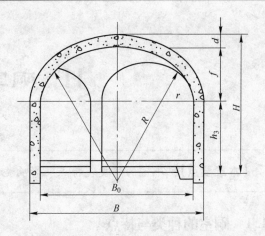

图 10 - 9 硐岔 TM 断面图

复习思考题

10 - 1 井下巷道的相交点或分岔点有哪些种类？

10 - 2 硐岔实际上是井下巷道的相交点或分岔点吗？

10 - 3 牛鼻子硐岔有哪些类型，它们的共同特点是什么？

10 - 4 硐岔设计的尺寸计算有哪些内容，其主要工作步骤是怎样的？

10 - 5 硐岔工程量与材料消耗量计算的方法有几种，各自的特点如何？

10 - 6 硐岔施工图的作用是什么，其主要的内容又包括哪些？

10 - 7 硐岔设计的大作业题（略）。

11 硐室施工

【本章要点】：硐室的种类、特点、影响施工的因素、掘砌方法、隔水防潮措施。

11.1　硐室的种类与特点

硐室是井巷工程系统网络的重要节点。根据其不同的连接结构、用途和是否安装机械设备，大体上可分为机械硐室和生产服务性硐室这两种基本类型。图 11－1 所示为巷道和井筒连接的硐室结构，图 11－2 所示为安装有机械设备的箕斗装载硐室。除此之外，井下还有卷扬机房、中央泵房及变电所、电机车修理间等；生产服务性硐室有等候室、工具库、调度室、井下医疗站等。

我们认识不同硐室的设计布置方式、功能或作用以及它们各自的特点，就是为安全、高效、低成本的进行硐室施工。

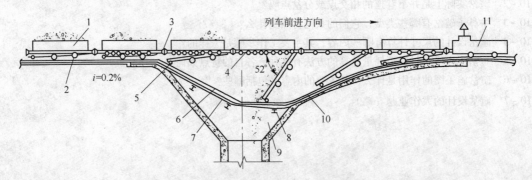

图 11－1　底卸式矿车卸载硐室结构

1—底卸式矿车；2—车轮；3—缓冲器；4—托辊；5—卸载轮；6—卸载曲轨；
7—支撑钢梁；8—工字钢支座；9—卸载坑；10—复位曲轨；11—电机车

11.1.1　箕斗装载硐室与井底矿仓

11.1.1.1　箕斗装载硐室与井底矿仓的布置形式

箕斗装载硐室与井底矿仓的布置形式，主要根据主井提升箕斗及井底装载设备布置方式、矿石提升数量及装运要求、围岩性质等因素综合考虑确定。以往中小型矿井广泛采用箕斗装载硐室与倾斜矿仓直接相连的布置形式（图 11－2）；而大型矿井则采用一个垂直矿仓通过一条装载胶带输送机巷与箕斗装载硐室连接（图 11－3）；特大型矿井则为多个垂直矿仓通过一条或两条装载胶带输送机巷与单侧或双侧式箕斗装载硐室连接（图 11－4）。

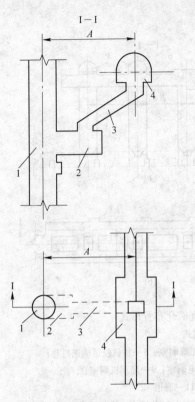

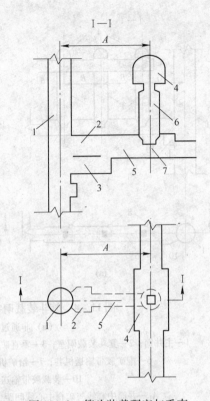

图 11－2　箕斗装载硐室与斜矿仓
布置结构示意图

1—主井；2—箕斗装载硐室；3—斜矿仓；
4—翻车机硐室

A—井筒中心线与翻车机硐室中心线的距离，
$A=9\sim16m$

图 11－3　箕斗装载硐室与垂直
矿仓布置形式

1—主井；2—装载胶带输送机机头硐室；3—箕斗装载硐室；
4—翻车机硐室；5—装载胶带机巷道；6—直立矿仓；
7—给矿机硐室

A—井筒中心线与翻笼硐室中心线（或矿仓中心线）
的间距，$A=15\sim25m$

11.1.1.2　箕斗装载硐室

由于箕斗装载硐室与井筒连接在一起且服务于生产的全过程，施工时围岩暴露面积较大，所以应布置在没有含水层、围岩坚固的地方，以便施工和维护。当大巷采用矿车运输时，装载硐室布置于井底车场生产水平之下；当采用输送机运输时，硐室位于井底车场生产水平以上。

根据箕斗在井下装载和地面卸载的位置和方向，硐室有同侧装卸式（装载与卸载的位置和方向在同一侧进行）和不同侧装卸式（装载与卸载的位置和方向在相反一侧进行）之区分。每类又可分为非通过式（图 11－4（a））和通过式（图 11－4（b））两种。当硐室位于中间生产水平，同时在两个水平出矿时，采用通过式；当硐室位于矿井最终生产水平或固定水平时，采用非通过式。

主井内仅有一套箕斗提升设备时，箕斗装载硐室为单侧式（硐室位于井筒一侧）；若有两套箕斗提升设备时，装载硐室为双侧式（井筒两侧设箕斗装载硐室）。

箕斗装载硐室的断面形状多为矩形，当岩性差、地压大时也可采用半圆拱形。箕斗装

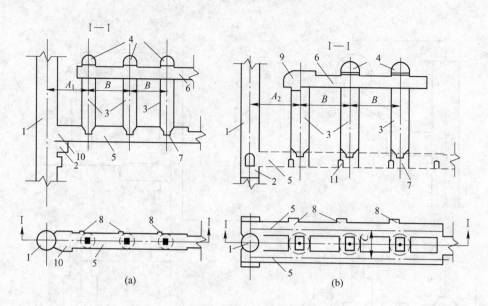

图 11 – 4　箕斗装载硐室与多个垂直矿仓布置形式

（a）非通过式；（b）通过式

1—主井筒；2—箕斗装载硐室；3—垂直矿仓；4—上部卸载硐室；5—装载胶带输送机巷；

6—配矿胶带输送机巷；7—给矿机硐室；8—机电硐室；9—翻车机硐室；

10—装载胶带输送机机头硐室；11—通道

A_1—井筒中心线与矿仓中心线间距，$A_1 = 15 \sim 25$m；A_2—井筒中心线与矿仓

中心线间距，$A_2 = 20 \sim 35$m；B—矿仓中心线间距，$B = 20 \sim 30$m；

C—两条装载胶带输送机巷间之间距，$C = 10 \sim 12$m

载硐室的尺寸，主要根据所选的装载设备的型号、设备布置形式和各安全间隙要求来确定。箕斗装载设备有非计量装载（ZJ 系列）与计量装载（ZL 系列）两种形式，如图 11 –5所示，图中 l_1、l_2、l_3、l_4、e 的尺寸由设备尺寸和安装检修要求确定；l_5、l_7 根据选定的翻车机设备或卸载曲轨设备的尺寸和安装要求确定；l_6、l_8 则根据矿仓上、下口结构尺寸的合理性确定。A 值取决于翻车机硐室或卸载硐室与井筒之间岩柱的稳定性。若为倾斜矿仓，则与矿仓容积、矿仓底板倾角（一般 $\alpha = 50° \sim 55°$）有关，一般为 $A = 9 \sim 16$m。若为垂直矿仓，$A = 15 \sim 40$m。

箕斗装载硐室的支护可用素混凝土和钢筋混凝土，其支护厚度取决于硐室所处围岩的稳定性和地压的大小。一般围岩较好、地压较小的，仅布置一套装载设备的箕斗装载硐室，可采用 C15 ~ C20 厚 300 ~ 500mm 的素混凝土支护；当围岩较松软、地压较大又布置有两套装载设备的箕斗装载硐室，可采用 C15 ~ C20 厚 400 ~ 500mm 钢筋混凝土支护。箕斗装载硐室的上室顶板支护结构如图 11 –6 所示。通过式箕斗装载硐室上室底板的支护结构如图 11 –7 所示。

11.1.1.3　井下矿仓

井下矿仓目前有倾斜式矿仓和垂直矿仓两种形式。倾斜矿仓适用于围岩较好、开采单一矿种或开采多矿种但不要求分装分运的中小型矿井。垂直矿仓适用于围岩较差、开采一

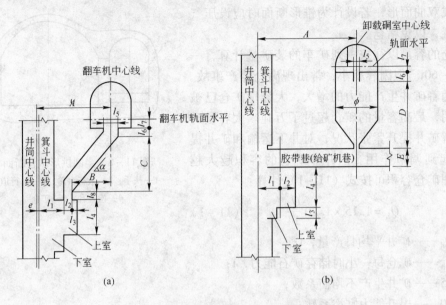

图 11 - 5 箕斗装载硐室主要尺寸确定

（a）非计量装载硐室；（b）计量装载硐室

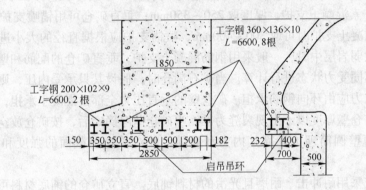

图 11 - 6 箕斗装载硐室上室顶板支护结构

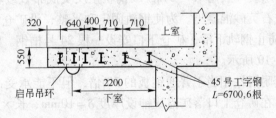

图 11 - 7 通过式箕斗装载硐室上室底板支护结构

种或多矿种、可以分装分运的大型矿井。垂直矿仓多为圆形断面，倾斜矿仓为半圆拱形断面。倾斜矿仓的一侧应设人行通道，宽为 1.0m 左右，内设台阶及扶手以便行人。在矿仓与人行道间墙壁上设立检查孔，宽 × 高为 500mm × 200mm。检查孔上设铁门，以检查矿仓磨损和处理堵塞事故。倾斜矿仓断面形状和结构如图 11 - 8 所示。垂直矿仓底部收缩成

圆锥形或双曲面形，若设计为锥形断面时应设压气
破拱装置，以免堵仓。

　　矿仓的容量以往按一列矿车的装矿量计算，一
般为 40~60t。但因容积小，常出现满仓停产事故。
近年来随着矿井生产能力的增大，大容量矿仓已被
广泛采用，最高容量的矿仓超过了万吨。大容量矿
仓可缓解矿井提升紧张状况，对井下运输和矿井提
升能够起到调节作用。但并非矿仓的容积越大越
好，合理矿仓容积可按式（11-1）计算：

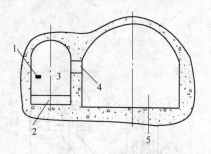

图 11-8　半圆拱形矿仓断面
1—扶手；2—人行台阶；3—人行道；
4—检查孔；5—矿仓

$$Q_h = 1.15 \times 1.20 \frac{Q_d}{14} \qquad (11-1)$$

式中　　Q_d——矿井平均日产量，t；

　　　　Q_h——矿仓每一小时储存矿石能力，t；

　　　　1.15——矿井生产不均衡系数；

　　　　1.20——提升能力富裕系数；

　　　　14——每日提升时间，h。

　　矿仓的支护，根据其矿仓所处岩体的性质不同有多种形式。矿仓开在中硬岩层内时，
倾斜矿仓用 C20 素混凝土支护，厚度取 250~350mm；垂直矿仓可用锚喷支护或 C20 素混
凝土支护，素混凝土支护时可取 300~400mm，喷锚支护应根据直径的大小进行设计。当
井底矿仓位于软弱岩层中时，一般采用钢筋混凝土支护，垂直矿仓的配筋和壁厚应按满仓
和空仓的两种不同受力状态进行计算。当矿石满仓时，假设其只承受内压，则矿仓壁是环
向受拉，环向拉力应由环向钢筋承担。矿仓壁的垂直压力全部由混凝土承担，故垂直钢筋
按构造布筋。矿仓壁厚度以不出现裂缝为准。当矿仓壁厚确定后，按矿仓放空时，即只承
受均匀外压的薄壁圆筒理论计算其内力和配筋，并对矿仓壁截面的强度和稳定性进行
验算。

　　矿仓底板应采用耐冲击、耐磨且光滑的材料铺底。直立矿仓的铺底材料可采用铁屑混
凝土和石英砂混凝土，标号不小于 C20，厚度 80~150mm。倾斜矿仓铺底材料多用钢轨铺
底结构，如图 11-9 所示。一般用 15~24kg/m 钢轨正反交底布置或轨头向上布置，其间
隙可充填普通混凝土或石英砂混凝土。为使钢轨固定和平整，沿矿仓倾斜方向每隔 3~4m
铺一根 16 号槽钢。为防止钢轨下滑，矿仓下口安设一根 24 号槽钢。倾斜矿仓铺底多用辉
绿岩铸石块，如图 11-10 所示。

　　根据使用经验，其耐磨性相当于普通钢板的 50 倍，但不能承受冲击力，所以用它作
为倾斜矿仓铺底用时，在矿仓上口落矿点应铺设厚度 $\delta = 10mm$、长×宽为 2.4m×1.8m 的
钢板。

11.1.2　翻车机卸载硐室

　　采用固定车厢式矿车运输的矿石，需要通过翻车机卸入矿仓；采用底卸式或侧卸式矿
车运输的矿井则是通过卸载设备将矿卸入矿仓。所以，在井底车场内需要设置各自的卸载
硐室。

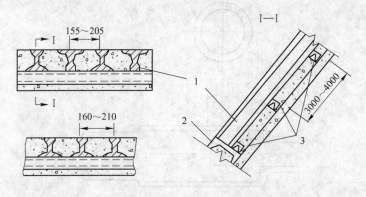

图 11 - 9　倾斜矿仓钢轨铺底结构
1—15~24kg/m 钢轨；2—24 号槽钢；3—16a 槽钢

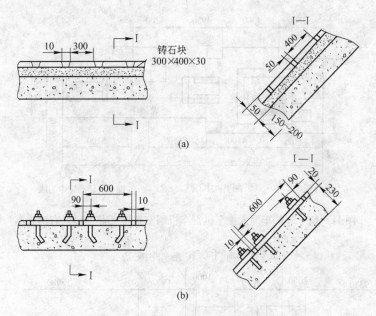

图 11 - 10　倾斜矿仓辉绿岩铸石块铺底结构
（a）粘贴固定铸石块；（b）螺栓固定铸石块

11.1.2.1　翻车机硐室

由于装矿的固定车厢式矿车是靠推车机推入翻车机的，所以推车机和翻车机要安装在一个硐室中，故称为推车机翻车机硐室。该硐室位于井底车场重、空车线的交汇处，推车机位于翻车机之前的主井重车线一侧，翻车机位于矿仓上口，如图 11 - 11 所示。

根据矿车进车方向不同，硐室可分为左侧式和右侧式。根据电机车是否从翻车机旁侧通过，又分为通过式与非通过式。非通过式的翻车机硐室的主井存车线为单轨巷道，而通过式的则在翻车机车线旁另设一通过线。图 11 - 12 所示为非通过式右侧进车推车机翻车机硐室平面布置，图 11 - 13 所示为通过式左侧进车推车机翻车机硐室平面布置。

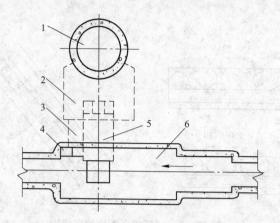

图 11 – 11　翻车机硐室在井底车场中的位置

1—主井筒；2—箕斗装载硐室；3—人行道；4—人孔；5—倾斜矿仓；6—翻车机硐室

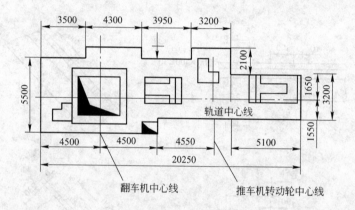

图 11 – 12　3t 矿车绳式推车机翻车机硐室布置（非通过式右侧进车）

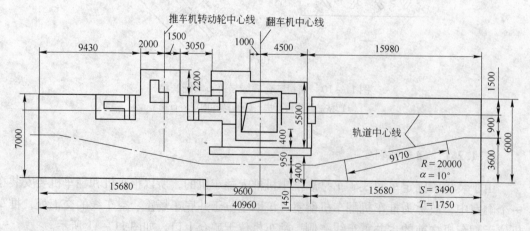

图 11 – 13　3t 矿车绳式推车机翻车机硐室布置（通过式左侧进车）

11.1.2.2　底卸式矿车卸载硐室

底卸式矿车是指打开车底卸载的矿车。车厢的两侧壁上焊有支承翼板，车底的一端与车厢端臂铰接，另一端装有卸载轮。列车进入卸载站后，电机车的导电弓子与架线脱离，失去牵引力。电机车和矿车依靠车厢上的翼板支承在卸载坑两侧的支承托辊上。与矿车底架固定在一起的矿车底板，前端与车厢铰接，后端卸载轮开始沿卸载曲轨的倾斜直线运动。此时矿车底门打开一个角度，由于车厢内的矿石重量、车底自重及两者的合成重心水平移动而产生动能，即矿石和车底自重力 P 作用在曲轨上产生一个反作用力的水平分力 N'_z 推动列车做水平运动。

卸载站的结构和卸矿过程如图 11 – 1 所示。底卸式矿车卸载原理如图 11 – 14 所示。当矿车底板打开的角度逐渐增大时，矿石沿矿车底板下滑。由于矿流产生的反作用力，矿车加速运行。

矿石卸净以后，当矿车底板卸载轮滑过曲轨拐点以后，开始在曲轨作用下向上闭合，产生阻碍矿车前进的阻力 N'_k，但由于后面的矿车重复前面矿车的动作，且卸载推力 $N'_z >$ N'_k，从而列车仍能继续前行，直至矿车全部通过卸矿站并复正常轨为止。

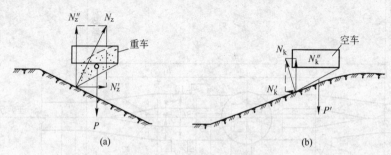

图 11 – 14　底卸式矿车卸载原理

(a) 卸矿过程；(b) 复位过程

N'_z—前行力；N'_k—闭合阻力；P—车重和矿石重的合力；P'—车底自重的合力

11.1.3　副井马头门

马头门是指副井井筒与井底车场连接部分的一段断面扩大的巷道，是副井系统的主要硐室之一。马头门的设计内容一般包括马头门形式的选择、马头门的平面尺寸和高度的确定、断面形状与支护方法的选择。

11.1.3.1　马头门的形式

马头门的形式主要取决于选用罐笼的类型、进出车水平数目，以及是否设有候罐平台。

当采用单层罐笼或者采用双层罐笼，但采用沉罐方式在井底车场水平进出车和上下人员时，通常在井底车场水平和井底车场水平下面用双面斜顶式马头门，如图 11 – 15（a）所示。

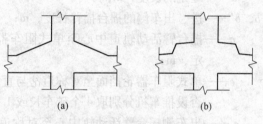

图 11 –15　马头门的形式

当采用双层罐笼，用沉罐方式进出车，进车侧设固定平台，出车侧设活动平台，则上下人员可以同时在两个水平进出时，或者当采用双层罐笼，设有上方推车机及固定平台，双层罐笼可在两个水平同时进出车和上下人员时，可以采用双面平顶式马头门，如图11-15（b）所示。

11.1.3.2　马头门的平面尺寸

马头门的平面尺寸包括长度和宽度。长度是指井筒两侧对称道岔基本轨起点之间的距离，它主要取决于马头门轨道线路的布置，摇台、阻车器和推车机等设备的规格尺寸。而宽度则取决于井筒装备、罐笼布置方式和两侧人行道的宽度。根据罐笼布置的不同，马头门有双股道和三股道两种方式，前者适用于设置一套提升罐笼的副井，而后者适合两套提升罐笼的副井，它们的计算方法一致。双股道马头门（图11-16）的平面尺寸确定方法如下：

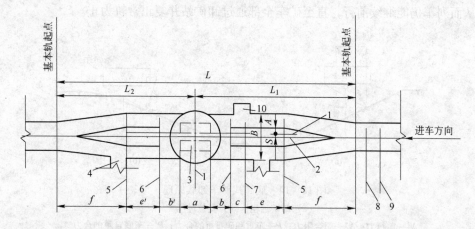

图11-16　副井马头门双股道平面尺寸确定

1—井筒中心线；2—提升中心线；3—罐笼；4—等候室通道；5—对称道岔与直线段连接的切线交点；
6—摇台臂活动轨中心线；7—单式阻车器轮挡面；8—复式阻车器前轮挡面；
9—复式阻车器后轮挡面；10—信号硐室

马头门的长度按式（11-2）计算：

$$L = a + b + b' + c + e + e' + 2f \qquad (11-2)$$

式中　L——马头门的长度，m；

　　　a——罐笼的长度，m；

　b，b'——进、出车侧的摇台摇臂长度，m；

　　　c——摇台臂活动轨道中心至单式阻车器轮挡面之距离，由矿车和推车机类型而定，m；

　　　e——单式阻车器轮挡面至对称道岔与直线段连接的切线交点之间的距离，根据是否设推车机分别取4个矿车长或1~2个矿车长，m；

　　　e'——出车侧摇台臂活动轨中心至对称道岔与直线段连接的切线交点之间的距离，通常取2~4m；

　　　f——基本轨起点至对称道岔与直线段连接的切线交点之间的距离，其长度根据选用的道岔类型、轨道中心线间距，可按线路连接系统计算出来，m。

马头门的宽度可按式（11-3）计算：

$$B = S + 2A \qquad (11-3)$$

式中 B——马头门的宽度，m；

　　S——轨道中心线之间距离，m；

　　A——轨道中心线至巷道壁之间的距离，一般取 A 大于矿车宽度的一半加 0.90m。

11.1.3.3 马头门高度的确定

马头门的高度主要取决于下放材料的最大长度和方法、罐笼的层数及其在井筒中平面布置方式、进出车及上下人员方式、矿井通风阻力等多种因素，并按最大值确定。

我国井下用最长材料是钢轨和钢管，一般为 12.5m。8m 以内的材料放在罐笼内下放（打开罐笼顶盖），而 8m 以上材料则吊在罐笼底部下放。此时，材料在井筒与马头门连接处的最小高度（图 11-17）按式（11-4）计算：

$$H_{\min} = L\sin\alpha - W\tan\alpha \qquad (11-4)$$

式中 $H_{\min}$——下放最长材时马头门所需的最小高度，m；

　　L——下放材料的最大长度，取 $L = 12.5$m；

　　W——井筒下放材料的有效弦长，当有一套提升设备时，取 $W = 0.9D$（D 为井筒净直径，m）；若有两套提升设备，W 可根据井筒断面布置计算；

　　α——下放材料时，材料与水平面的夹角，$\alpha = \arccos\sqrt[3]{\dfrac{W}{L}}$。

随着井筒直径的增加，下放最大长材已不是确定马头门最小高度的主要因素，最小高度主要取决于罐笼的层数、进出车方式和上下人员的方式。马头门高度按上述因素确定后还应按通风要求进行核算。马头门最大断面处高度确定后，随着向空、重车线两侧的延伸，拱顶逐步下降至正常巷道的高度。一般副井马头门的拱顶坡度为 10°~15°，风井马头门的拱顶坡度为 16°~18°。

马头门处巷道断面大，所以一般采用拱形断面较为合理。其支护材料多用 C20 以上

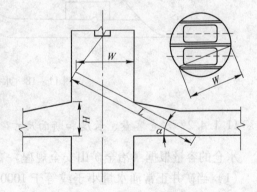

图 11-17 按下放长材计算马头门高度

混凝土。通常围岩的坚固性系数 $f = 4~6$ 时，支护厚度为 500~600mm，马头门上下 2.5m 范围内的一段井筒的井壁还应适当加厚 100~200，以便安装金属支架结构物。

11.1.4 井下水仓

11.1.4.1 水仓的位置与布置形式

井下水仓的作用是将全矿井涌水汇集在一起暂时储存起来，经澄清之后供水泵排出地面。

水仓一般应布置在不受采矿影响，而且含水很少的井底车场稳定的底板岩石中。两条

独立的主、副水仓既可布置在车场范围之内，也可布置在车场范围之外。但总的原则是，要保证井下涌水能够顺利流入水仓，并尽量缩小范围，以减少保安矿柱的损失。

水仓的布置形式按水仓入口位置的不同有两种：一般情况下，水仓入口设在井底车场巷道标高的最低点，即副井空车线的终点（图 11 - 18 (a)）。其次是矿井涌水量大或采用水砂充填的矿井，水仓入口布置在石门或运输大巷的进口处。两条水仓入口可布置在同一地点（图 11 - 18 (b)），也可分别布置在两个不同的地点（图 11 - 18 (c)）。这样采区来的水在井底车场外就进入水仓了。井底车场内的涌水就需要经过泄水孔流入水仓。但由于车场中各巷道的坡度方向不同，在车场绕道处的水沟坡度与绕道巷道处的坡度要相反（即反坡水沟），以便将车场巷道标高最低点处之积水导入泄水孔而进入水仓。为保证一个水仓进行清理时，其一翼的来水应能引入另一水仓，所以在泄水孔处的一段水沟应设转动挡板（图 11 - 18 (d)）。

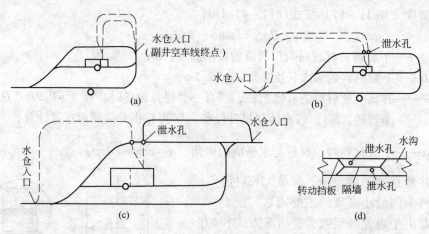

图 11 - 18　水仓的布置形式

11.1.4.2　水仓容量、长度和断面尺寸

水仓的容量根据《冶金矿山安全规程》有关规定按以下情况分别确定：

(1) 当矿井正常涌水量小于或等于 $1000\,m^3/h$ 时，主要水仓有效容量按式 (11 - 5) 计算：

$$Q = 8Q_0 \tag{11 - 5}$$

式中　Q——主要水仓的有效容量，m^3；

　　　Q_0——矿井正常涌水量，m^3/h；

　　　8——8h。

(2) 当矿井正常涌水量大于 $1000\,m^3/h$ 时，主要水仓有效容量按式 (11 - 6) 计算：

$$Q = 2(Q_0 + 3000) > 4Q_0 \tag{11 - 6}$$

此时水仓容量按 4h 正常涌水量计算，而不是 8h 计算。因为淹井事故的发生不是因水仓容积小而造成的。当 $Q_0 > 1000\,m^3/h$ 时，若按 $8Q_0$ 计算，则 Q 太大，很不合理。

水仓的长度和其断面积在其容量一定时，是相互制约的。为利于澄清水中泥沙和杂物，水仓中的水流速一般为 0.003 ~ 0.007m/s。在此条件下，水仓的长度按式 (11 - 7)

计算：

$$L = \frac{Q}{S} \tag{11-7}$$

式中　L——内外水仓总长度，m；

　　　Q——水仓计算容量，m^3；

　　　S——水仓净断面积，m^2。

水仓断面大小要根据水仓容量、水仓总长度、水仓布置形式、水仓入口标高、水泵吸水高度，以及施工与清理的方便位等诸多因素全面考虑。

11.1.4.3　水仓纵断面的计算

由于水仓的清理为人工清仓、矿车运输，所以水仓与车场巷道之间需要设一段斜巷。它既是清理斜巷，又是水仓的一部分。

水仓平面尺寸确定以后便可按图 11-19 计算水仓纵断面。

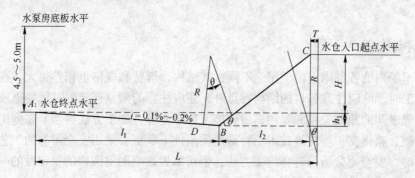

图 11-19　水仓纵断面计算

计算步骤与设计要求如下：

（1）根据井底车场线路的坡度图推算出水仓起点的标高值 h_C，根据水泵房底板标高可推算出水仓终点的标高值 h_A，从而可确定出水仓起点和终点的标高差 H；

（2）为了便于水中泥沙沉淀，确定水仓底板有 $i = 0.1\% \sim 0.2\%$ 的坡度（向吸水井方向上坡）；

（3）为了提高清理矿车的装满系数及水仓的有效容积，斜巷倾角 $\theta = 18° \sim 20°$ 为宜；

（4）竖曲线半径，一般取为 $9 \sim 12m$；

（5）为保证水仓的全部容积能得到充分利用，水仓终点的底板标高最多只能比水泵房底板标高低 $4.5 \sim 5.0m$，否则水泵则因吸水高度限制而无法抽出水仓内的全部积水；水仓终点的顶板标高必须比水仓入口处水沟的底板低，否则水仓不能灌满；

（6）为了简化计算，将水仓最低点取为竖曲线的切线交点 B，与实际最低点 D 有微小误差，为 $i \cdot R \cdot \tan(\theta/2)$。

水仓的纵断面参数计算方法如下：

（1）水仓终点 A 与水仓最低点 B 的高差：

$$h_1 = \frac{L - R\tan(\theta/2) - H\cot\theta}{1/i + \cot\theta} \tag{11-8}$$

式中　　L——水仓起点与终点的水平投影长，m;

　　　　R——清理斜巷的竖曲线半径，$R = 9 \sim 12m$;

　　　　θ——清理斜巷的倾角，$\theta = 18° \sim 20°$;

　　　　H——水仓的起点与终点的标高差，m;

　　　　i——水仓的坡度，$i = 0.1\% \sim 0.2\%$。

（2）水仓终点 A 与水仓最低点 B 的水平投影长:

$$l_1 = \frac{L - R\tan(\theta/2) - H\cot\theta}{1 + i\cot\theta} \qquad (11-9)$$

（3）水仓起点 C 与水仓最低点 B 的水平投影长:

$$l_2 = (H + h_1)\cot\theta \qquad (11-10)$$

因主水仓与副水仓长度不同，所以两水仓纵断面计算应分别进行。为保证施工准确无误，上述计算结果应与井底车场线路进行闭合验算。

水仓断面形状可采用梯形或拱形，其支护形式根据围岩情况多用混凝土支护或喷锚支护。

11.2　硐室施工

井底车场内的各种硐室由于用途不同，其结构、形状和规格也相差很大。在考虑这些硐室的施工时，除应注意各自的结构特点外，还应注意与硐室连接的其他巷道或井筒的联系及各工程之间的相互关系和制约，做到施工顺序合理，施工方法得当。在施工中尽量采用光面爆破、喷锚支护等先进技术。特殊地质条件下，更要采用安全可靠的工艺。在具体组织施工时，要全面分析与选择施工方法，密切掌握影响硐室围岩的稳定性的一些地质条件、机械技术设备的相关因素。

11.2.1　硐室施工的特点

硐室施工与一般巷道相比，具有以下特点:

（1）硐室的断面大、长度比较短，变化多，大型工程机械难于进入工作面施工。

（2）硐室往往与其他巷道、井筒相连，加之有的硐室本身结构复杂，故其受力状态不易准确分析，施工难度较大。当围岩稳定性差时，施工安全尤为重要。

（3）硐室的服务年限一般较长，工程质量要求高，不少硐室还要浇筑机电设备的基础，预留管线沟槽，安设起吊梁等，所以施工时要精心安排，确保工程规格和质量。

11.2.2　影响硐室施工方法的因素

在选择硐室施工方法前，要全面分析硐室作用、所处的空间位置、与巷道或井筒相连结构、人为施工条件和现场环境与设备技术等，这些因素概括起来是三个方面:

（1）自然因素，硐室围岩的稳定性如岩体的构造、岩石的强度、地下水等;

（2）与巷道、井筒相连结构等，马头门施工就不同于井下垂直矿仓的施工;

（3）施工的人为因素，选择的断面形状和尺寸、支护方式、工人技术水平等。

一般情况下，是根据硐室围岩的稳定程度和断面大小，将硐室施工方法分为多种。对围岩稳定及整体性好的岩层，硐室高度在5m以下时，如水泵房变电所等，一般采用全断面施工法施工；而在围岩稳定和比较稳定的岩层中，当用全断面一次掘进围岩难以维护或硐室高度很大，施工有不方便时，可选择台阶工作面法施工。对地质条件复杂，岩层软弱或断面过大和为解决出渣问题，常用导坑法施工。对围岩整体性好，无较大裂隙和断层的大型硐室，可以选择留矿法施工。

11.2.3 硐室的施工方法

各种硐室的形状、规格和结构差别很大，所穿过的岩石性质也不相同，所以施工方法也较多。这些施工方法可以分为全断面一次掘进法、台阶工作面施工法、导坑施工法、留矿施工法等四类。

11.2.3.1 全断面一次掘进法

全断面一次掘进施工法和普通巷道施工法基本相同。它常用于围岩比较稳定、断面不是特别大的硐室施工。由于硐室的长度一般不大，进出口通道狭窄，不易采用大型设备，基本上用巷道掘进常用的施工设备。如果硐室较高，钻上部炮孔就必须在岩石渣上作业，装药连线要用梯子，因此全断面一次掘进的高度一般不超过5m。

这种方法的优点是：方便于一次形成硐室，工序简单，施工速度快；缺点是顶板围岩暴露面积大，维护比较难，装药及浮石处理不方便等。

11.2.3.2 台阶工作面施工法

当采用全断面一次掘进围岩维护困难时，或者由于硐室的高度过大而不便于施工时，可以将整个硐室按全高分成几个分层，施工时形成台阶状。上分层工作面超前施工的，称为正台阶工作面施工法，也称下行分层施工法；下分层工作面超前施工的，称为倒台阶施工法，也称下分层超前施工的分层施工法。台阶工作面施工法一般用在岩层稳定或比较稳定的条件下。

A 正台阶工作面（下行分层）施工法

根据硐室的全高，整个断面可分为2~3个分层，每个层的高度以2~3m为宜。

抚顺龙凤矿-635m东部水泵房施工时，采用了正台阶工作面施工法，如图11-20（a）所示。上分层工作面高2.5m，超前2m左右；下层工作面呈45°斜角是为了便于溜放上分层工作面的矸石，在下分层用装岩机装岩，施工组织采用"两掘一锚喷"。具体做法是随掘进喷一层5mm厚的水泥砂浆，用以临时封闭围岩，待掘进20~30m后，再按设计厚度喷射混凝土作为永久支护。锚杆有效长度为1.5m、间距0.7m、排距1.0m，方形布置。

当硐室长度较小时，可将上分层全部掘进完后再掘喷下分层，如图11-20（b）所示。

若围岩条件差，硐室采用砌碹支护，也可用正台阶工作面施工法。此时上分层掘进锚杆挂网作为临时支护。砌碹工作可有两种方法：（1）砌碹工作落后于下分层掘进工作面1.5~2.5m，砌碹随下分层工作面前进逐步向前推进；（2）先拱后墙砌筑，即上分层采用短段掘砌，先砌好拱，并适当加大上分层的距离，使下分层爆破不损伤拱帽。采用先拱后墙施工法施工时，墙和拱之间的工艺缝的处理要注意填满硬砂浆。

拱部锚杆可随上分层的开挖及时安设，喷射混凝土视具体情况，分段或一次按照先拱

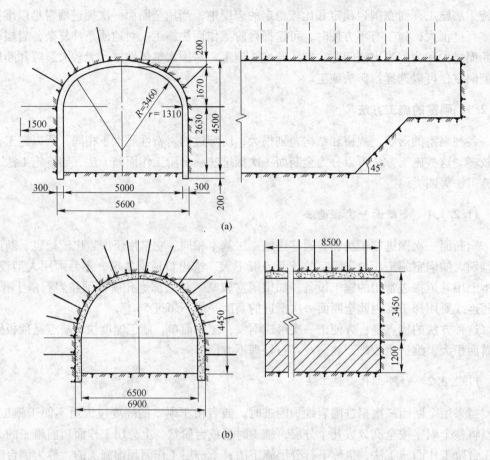

图 Ⅱ - 20　正台阶工作面施工法

（a）龙凤矿水泵房正台阶工作面施工法；（b）徐州大黄山矿二号井西二绞车房下行分层施工法（正台阶）

后墙的顺序完成。砌硐工作有两种方法：一种是在距下分层工作面 1.5 ~ 2.5m 处用先墙后拱法砌筑；另一种方法是先拱后墙，即随上分层掘进把拱顶先砌好。下分层随掘进随砌墙，使墙壁跟紧迎头。

这种方法的优点是断面呈台阶形布置，施工方便，有利于顶板维护，下台阶爆破效率高。缺点是使用铲斗装岩机时，上台阶要人工扒渣，且上下台阶的配合要好，不然会产生干扰。

B　倒台阶工作面（上行分层）施工法

采用这种方法时，下部工作面超前于上部工作面，如图 11 - 21 所示。施工时先开挖下分层，上分层的凿岩、装药、连线在临时台架进行。为了减少搭设台架的麻烦，一般采取先拉底后挑顶方法。

用喷锚支护时，支护工作可以与上分层的开挖同时进行，随后再进行墙部的喷锚支护。采用砌筑混凝土支护时，下分层工作面超前 4 ~ 6m，高度为设计的墙高，随着下分层的掘进先砌墙，上分层随挑顶及时砌筑拱顶。下分层掘进的临时支护，视岩石情况可以用锚喷、木材或金属棚式支架等。

这种方法的优点是：不必人工扒岩，爆破条件好，施工效率高，砌硐拱和墙的接茬质

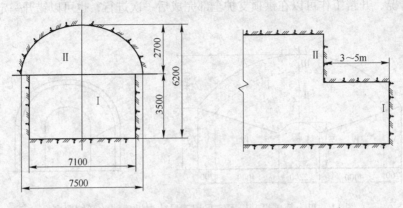

图 11-21　倒台阶工作面开挖示意图

量好。缺点是挑顶工作比较困难、临时支架工作台架的搬移和修复比较耗费工时。

这两种方法应用广泛，先拱后墙的正台阶施工法在软岩层中也能安全施工。

11.2.3.3　导坑施工法

导坑施工法是指硐室施工时先以小断面巷道超前掘进，然后再扩大到设计硐室断面的方法。这种施工方法是不受岩石条件限制的通用方法，实质上是沿硐室轴线方向掘进 1~2 条小巷道，然后再行挑顶，扩帮或拉底，将硐室扩大到设计断面。先行掘进的小断面巷道称为导坑。

导坑在生产现场有时也称为导硐。它的断面为 4~8m²，除了为挑顶、扩帮和拉底提供自由面以外，还兼作通风、行人和运输。开挖导坑还可以进一步查明硐室范围内的地质情况。

导坑施工是在地质条件复杂时，保持围岩稳定的有效措施。在大断面硐室（如 50m² 以上）施工时，通常采用两项措施：一是尽可能缩小围岩暴露面；二是硐室暴露出的断面要支护。导坑施工法有利于保持围岩稳定性，这在硐室稳定性较差情况尤为重要。

采用导坑施工法，可以根据地质条件、硐室断面大小和支护形式变换导坑的布置方式和开挖顺序，灵活性大，适用性广，因此应用甚广。

导坑施工法的缺点是由于分部施工，它与全断面、台阶工作面施工法相比，施工效率低。

导坑施工法，根据导坑的位置不同有中央下导坑施工法、两侧导坑施工法、顶部导坑施工法之分。

A　中央下导坑施工法

中央下导坑施工法的导坑位于硐室的中部并沿底板掘进，通常沿硐室的全长一次掘出。导坑断面的规格按单线巷道考虑并以满足机械装岩为准。当导坑掘至预定位置后，再进行开帮、挑顶，并完成永久支护工作。

当硐室采用喷锚支护时，可用中央下导坑先挑顶，后开帮的顺序施工（图 11-22）。挑顶的矸石可用人工或装岩机装出；挑顶后随即安装拱部锚杆和喷射混凝土，然后开帮喷混凝土。为了获得平整的轮廓面，挑顶、刷帮扩大断面时，拱部和墙部均需预留光面层。

根据围岩情况，开帮工作可以在拱顶支护全部完成后一次进行，也可以错开一定距离平行进行。

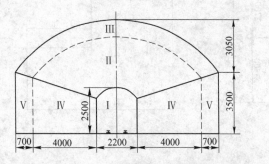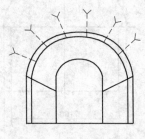

图 11 - 22　某矿提升机硐室采用下导坑先拱后墙的开挖顺序

Ⅰ—下导坑；Ⅱ—挑顶；Ⅲ—拱部光面层；Ⅳ—扩帮；Ⅴ—墙部光面层

砌筑混凝土支护的硐室，适用中央下导坑先开帮后挑顶的施工顺序，如图 11 - 23 所示。在开帮的同时完成砌墙工作，先挑顶后砌拱。

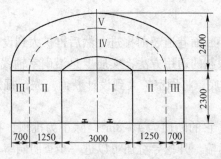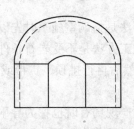

图 11 - 23　下导坑先墙后拱顺序

Ⅰ—下导坑；Ⅱ—扩帮；Ⅲ—墙面光面层；Ⅳ—挑顶；Ⅴ—拱部光面层

中央下导坑施工方法一般适用于跨度为 4 ~ 5m、围岩稳定性较差的硐室。但采用先拱后墙施工时，适用范围可以适当加大。这种方法的主要优点是顶板易于维护，作业比较安全，易于保持围岩的稳定性，但施工速度慢，效率比较低。

B　两侧导坑施工法

为保证施工安全，在松软、不稳定岩层中，当硐室跨度较大时一般都用此方法施工。在硐室两侧紧靠墙的位置沿底板开凿两条小导坑，一般宽为 1.8 ~ 2.0m，高 2m 左右。导坑随掘进砌墙，然后再掘进上一层导坑并接墙，直至拱基线为止。第一次导坑将矸石出净，第二次导坑的矸石崩落在下层导坑里代替脚手架。当墙全部砌完后就开始挑顶砌拱。挑顶由两侧向中央前进，拱部爆破时可将大部分矸石直接崩落到两侧导坑中，有利于采用机械出岩。

拱部可用喷锚支护或砌混凝土支护，喷锚顺序视顶板情况定。施工完毕之后再刷掉中间岩柱（图 11 - 24）。

C　上下导坑施工法

上下导坑法原是开挖大断面隧道施工方法，随着光爆喷锚技术的应用，扩大了它的使用范围，在金属矿山高大硐室的施工得到推广使用。

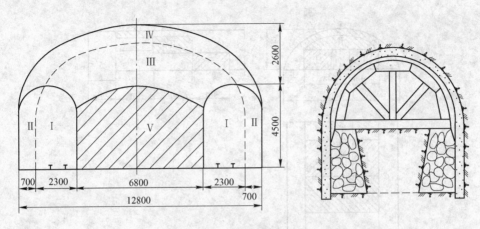

图 11 – 24　侧壁下导坑施工法

Ⅰ—两侧下导坑；Ⅱ—墙壁光面层；Ⅲ—挑顶；Ⅳ—拱部光面层；Ⅴ—中间岩柱

金山店铁矿地下粗破碎硐室进断面尺寸为 $31.4m \times 14.15m \times 11.8m$（长×宽×高），断面积为 $154.91m^2$。该硐室在施工中采用了上下导坑施工法（图 11 – 25）。

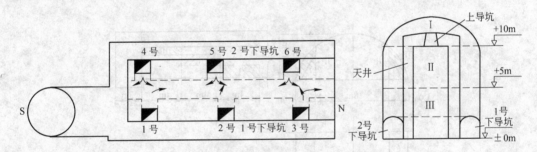

图 11 – 25　硐室开挖顺序及天井导坑布置

Ⅰ～Ⅲ—开挖顺序；1 号～6 号—天井编号

这种方法的实质是利用上下导坑，先掘砌拱部，然后自上而下分层施工，如图 11 – 26、图 11 – 27 所示。

这种施工方法适用于中等稳定和稳定性较差的岩层，围岩不允许暴露时间过长或暴露面积过大的开挖跨度大、墙很高的大硐室，如地下破碎机硐室等。

11.2.3.4　留矿施工法

留矿法是金属矿采矿方法的一种。用留矿法采矿时，在采矿中将矿石放出后剩下的矿房以相当于一个大硐室。因此，在金属矿山，当岩体稳定，其硬度在中等以上（$f > 8$），而整体性好，无较大裂隙、断层的大断面硐室，可以采用浅孔留矿法来施工，这种施工方法的现场情况如图 11 – 28 所示。

采用留矿法施工破碎硐室时，为解决行人、运输、通风等问题，应先掘出装载硐室、下部储仓和井筒与硐室的联络道。然后从联络道进入硐室并以拉底方式沿硐室底板按宽度拉开向上掘进用的底槽，其高度为 $1.8 \sim 2.0m$。再用上向凿岩机分层向上开凿，孔深 $1.5 \sim 1.8m$，炮孔的间距为 $0.8m \times 0.6m$ 或 $1.0m \times 0.8m$，掏槽以楔形长条状布置在每层的中

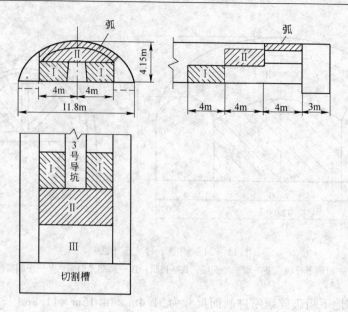

图 11 - 26　拱顶施工顺序

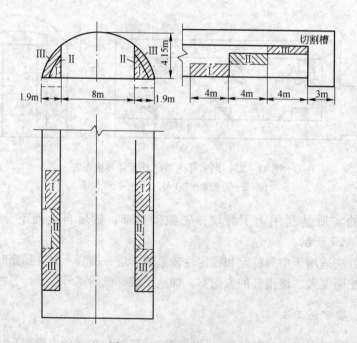

图 11 - 27　拱脚施工顺序

间。爆破后的岩渣，经下部储仓通过漏斗放出一部分，但仍需要保持渣面与顶板间距为
1.8 ~ 2.0m，以利于继续凿岩、爆破作业，直至掘进到硐室的顶板为止。为了避免漏斗的
堵塞，应该控制爆破块度，及时处理大块。顺路天井与联络道的作用在于上下人员、材
料，并用于通风。

使用留矿法开挖硐室的顺序是自下而上，但进行喷锚支护的顺序则是自上而下先拱后
墙，凿岩和喷射工作均以渣堆为工作台。

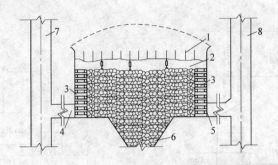

图 11 –28 某铅锌矿粗碎硐室采用留矿法施工示意图

1—上向炮孔；2—作业空间；3—顺路天井；4—联络道；

5—副井联络道；6—下部储矿仓；7—主井；8—副井

当硐室上掘到设计高度，符合设计规格后，利用渣堆做工作台进行拱部的喷锚支护。在拱顶支护后，利用分层降低渣堆面的形式，自上而下逐层进行边墙的喷锚支护。这样随着边墙支护的完成，硐室中的岩渣也就通过漏斗放完。如果边墙不需要支护，硐室中的岩渣便可一次放出，但在放渣过程中需要将四周边墙的松石处理干净，以保证安全。

留矿法开挖硐室的主要优点是：工艺简单，辅助工程量小，作业面宽敞，可布置多台凿岩机同时作业，工作效率高。我国金属矿山利用此法施工大型硐室已取得了成功经验。但该法受地质条件限制，岩层不稳定时不宜使用。同时，要求底部最好有漏斗装车的条件。所以，此法的应用不如导坑法广泛。

11.2.4 与井筒相连的主要硐室的施工

马头门和箕斗装载硐室是分别与副井和主井相连的两个主要硐室。其施工方法与一般硐室相同，但是由于它们与竖井筒相连，必须考虑与井筒施工的关系和对凿井设备的利用。

马头门施工一般安排在凿井阶段进行。箕斗装载硐室和主井的施工顺序有两种安排：一是与井筒同时施工；另一种是与井筒分别施工，即当井筒掘至箕斗装载硐室时，在硐室位置处预留洞口，并用料石干砌，待以后再施工。

11.2.4.1 马头门施工

马头门因与副井井筒相连，断面较大，一般多采用自上而下分层施工法。马头门与井筒相连接处的井壁应砌筑成一个整体。马头门的施工顺序如图 11 –29 所示。

当井筒掘进到马头门上方 5 ~ 10m 处，井筒停止掘进，先将上段井壁砌好；井筒继续下掘，可以随井筒同时将马头门掘出，也可以将井筒掘进到底或掘至马头门下方的混凝土壁圈，由下而上砌筑井壁至马头门的底板标高处，再逐段施工马头门。当岩层松软破碎时，两侧马头门应分别施工；在中等以上稳定岩层中，两侧马头门可以同时施工。当马头门处于围岩比较坚硬和稳定，掘进时可采用锚喷做临时支护。为加快马头门施工的速度，可安排与井筒同时自上而下分层施工，如图 11 –30 所示。

11.2.4.2 箕斗装载硐室施工

根据箕斗装载硐室与井筒施工顺序的不同，箕斗装载硐室的施工可分为三种施工方案。

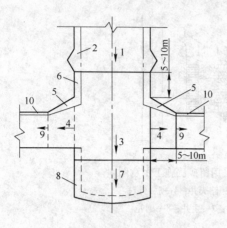

图 11 -29 马头门的施工顺序

1～10—施工顺序

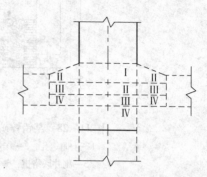

图 11 -30 马头门与井筒同时施工法

（下行分层施工法）

Ⅰ～Ⅳ—施工顺序

A 箕斗装载硐室与主井井筒同时施工

当围岩比较稳定，允许大面积暴露时，装载硐室可以和井筒错开一个不大的步距（一茬炮），同时自上而下施工。装载硐室分层下行的施工顺序如图 11 - 31 所示。在条件不允许时，硐室各分层可和井筒交替施工。为了操作方便，井筒工作面始终超前硐室一个分层，并暂留部分矸石。

当围岩松软、硐室顶板设计为平顶且不允许暴露较大的面积时，上室第一分层可采用两侧导坑沿硐室周边掘进贯通，并架设临时支护。导坑的墙和井筒同时立模板和浇筑混凝土，如图 11 - 32 所示。为了防止建筑墙下沉，应在围岩内打入金属托钩，并将托钩浇筑在墙壁内。硐室的顶盖为平顶工字钢与混凝土联合支护。顶盖施工时要把矿仓下口按规格留出，但矿石分流器必须和顶盖一起施工。上室第一分层墙和顶的混凝土浇灌工作应与井筒的砌壁工作同时进行，

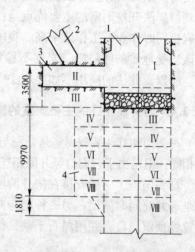

图 11 - 31 硐室与井筒同时

分层下行施工顺序

1—井筒；2—矿仓；3—上室；4—下室

这样便于装载硐室的墙、顶盖和井壁形成一个整体。然后继续往下掘进井筒，同时掘进硐室其他各分层，砌壁可用锚杆做临时支护，并在井筒砌壁的同时，完成硐室墙的浇筑工作。

B 箕斗装载硐室在井筒掘砌全部结束后进行施工

井筒在施工时，除与硐室相连部分预留洞口位置外，全部砌碹。预留洞口的临时支护，当井筒用砌碹井壁时，可用料石干砌；在井筒采用喷锚支护时，则可只喷射一层薄砂浆。这样既便于维护又便于拆除。

C 装载硐室与地面永久建筑平行施工

采用装载硐室与地面永久建筑平行施工时，一般是主井到底后，立即组织主、副井短

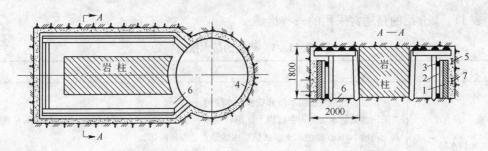

图 11 – 32　上室第一分层的掘砌施工

1—模板；2—横向方术；3—竖向方术；4—井筒模板；5—垫平钢轨；6—导坑；7—金属托钩

路贯通，将主井改装为临时罐笼提升后，再掘砌装载硐室，并与主井地面永久建筑工程平行施工。当主井采用立式圆筒矿仓，且配矿用胶带输送机巷与装载硐室相联系时，装载硐室可从胶带输送机巷道方向进行施工。采用这种方法一般用下行分层的掘进方法，并用喷锚支护作为临时支护，矸石抛落到井底，并由清理斜巷提出。

11.3　硐室施工的几个问题

硐室与井筒或巷道相连接，无论围岩受力状况还是施工条件，都要复杂一些。如炸药库和其他一些机电设备硐室，除了工程质量的要求高以外，还应具有隔水、防潮性能。

硐室施工长度短、断面大而多变，进出口通道狭窄，相互干扰大，使硐室施工中的出渣、通风及排水都比较困难。所以应根据其工程特点，合理选择施工方法和工程技术装备。

11.3.1　光面爆破、喷锚技术在硐室施工中的应用

近年来，光面爆破、喷锚技术在硐室施工中得到了广泛的应用，并积累了一些施工经验可供借鉴。采用光面爆破、喷锚作为硐室的永久支护时，应掌握周边孔，特别是孔距及光面层（即周边孔的最小抵抗线）的厚度，应适应围岩的层理、裂隙条件。炸药类型、装药量、装药结构和引爆方式应根据实际情况合理选择。这样才能使硐室成形良好，提高支护结构的承载能力。

硐室施工中采用喷锚作为临时支护效果显著，特别是在围岩稳定性差、硐室断面大、工期长，以及相邻井硐密集的条件下，由于省去了种类繁多、结构复杂的临时支护，且喷锚临时支护可作为永久支护的组成部分，效果尤为显著。

另外，在一些要求整体性好，需大量预留梁窝和管缆沟槽的硐室和具有防水、防潮要求的硐室，目前仍应以砌碹支护为主。

11.3.2　硐室防漏、防渗和防潮措施

井下硐室，特别是安装机电设备的硐室，以及井下炸药库、消防材料库等硐室，为保证机电设备的安全运转和硐室储存的材料不至于变质，应采取有效的防水措施，使之具有防漏、防渗和防潮的能力。硐室防潮的一个重要方面是让硐室必须具有良好的排水条件和

通风条件。

表 11 – 1 介绍的是通常采用的一些措施。

表 11 – 1 硐室的防水措施

防水措施	要 点 说 明
加防水层	应用较多的是油毡防水层和铁板防水层两种。 采用油毡防水层是先在硐拱上部用砂浆抹平，然后铺设 2～3 层油毡，并应将接头粘接好。其上再铺 100mm 厚的黏土。油毡防水的缺点是容易损坏。 采用铁板防水层时，同样先用砂浆抹平，其上铺设一层镀锌铁板，并将接头搭接好，砌硐后的空隙填实（铺一层黏土效果更好）。 铁板防水的缺点是：成本较高，耐久性差
加掺和剂 配制防水 砂浆堵水	应用较多的掺和剂有：避水浆、防水粉、氧化铁防水氢氧化铁防水剂。 适量加入防水粉的水泥浆配制强度大、水泥浆干得快，堵水效果好。 掺氯化铁防水剂配制的抗渗砂浆用于防水抹面，防渗效果很好。 掺防水粉的砂浆用于堵水，掺氯化铁防水剂的砂浆用于防潮、防渗，两者配合使用效果更好
采用防水结构	上述方法多属于事后补救的办法。如预测硐室水文地质情况时，已经了解硐室将有涌水或渗水，则可将硐室的永久支护设计为抗渗透的混凝土结构，例如采用级配抗渗混凝土或掺和剂混凝土
截流导水	当砌硐或喷射混凝土支护到达出水点时，可先将出水口四周不透水材料进行围堵，涌水以钢管导出，并通过水沟排出。 采用喷射混凝土支护时，当最初的出水点不集中时可先喷好四周，将涌水汇集到出水量较大的一点，然后用铁管导出，最后把导管插入喷水层即可。 采用上述措施时，在硐室施工结束后，还可以根据需要注浆封水
注浆封水	浇注好混凝土硐或喷锚后，如仍有渗水、漏水现象发生，可采用壁后注浆封水。注浆材料常用水泥浆或水泥浆加入性能适中掺和剂，此外，还可采用化学注浆

注：硐室防潮的一个重要方面是硐室必须具有良好的排水条件和通风条件。

11.3.3 硐室施工的"四新"技术

硐室施工，除了要认识前面叙述的一般工程技术问题外，还会随着人类社会的发展和向更大范围与更深层的开采矿产资源而涉及高温、高压、冻土以及深海地质条件下的硐室施工问题。

对在这些特殊地质条件下的硐室施工，势必会应用到一些新材料、新技术、新工艺、新装备。所以对这些相关的"四新"技术问题，也应该不断总结经验或逐渐开出专题技术讲座，以便进一步拓展视野。

这些专题技术讲座的课题有：世界硐室之最，即：世界上最大的硐室跨度是多少，其容积有多大？最先进的硐室施工技术装备用在何处？世界上工程条件最艰难的硐室施工和冻土的硐室施工技术等。对于这些有关硐室施工的先进技术或前沿课题，希望广大读者与我们一起交流、一起探讨，不断进取！

复习思考题

11 - 1　何为矿山井下硐室，它有哪些特点，通常是根据什么来进行命名与分类的？

11 - 2　影响硐室掘进方法选择的因素有哪些，其中最主要的因素是什么？

11 - 3　硐室掘进的施工方法有哪些，全断面施工法的适用条件是什么？

11 - 4　何为硐室掘进的台阶施工法，它的两种施工方案有什么特点？

11 - 5　硐室掘进的几种导坑施工法中，各自的工序和特点有哪些？

11 - 6　用留矿法掘进硐室的基本工艺和施工特点是怎样的？

11 - 7　硐室防漏、防渗和防潮的主要措施有哪些？

11 - 8　未来的硐室施工，将会涉及哪些"四新"技术问题？

参 考 文 献

[1] 包头钢铁学院雷化南主编. 矿山岩体力学 [M]. 北京：冶金工业出版社，1983.

[2] 杨建中主编. 岩体力学 [M]. 北京：冶金工业出版社，2008.

[3] 宁恩渐主编. 采掘机械 [M]. 北京：冶金工业出版社，1999.

[4] 朱嘉安主编. 采掘机械和运输 [M]. 北京：冶金工业出版社，2008.

[5] 周志鸿等编. 地下凿岩设备 [M]. 北京：冶金工业出版社，2004.

[6] 翁春林等编. 工程爆破 [M]. 北京：冶金工业出版社，2004.

[7] 陶颂霖主编. 凿岩爆破 [M]. 北京：冶金工业出版社，1986.

[8] 周昌达主编. 井巷工程 [M]. 北京：冶金工业出版社，1979.

[9] 东兆星等编. 井巷工程 [M]. 徐州：中国矿业大学出版社，2004.

[10] 沈季良等主编. 建井工程手册·第二卷 [M]. 北京：煤炭工业出版社，1986.

[11] 沈季良等主编. 建井工程手册·第三卷 [M]. 北京：煤炭工业出版社，1986.

[12] 井巷掘进编写组编. 井巷掘进·第一分册 [M]. 北京：冶金工业出版社，1975.

[13] 井巷掘进编写组编. 井巷掘进·第二分册 [M]. 北京：冶金工业出版社，1986.

[14] 井巷掘进编写组编. 井巷掘进·第三分册 [M]. 北京：冶金工业出版社，1976.

[15] 淮南煤炭学院主编. 井巷工程·第二分册（平巷）[M]. 北京：煤炭工业出版社，1980.

[16] 中国矿业学院主编. 井巷工程·第三分册（立井）[M]. 北京：煤炭工业出版社，1979.

[17] 西安矿业学院主编. 井巷工程·第五分册（斜井）[M]. 北京：煤炭工业出版社，1979.

[18] 淮南煤炭学院井巷设计编写组编. 井巷设计 [M]. 北京：煤炭工业出版社，1983.

[19] 煤炭工业部基本建设司编. 立井施工 [M]. 北京：煤炭工业出版社，1984.

[20] 李赤放编. 建井工程材料 [M]. 北京：煤炭工业出版社，1984.

[21] 吴理云主编. 井巷硐室工程 [M]. 北京：冶金工业出版社，1985.

[22] 尹复辰. 天井钻机的选用 [J]. 矿业研究与开发，1997.

[23] 王运敏主编. 中国采矿设备手册（上下册）[M]. 北京：科学出版社，2007.

[24] 采矿手册编辑委员会编. 采矿手册2 [M]. 北京：冶金工业出版社，1990.

[25] 翁家杰主编. 井巷特殊施工 [M]. 北京：煤炭工业出版社，1991.

[26] 鹿守敏主编. 井巷工程简明教程 [M]. 北京：煤炭工业出版社，1991.

[27] 崔云龙主编. 简明建井工程手册（上下册）[M]. 北京：煤炭工业出版社，2003.

[28] 黎佩琨主编. 矿山运输及提升（上下册）[M]. 北京：冶金工业出版社，1984.

[29] 李仪钰主编. 矿山机械（提升运输机械部分）[M]. 北京：冶金工业出版社，1980.

[30] 王焕文等编. 锚喷支护（上下册）[M]. 北京：煤炭工业出版社，1989.

[31] 科茨著. 矿山压力原理与计算 [M]. 雷化南等译. 北京：冶金工业出版社，1978.

[32] 中华人民共和国建设部. GB 50007—2002 建筑地基基础设计规范 [S]. 北京：中国建筑工业出版社，2002.

冶金工业出版社部分图书推荐

书　　名	定价（元）
采矿手册（第 1 卷～第 7 卷）	927.00
采矿工程师手册（上、下）	395.00
现代采矿手册（上册）	290.00
现代采矿手册（中册）	450.00
现代采矿手册（下册）	260.00
实用地质、矿业英汉双向查询、翻译与写作宝典	68.00
现代金属矿床开采技术	260.00
海底大型金属矿床安全高效开采技术	78.00
爆破手册	180.00
中国典型爆破工程与技术	260.00
选矿手册（第 1 卷～第 8 卷共 14 分册）	637.50
浮选机理论与技术	66.00
矿用药剂	249.00
现代选矿技术丛书　铁矿石选矿技术	45.00
现代选矿技术丛书　提金技术	即将出版
矿物加工实验理论与方法	45.00
矿山地质技术	48.00
采矿概论	28.00
地下装载机	99.00
硅酸盐矿物精细化加工基础与技术	39.00
矿山废料胶结充填（第 2 版）	48.00
炸药化学与制造	59.00
采矿知识 500 问	49.00
选矿知识 600 问	38.00
金属矿山安全生产 400 问	46.00
煤矿安全生产 400 问	43.00
矿山尘害防治问答	35.00
金属矿山清洁生产技术	46.00
地质遗迹资源保护与利用	45.00
地质学（第 4 版）（本科教材）	40.00
采矿学（第 2 版）（本科教材）	58.00
现代矿业管理经济学（本科教材）	36.00
爆破工程（本科教材）	27.00
井巷工程（本科教材）	38.00
环境工程微生物学实验指导（本科教材）	20.00
基于 ArcObjects 与 C# . NET 的 GIS 应用开发（本科教材）	50.00